高等学校应用型本科"十三五"规划教材

嵌入式操作系统及 ARM Cortex-M0+应用

张 勇 安 鹏 编著

西安电子科技大学出版社

内容简介

本书基于 μC/OS-Ⅱ 和 ARM Cortex-M0＋内核微控制器 LPC824 详细讲述了嵌入式实时操作系统的应用开发技术，主要内容包括 ARM Cortex-M0＋内核、LPC82X 微控制器、CPC824 开发平台与工程框架、异常与中断管理、μC/OS-Ⅱ工作原理及其移植、μC/OS-Ⅱ任务、μC/OS-Ⅱ信号量与互斥信号量、μC/OS-Ⅱ消息邮箱与队列、μC/OS-Ⅱ高级系统组件、LPC82X 典型应用实例等。

本书的特色在于理论与应用紧密结合，实例丰富，对学习嵌入式实时操作系统 μC/OS-Ⅱ 及其在 Cortex-M0＋微控制器方面的教学与工程应用，都具有一定的指导和参考价值。

本书可作为普通高等院校电子信息、通信工程、计算机工程、软件工程、自动控制、智能仪器和物联网等相关专业的高年级本科生教材，也可作为嵌入式系统爱好者和工程开发人员的参考用书。

图书在版编目(CIP)数据

嵌入式操作系统及 ARM Cortex-M0＋应用/张勇，安鹏编著.

─西安：西安电子科技大学出版社，2015.8

高等学校应用型本科"十三五"规划教材

ISBN 978－7－5606－3772－3

Ⅰ.① 嵌…　Ⅱ.① 张…　② 安…　Ⅲ.① 微处理器—系统设计—高等学校—教材

Ⅳ.① TP332

中国版本图书馆 CIP 数据核字(2015)第 157847 号

策划编辑　李惠萍

责任编辑　阎 彬　郭 魁

出版发行　西安电子科技大学出版社(西安市太白南路 2 号)

电　　话　(029)88242885　88201467　　邮　编　710071

网　　址　www.xduph.com　　　　电子邮箱　xdupfxb001@163.com

经　　销　新华书店

印刷单位　北京京华虎彩印刷有限公司

版　　次　2015 年 8 月第 1 版　2015 年 8 月第 1 次印刷

开　　本　787 毫米×1092 毫米　1/16　印张　20

字　　数　468 千字

定　　价　35.00 元

ISBN 978－5606－3772－3/TP

XDUP　4064001－1

＊＊＊如有印装问题可调换＊＊＊

西安电子科技大学出版社
高等学校应用型本科"十三五"规划教材
编审专家委员名单

主 任：鲍吉龙（宁波工程学院副院长、教授）

副主任：彭 军（重庆科技学院电气与信息工程学院院长、教授）

张国云（湖南理工学院信息与通信工程学院院长、教授）

刘黎明（南阳理工学院软件学院院长、教授）

庞兴华（南阳理工学院机械与汽车工程学院副院长、教授）

电子与通信组

组 长：彭 军（兼）

张国云（兼）

成 员：（成员按姓氏笔画排列）

王天宝（成都信息工程学院通信学院院长、教授）

安 鹏（宁波工程学院电子与信息工程学院副院长、副教授）

朱清慧（南阳理工学院电子与电气工程学院副院长、教授）

沈汉鑫（厦门理工学院光电与通信工程学院副院长、副教授）

苏世栋（运城学院物理与电子工程系副主任、副教授）

杨光松（集美大学信息工程学院副院长、教授）

钮王杰（运城学院机电工程系副主任、副教授）

唐德东（重庆科技学院电气与信息工程学院副院长、教授）

谢 东（重庆科技学院电气与信息工程学院自动化系主任、教授）

楼建明（宁波工程学院电子与信息工程学院副院长、副教授）

湛腾西（湖南理工学院信息与通信工程学院教授）

计算机大组

组　长：刘黎明（兼）

成　员：（成员按姓氏笔画排列）

刘克成（南阳理工学院计算机学院院长、教授）

毕如田（山西农业大学资源环境学院副院长、教授）

李富忠（山西农业大学软件学院院长、教授）

向　毅（重庆科技学院电气与信息工程学院院长助理、教授）

张晓民（南阳理工学院软件学院副院长、副教授）

何明星（西华大学数学与计算机学院院长、教授）

范剑波（宁波工程学院理学院副院长、教授）

赵润林（山西运城学院计算机科学与技术系副主任、副教授）

雷　亮（重庆科技学院电气与信息工程学院计算机系主任、副教授）

黑新宏（西安理工大学计算机学院副院长、教授）

前　言

　　传统的 8051 系列单片机由于具有硬件结构简单、编程操作方便以及芯片价格低廉等特点，长期以来被广泛应用于智能控制和显示等嵌入式系统中。此外，单片机的典型开源工程项目和优秀教材资源丰富，目前在普通高等院校中，几乎所有的电子工程和智能控制相关专业都设有单片机课程。随着科技的发展和人们对高智能性控制设备的喜爱与需求，传统单片机因其控制逻辑简单而在很多领域显得应用乏力。因此，近些年来，很多半导体公司推出了兼容 8051 系统传统单片机的新型增强型单片机，例如 Silicon Labs 公司的 C8051F 系列模数混合型单片机、Atmel 公司的 megaAVR 单片机、Renesas 公司的 RL78 系列单片机和 TI 公司的 MSP430 系列单片机等。新型单片机具有存储空间大、代码效率高、片上外设丰富和执行速度快等优点，在一定程度上延缓了单片机的应用衰退趋势，但无法从根本上改变单片机正在慢慢退出嵌入式应用系统的趋势。

　　当前，ARM 微控制器正在逐步替代传统单片机而成为嵌入式系统的核心控制器。ARM 公司出品了众多微处理器内核，包括目前市场上流行的 ARM7、ARM9 和 ARM11 内核。2010 年以后，ARM 公司主推的内核为 Cortex 系列。这个系列又分为 M 系、R 系和 A 系。其中，A 系是高性能系列，针对带有Android操作系统的智能平板电脑，支持 ARM、Thumb 和 Thumb-2 指令集；R 系为普通嵌入式内核，支持 ARM、Thumb 和 Thumb-2 指令集；M 系为低功耗系列，仅支持 Thumb-2 指令集，诞生于 2004 年，最早推出的内核为 Cortex-M3，目前有 Cortex-M0、M0＋、M1、M3、M4 和 M7，用于需要快速中断的嵌入式实时应用系统中。在 Cortex 系列中，M 系列芯片的应用量最大，截至 2014 年中期，Cortex-M 系列内核的微控制器的应用量达 80 亿颗，超过其他所有 ARM 内核的芯片用量的总和。

　　在 Cortex-M 系列中，最早推出的 M3 内核主要针对控制领域中的高端实时应用领域，具有控制和数字信号处理能力，除了可用于传统 8051 单片机的应用领域外，还可用于 DSP 处理器的应用领域，代表芯片有 NXP(恩智浦)公司的 LPC1788 微控制器，该系列微控制器还被用作苹果 iPhone 手机中的协处理器；M4 内核主要针对高速控制、语音信号处理和数字信号处理领域，涵盖了传统网络控制芯片和 DSP 处理器的应用领域，代表芯片有 NXP 公司的 LPC4088 微控制器；M7 内核是 2014 年新推出的低功耗高性能内核，主要针对物联网、智能家居和可穿戴设备，具有音频和视频处理能力，代表芯片有意法半导体公司的 STM32F7 系列微处理器；M0 和 M0＋内核都是低功耗内核，M0＋内核的功耗比 M0 内核更低(ARM 公司公布的功耗数据为 11.2 μW/MHz)，被誉为全球功耗最低的微控制器内核，主要应用在控制和检测领域，涵盖了传统 8051 单片机的应用领域，比传统 8051 单片机在处理速度、功耗、片上外设灵活多样性、中断数量与中断反应能力、编程与调试等诸多方面都有更大优势，M0＋内核的代表芯片有 NXP 公司的 LPC824 微控制器。

　　基于微控制器的软件开发有两种方式，即无操作系统的应用软件开发和加载嵌入式实时操作系统的应用软件开发。前者称为函数级程序设计方法(或面向函数的程序设计方法），后者称为任务级程序设计方法（或面向任务的程序设计方法）。由于传统 8051 单片机片上的 RAM(随机访问存储器，可读可写)空间有限，一般在 4 KB 以内，不适宜加载嵌入式操作系统，因此，常借助于汇编语言或 C51 语言编写实现特定功能的函数，这些函数通过互相循环调用或外部中断触发调用的方式依次执行。这种函数级的程序设计的致命缺点在于当实现的功能较复杂时，无法保证多个功能单元的同步执行。例如，某个功能单元设计要求为严格地每隔一秒执行一次，但是在函数级的工程程序中，总会出现该功能单元间隔 1.01 秒、0.99 秒或 0.995 秒依次执行的情况，有时相邻两次间隔也不相等，例如分别为 1.001 秒和 0.997 秒等，而且无法从根本上解决这个问题。

ARM 微控制器由于片内 RAM 空间丰富，一般在 8 KB 以上，适宜加载嵌入式实时操作系统(RTOS)。常用的 RTOS 有 μC/OS-II、μC/OS-III、FreeRTOS 和嵌入式 Linux，这些 RTOS 都是开放源代码的操作系统。针对 Cortex-M0＋内核而言，作者更偏爱 Micrium 公司的 μC/OS-II 和 μC/OS-III。在 ARM 微控制器上加载了 RTOS 后，通过 C 语言编写实现各个特定功能的用户任务(而不是函数，任务可调用函数)，由 RTOS 管理和调度各个用户任务，实现各个功能单元的同步执行。

一般地，函数级程序设计要求程序员对硬件资源和外设接口非常熟悉，需要根据硬件时序定义编写这些硬件单元的驱动程序，还要编写实现用户功能的程序代码；而任务级程序设计方法简化了程序员的设计工作，在硬件平台上移植了 RTOS 后，RTOS 开发商会提供所谓的板级支持包(BSP)，其功能相当于计算机的显卡、声卡和网卡等的驱动。通过板级支持包，程序员可以以调用函数的形式访问微控制器的片上外设资源，这样软件开发程序员只需要专注于实现各个功能单元的程序代码，而无需深入了解硬件资源，甚至不需要懂得硬件工作原理，这大大加快了项目的开发进度。

希望上述内容能够回答很多读者关于"为什么要学习 ARM Cortex-M0＋内核微控制器"和"为什么要学习嵌入式实时操作系统"等问题。

本书将阐述基于 Cortex-M0＋内核的 LPC824 微控制器和嵌入式实时操作系统 μC/OS-II 的系统应用和程序设计方法。由于 LPC824 具有开关矩阵外设(Switch Matrix，也被译为端口配置矩阵单元)，因此 LPC824 在硬件电路设计上特别灵活，在产品升级换代时，只需要通过软件编程方式修改端口配置矩阵，而不需要重新设计电路板(类似于 FPGA 芯片)。并且，LPC824 还具有编程方便、处理速度快和控制能力强等特点，有些专家称 LPC824 是具有划时代标志特征的微控制器芯片。嵌入式实时操作系统 μC/OS-II 是美国 Micrium 公司推出的微内核，其最新版本为 v2.91，最多可以支持 255 个任务，具有实时性强、中断处理速度快和内核体积小等显著优点，特别适合移植到以 ARM Cortex-M 系列微控制器为核心的硬件系统平台上。

一、本书内容介绍

本书分为三篇，共十三章。江西财经大学软件与通信工程学院张勇编写了第一至五章和第十至十三章；宁波工程学院电子与信息学院安鹏编写了第六至九章。全书内容概括如下：

第一篇(一至四章)为全书的硬件基础部分，依次介绍了 ARM Cortex-M0＋内核、LPC82X 微控制器、LPC824 开发平台与工程框架以及异常与中断管理。

第二篇(五至九章)详细介绍了基于嵌入式实时操作系统 μC/OS-II 的任务级别的程序

设计方法，依次讲述了 μC/OS-Ⅱ工作原理及其移植、μC/OS-Ⅱ任务、μC/OS-Ⅱ信号量与互斥信号量、μC/OS-Ⅱ消息邮箱与队列和 μC/OS-Ⅱ高级系统组件。这部分内容结合了具体的工程实例，并给出了拓展思考题。

第三篇(十至十三章)为典型应用实例，依次介绍了基于 LPC824 学习板的智能门密码锁设计实例，智能温度采集、显示与报警系统以及数字电压采集与显示实例，最后给出了一个 NXP 公司设计的开源硬件平台 LPCXpresso824-MAX。该学习平台硬件和软件设计规范，且学习资料丰富，可作为基于 LPC824 设计应用系统的开发模板。这里所谓的"开源硬件"，是指硬件原理图和 PCB(印刷电路板)图均公开的硬件平台，且这类硬件平台易于学习并可实现二次开发，众所周知的 Arduino 系列硬件均为代表性的开源硬件。

二、本书教学思路

本书初稿已经过多名教师教学应用，理论课时宜为 32～48 学时，实验课时为 32 学时，开放实验课时为 16 学时。建议讲述内容为第一至九章，并按书中章节顺序讲述；第十至十二章用于课程设计和学生实验拓展。针对教师教学活动，作者提供了更多的交流和技术支持，可通过西安电子科技大学出版社或信箱 zhangyong@jxufe.edu.cn 与我们联系。

建议理论教学与实验教学同步进行。理论教学过程中，可设置 2～4 学时讨论课，或安排学生分组作学习交流主题报告。实验教学可设置 3～4 个基础性实验和 1～2 个综合性或设计性实验，可结合全国大学生电子设计大赛或嵌入式系统大赛开展拓展性实验项目，并应以学生动手为主。

对于自学本书的嵌入式系统爱好者而言，要求至少具有数字电路、模拟电路、C 语言程序设计等课程的基础知识，并建议在学习过程中设计一套 LPC824 学习板配套学习。

本书的每个实例都是完整的，读者可以在西安电子科技大学出版社网站上下载到全部工程实例代码，但作者强烈建议读者自行输入实例代码，以增强学习与记忆效果。

三、本书特色

本书具有以下四个方面的特色：

其一，详细讲述了基于 ARM Cortex-M0＋内核 LPC824 微控制器为核心的开源硬件平台，该平台包括了典型的 LED 灯、串口、按键、蜂鸣器、数码管、JTAG(SWD)和 ISP 电路、测温电路、模数转换电路和 LCD 屏电路等，对嵌入式硬件开发具有一定的指导作用。

其二，全书工程实例丰富，通过完整的工程实例详细讲述了函数级别与任务级别的程序设计方法，对于嵌入式系统应用软件开发具有较强的指导作用。

其三，结合 LPC824 硬件平台，详细讲述了嵌入式实时操作系统 μC/OS-Ⅱ的任务管理和系统组件应用方法，对学习和应用 μC/OS-Ⅱ具有较好的可借鉴性。

其四，通过典型的项目应用实例，详细讲述了嵌入式系统的软件开发与设计技术，对嵌入式系统项目开发具有一定的指导意义。

四、致谢

感谢 NXP 公司为本书编写提供了学习板和集成开发环境。在本书编写过程中，NXP 公司的辛华峰、王朋朋和张宇等专家提供了大量技术支持，并阅读了本书初稿，提出了很多建设性意见。

感谢北京博创兴盛陆海军总经理、广州天嵌科技梁传智总经理、北京赛佰特张方杰总经理、北京麦克泰公司曹旭华总经理对本书出版的关心和支持。

还要特别感谢阅读了作者已出版的图书并反馈了宝贵意见的读者们，他们使得本书的写作能按照"认识—应用—拓展"的思路进行，从而使得自学门槛较以前出版的书大为降低。

最后感谢西安电子科技大学出版社李惠萍编辑为本书出版所付出的辛勤工作。

由于作者水平有限，书中难免会有纰漏之处，敬请同行专家和读者批评指正。

五、免责声明

知识的发展和科技的进步是多元的。本书内容广泛引用的知识点大都出自相关文献，主要为 LPC824 用户手册，LPC824 芯片手册，Cortex-M0＋技术手册，嵌入式实时操作系统 μC/OS-Ⅱ、Keil MDK 集成开发环境和 ULINK2 仿真资料等内容，所有这些被引用内容的知识产权归相关公司所有，作者保留其余内容的所有权利。本书内容仅用于教学目的，旨在推广 ARM Cortex－M0＋内核 LPC824 微控制器、嵌入式实时操作系统 μC/OS-Ⅱ 和 Keil MDK 集成开发环境等，禁止任何单位和个人摘抄或扩充本书内容用于出版发行，严禁将本书内容用于商业场合。

作　者

2015 年 7 月于

江西财经大学枫林园

目　　录

第一篇　LPC82X 典型硬件系统

第二篇　嵌入式实时操作系统 μC/OS-Ⅱ 的应用

第三篇　LPC82X典型应用实例

第一篇

LPC82X 典型硬件系统

本篇包括第一至四章，为全书的硬件基础部分，依次介绍了 ARM Cortex-M0＋内核、LPC82X 微控器、LPC824 开发平台与工程框架以及异常与中断管理等内容。

第一章　ARM Cortex-M0＋内核

　　ARM 是 Advanced RISC Machine(高级精简指令集机器)的缩写,现为 ARM 公司的注册商标。ARM Cortex-M0＋内核属于 ARM 公司推出的 Cortex-M 系列内核之一,相对于高性能的 Cortex-M3 内核而言,它具有体积小、功耗低和控制灵活等特点,主要针对传统单片机的控制与显示等嵌入式系统应用。本章将介绍 Cortex-M0＋内核的特点、架构、存储器配置和内核寄存器等内容。

1.1　ARM Cortex-M0＋内核特点

　　Cortex-M0＋内核使用 ARMv6-M 体系结构,使用 ARMv6-M 汇编语言指令集,它具有以下特点:

　　(1) Cortex-M0＋内核包含极低数量的门电路,是目前全球功耗最低的内核,特别适用于对功耗要求苛刻的嵌入式系统应用场合。

　　(2) 支持 32 位长的 Thumb-2 扩展指令集和 16 位长的 Thumb 指令集,代码的执行效率远远高于 8 位长的单片机汇编指令。

　　(3) 支持单周期的 I/O(输入/输出)口访问,对外设的控制速度快。

　　(4) 具有低功耗工作模式,在内核空闲时可以使其进入低功耗模式,从而极大地节约电能;当内核要工作时,通过紧耦合的快速中断唤醒单元使其进入正常工作模式。

　　(5) 内核中的各个组件采用模块化结构,通过精简的高性能总线(AHB-Lite)连接在一起,内核中的功耗管理单元可以动态配置各个组件的工作状态,可根据需要使某些空闲的组件处于掉电模式,以尽可能地减少功耗。

　　(6) 可执行代码保存在 Flash 存储区中,而 Cortex-M0＋内核支持从 Flash 中以极低的功耗快速读取指令,并以极低的功耗(工作在一个相对较低的 CPU 时钟下)在内核中高速执行代码。

　　(7) Cortex-M0＋内核支持硬件乘法器。硬件乘法器最早出现在 DSP(数字信号处理器)芯片中,与加法器协同工作,并称为乘加器,是指在一个 CPU 时钟周期内,用硬件电路直接实现 A×B+C 的三操作数运算。这里 Cortex-M0＋支持的硬件乘法器可以在一个 CPU 时钟周期内实现 A×B 的二操作数运算。

　　(8) Cortex-M0＋内核的每条汇编指令的执行周期是确定的,中断处理的时间是确定的、高效的,且具有快速中断处理能力,特别适用于对实时性要求苛刻的智能控制场合。

　　(9)支持二线的串行调试接口(SWD),只需要使用芯片的两根管脚就可以实现对 Cortex-M0＋内核芯片的在线仿真与调试,通过 SWD 可以向芯片的 Flash 存储器固化程序代码,且具有指令跟踪执行功能。而绝大多数的传统单片机是不能在线仿真调试的,因此,基于单片机的工程测试复杂且周期漫长。

（10）Cortex-M0＋内核不是物理形态的微控制器芯片，而是属于知识产权（IP），所以常被称为 IP 核。目前全球大约有 150 家半导体公司购买了 ARM 公司的 IP 核，生产集成了 IP 核的微控制器芯片（称为流片，流片测试成功后进入芯片量产阶段）。所有集成了Cortex-M0＋内核的微控制器芯片，均可使用相同的集成开发环境（如 Keil 公司的 MDK 和IAR 公司的 EWARM 等）和相同的仿真器（如 ULink2、JLink V8 等）进行软件开发，事实上，几乎全部的 ARM 芯片都使用相同的开发环境和仿真器。但是，对于传统的单片机而言，不同半导体厂商生产的单片机所用的开发环境和编程下载器往往不相同。

1.2 ARM Cortex-M0＋内核架构

相对于 8 位字长的传统 8051 单片机而言，Cortex-M0＋内核是 32 位字长的微控制器内核，其内部总线宽度为 32 位，指令和数据传输速度及功能大大提升。Cortex-M0＋内核架构如图 1－1 所示。

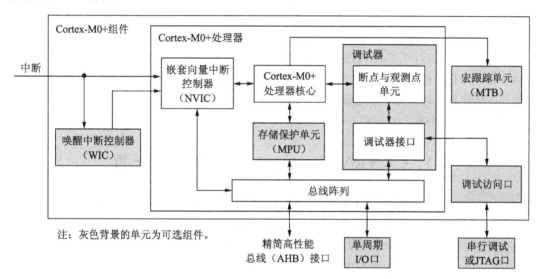

图 1－1 Cortex-M0＋内核架构

由图 1－1 可知，Cortex-M0＋内核由 Cortex-M0＋处理器和三个可选的组件，即唤醒中断控制器（WIC）、宏跟踪单元（MTB）和调试访问口组成，Cortex-M0＋处理器包括Cortex-M0＋处理器核心、嵌套向量中断控制器（NVIC）和两个可选的组件，即存储保护单元(MPU)和调试器组成，其中，调试器又包括断点与观测点单元和调试器接口。Cortex-M0＋内核与外部通过总线阵列和中断进行通信，其中，中断为单向输入口，总线阵列相连接的精简高性能总线（AHB）接口以及可选的单周期输入/输出（I/O）口和串行调试或 JTAG 口为双向口。

32 位的 Cortex-M0＋处理器核心是计算和控制中心，采用了两级流水的冯·诺依曼结构，执行 ARMv6-M 指令集（即 16 位长的 Thumb-2 指令集，含 32 位长的扩展指令），集成了一个单周期的乘法器（用于高性能芯片中）或一个 32 位的乘法器（用于低功耗芯片中）。

Cortex-M0＋内核具有很强的中断处理能力，一个优先级可配置的嵌套向量中断控制器（NVIC）直接与 Cortex-M0＋处理器核心相连接，通过这种紧耦合的嵌套向量中断控制器，可以实现不可屏蔽中断、中断尾链、快速中断响应、睡眠态唤醒中断和四级中断优先级。这里的"中断尾链"是指当有多个中断被同时触发时，优先级高的中断响应完成后，不需要进行运行环境的恢复，而是直接运行优先级次高的中断，全部中断响应完后，再恢复运行环境。如果没有中断尾链功能，则处理器在响应一个中断前，先进行入栈操作，保存当前中断触发时的运行环境，然后，处理器暂停当前程序的执行去响应中断，响应完中断后，进行出栈操作，恢复响应中断前的环境（即使程序计数器指针（PC）指向被中断的程序位置处）继续执行原来的程序。接着，重复这些操作响应下一个中断。因此，没有中断尾链功能时，两个连续响应的中断中需要插入一次出栈和一次入栈操作（即恢复前一个运行环境和保存后一个运行环境），而具有中断尾链功能时，这两次堆栈操作均被省略掉了。

Cortex-M0＋内核具有很强的调试能力，通过调试访问口，外部的串行调试或 JTAG 调试口与 Cortex-M0＋处理器的调试器相连接，调试器直接与 Cortex-M0＋处理器核心连接，还通过它与宏跟踪单元相连接。因此，通过串行调试或 JTAG 调试口可以访问 Cortex-M0＋内核的全部资源，包括调试或跟踪程序代码的执行，还可以检查代码的执行结果。

存储保护单元（MPU）可以对存储器的某些空间设定访问权限，使得只有特定的程序代码才能访问这些空间，普通的程序代码则无权访问，这样可以有效地保护关键的程序代码存储区或数据区不受意外访问（例如病毒）的侵害。

图 1-1 中，相对于 Cortex-M0＋处理器核心而言，其余的组件均称为 Cortex-M0＋内核的外设，所有这些组件均为知识产权（IP）核。半导体厂商在这个 IP 核的基础上添加中断发生器、存储器、与 AHB 相连接的多功能芯片外设和输入/输出（I/O）口等，即可以得到特定功能的微控制器芯片。

1.3　ARM Cortex-M0＋存储器配置

Cortex-M0＋存储空间的最大访问能力为 2^{32} 字节，即 4 GB。对于 Cortex-M0＋而言，8 位（8 bit）为一个字节，16 位称为半字，32 位称为字。以字为单位，Cortex-M0＋的存储空间的最大访问能力为 2^{30} 字，即从 0 至 $2^{30}-1$ 字。一般地，访问地址习惯采用字节地址，此时，Cortex-M0＋的存储空间配置如图 1-2 所示。

由图 1-2 可知，4 GB 的 Cortex-M0＋映射存储空间被分成 8 个相同大小的空间，每个空间为 0.5 GB。这 8 个空间中，位于地址范围 0x0000 0000～0x1FFF FFFF 的 Code 空间对应着集成在芯片上的 ROM 或 Flash 存储器，主要用于保存可执行的程序代码，也可用于保存数据，其中，中断向量表位于以 0x0 起始的地址空间中，一般占有几十至几百个字节。位于地址范围 0x2000 0000～0x3FFF FFFF 的 SRAM 区域，对应着集成在芯片中的 RAM 存储器，主要用于保存数据，保存的数据在芯片掉电后丢失。位于地址范围 0x4000 0000～0x5FFF FFFF 的片上外设区域，存储着片上外设的访问寄存器，通过读或写这些寄存器，可实现对片上外设的访问和控制。

位于地址范围 0x6000 0000～0x7FFF FFFF 的 RAM 区域属于快速 RAM 区，是具有"写回"特性的缓存区，而位于地址范围 0x8000 0000～0x9FFF FFFF 的 RAM 区域属于慢速 RAM 区，是具有"写通"特性的缓存区。这两个 RAM 区都有对应的缓存（Cache）。所谓的"写回"，是指当 Cortex-M0＋内核向 RAM 区写入数据时，不是直接将数据写入 RAM，而是写入到更快速的缓存中，当缓存满了或者总线空闲时，缓存自动将数据写入到 RAM

区中。所谓的"写通"，是指当Cortex-M0＋内核向RAM区写入数据时，通过缓存直接将数据写入到RAM区中。因此，具有"写回"特性的RAM中的数据有可能与其缓存中的数据不同，当数据较少时，数据将保存在缓存中，而不用写入到RAM中；而具有"写通"特性的RAM中的数据与缓存中相应的数据是相同的。其实，Cortex-M0＋的Code区和SRAM区也有缓存，前者是"写通"特性的缓存机制，后者是"写回"特性的缓存机制。

地址	区域	说明
0xFFFF FFFF	系统专用设备	系统专用设备区域为芯片生产者专用的外设映射空间
0xE000 0000 / 0xDFFF FFFF	私有设备	私有设备区域是针对特定芯片的外设映射空间
0xC000 000 / 0xBFFF FFFF	共享设备	共享设备区域是公用的外设映射空间
0xA000 0000 / 0x9FFF FFFF	RAM	该RAM区域为慢速RAM区，具有"写通"（Write Through）特性
0x8000 0000 / 0x7FFF FFFF	RAM	该RAM区域为快速RAM区，具有"写回"（Write Back）特性
0x6000 0000 / 0x5FFF FFFF	片上外设	片上外设区域为片上外设的寄存器区域，通过访问该区域内的寄存器可以管理片上外设资源
0x4000 0000 / 0x3FFF FFFF	SRAM	SRAM区域为片上RAM区，主要用于存放数据
0x2000 0000 / 0x1FFF FFFF	Code	Code区域为片上ROM或Flash区，主要用于存放程序代码。中断向量表位于0x0起始地址处
0x0000 0000		

图 1－2　Cortex-M0＋存储空间配置

Cortex-M0＋支持两种存储模式，即小端模式和字节保序的大端模式。不妨设 Addr 为一个字地址。所谓的字地址，是指地址的最低两位为0，即地址能被4整除，例如0x0000 0000、0x0000 0004、0x0000 0008 等都是字地址，同样，把地址的最低一位为0的地址称为半字地址，如 0x0000 0002、0x0000 0004 等，显然，字地址都是半字地址。设 DataA 为一个字，包括4个字节，从高字节到低字节依次记为 DataA[31:24]、DataA[23:16]、DataA[15:8]和 DataA[7:0]。设 DataB 为一个半字，包括2个字节，依次记为 DataB[15:8]和DataB[7:0]，则在两种存储模式下，将 DataA 或 DataB 保存在 Addr 地址的情况如图 1－3所示。

由图 1－3 可知，小端模式下，数据字的高字节存储在字地址的高端，数据字的低字节存储在字地址的低端；而大端模式下刚好相反，数据字的高字节存储在字地址的低端，数据字的低字节存储在字地址的高端。所谓的字节保序，是指在大端模式下，每个字节内的位的顺序保持不变。

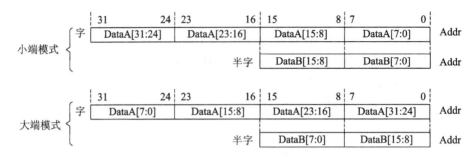

图 1-3　小端模式与字节保序的大端模式示例

1.4　ARM Cortex-M0＋内核寄存器

在 Cortex-M0＋微控制器中，全部的寄存器都是 32 位的，本节将重点介绍 Cortex-M0＋内核寄存器，这些寄存器直接服务于处理器内核，用于保存计算和控制的操作数和操作码；此外，本节还将介绍 Cortex-M0＋内核的系统控制寄存器。需要指出的是，内核寄存器只能用汇编语言访问，用 C 语言（即使用其指针功能）则无法访问。

1.4.1　内核寄存器

Cortex-M0＋微控制器共有 16 个内核寄存器，分别记为 R0～R15，其中 R0～R12 为 32 位的通用目的内核寄存器，供程序员保存计算和控制数据；R13 又称作堆栈指针（SP）寄存器，指向堆栈的栈顶；R14 又称为连接寄存器（LR），用于保存从调用的子程序返回时的程序地址；R15 又称为程序计数器（PC），微控制器复位时，PC 指向中断向量表中的复位向量，一般是地址 0x0，程序正常运行过程中，PC 始终指向下一条待运行指令的地址，对于顺序执行的程序段而言，PC 始终指向当前指令地址＋4。Cortex-M0＋内核寄存器如图 1-4 所示。

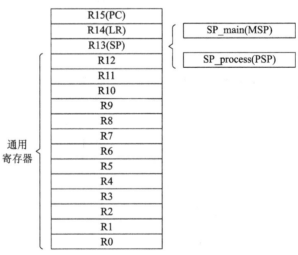

图 1-4　Cortex-M0＋内核寄存器

在图 1-4 中，R13 即 SP 寄存器对应着两个物理寄存器，分别称为主堆栈指针 MSP 和进程堆栈指针 PSP，SP 使用哪个指针由 Cortex-M0＋内核工作模式决定。Cortex-M0＋微控制器有两种工作模式，即线程模式或称为进程模式(Thread mode)和手柄模式(Handler mode)。上电复位时，微控制器工作在手柄模式下。当工作在手柄模式下时，只能使用主堆栈指针 MSP；当工作在进程模式下时，两个堆栈指针均可使用，具体使用哪个指针，由 CONTROL 寄存器的第 1 位决定(见 1.4.2 节)。手柄模式是一种特权模式，此模式下程序员可以访问微控制器的全部资源，而线程模式是一种保护模式，此模式下微控制器的某些资源是访问受限的。

1.4.2 系统控制寄存器

本书将程序状态寄存器 xPSR、中断屏蔽寄存器 PRIMASK 和控制寄存器 CONTROL 作为系统控制寄存器，有些专家把这些寄存器也视作内核寄存器，因为这些寄存器也只能由汇编语言访问。此外，系统控制寄存器还包括表 1－1 所示的寄存器。

表 1－1　系统控制寄存器

序号	地　址	名称	类型	复位值	描　　述
1	0xE000 E008	ACTLR	RW	—	辅助控制寄存器
2	0xE000 ED00	CPUID	RO	—	处理器身份号寄存器
3	0xE000 ED04	ICSR	RW	0x0000 0000	中断控制状态寄存器
4	0xE000 ED08	VTOR	RW	0x0000 0000	向量表偏移寄存器
5	0xE000 ED0C	AIRCR	RW	位[10:8]＝000b	程序中断和复位控制寄存器
6	0xE000 ED10	SCR	RW	位[4,2,1]＝000b	系统控制寄存器
7	0xE000 ED14	CCR	RO	位[9:3]＝1111111b	配置与控制寄存器
8	0xE000 ED1C	SHPR2	RW	—	系统异常优先级 2 寄存器
9	0xE000 ED20	SHPR3	RW	—	系统异常优先级 3 寄存器
10	0xE000 ED24	SHCSR	RW	0x0000 0000	系统异常控制与状态寄存器
11	0xE000 ED30	DFSR	RW	0x0000 0000	调试状态寄存器

注：表 1－1 中，RW 表示可读可写；RO 表示只读；WO 表示只写(表中未出现)。表 1－1 中的系统控制寄存器可以用 C 语言指针类型的变量访问。

下面依次介绍这些系统控制寄存器的含义，其中，ACTLR 寄存器可视为用户定义功能的 32 位通用寄存器，DFSR 寄存器为调试单元服务，这两个寄存器不做介绍。

1）程序状态寄存器 xPSR

程序状态寄存器 xPSR 包括 3 个子寄存器，即应用程序状态寄存器 APSR、中断程序状态寄存器 IPSR 和执行程序状态寄存器 EPSR，如图 1－5 所示。

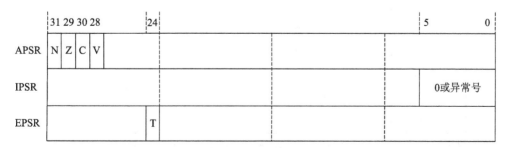

图 1－5　程序状态寄存器 xPSR

由图 1-5 可知，APSR 寄存器只有第[31:28]位域有效，分别记为 N、Z、C 和 V；IPSR寄存器只有第[5:0]位域有效；EPSR 寄存器只有第 24 位有效，用 T 表示。这里，APSR 寄存器的 N、Z、C 和 V 为条件码标志符，N 为负条件码标志符，当计算结果（以二进制补码表示）为负时，N 置 1，否则清 0；Z 为零条件码标志符，当计算结果为 0 时，Z 置 1，否则清 0；C 为进位条件码标志符，当计算结果有进位时，C 置 1，否则清 0；V 为溢出条件码标志符，当计算结果溢出时，V 置 1，否则 V 清 0。EPSR 寄存器的 T 为 0 表示 ARM 处理器工作在 ARM 指令集下，T 为 1 表示 ARM 处理器工作在 Thumb 指令集下，由于 Cortex-M0＋仅支持 Thumb-2 指令集，因此，T 必须始终为 1，芯片上电复位时，T 将自动置 1。需要注意的是，读 T 的值，始终读出 0，可以认为 T 是只写的位。

当 Cortex-M0＋工作在手柄模式下时，IPSR 的第[5:0]位域用于记录当前执行的异常号；如果 Cortex-M0＋工作在线程模式下，则该位域为 0。

2）中断屏蔽寄存器 PRIMASK

中断屏蔽寄存器 PRIMASK 只有第 0 位有效，记为 PM，如果该位被置为 1，则将屏蔽掉所有优先级号大于等于 0 的异常和中断；如果该位为 0，表示优先级号大于等于 0 的异常和中断正常工作。实际上，PM 位被置成 1，是将当前执行的进程的优先级设为 0，而优先级号越小，优先级别越高，因此，使得优先级号大于或等于 0 的异常和中断无法被响应了。

3）控制寄存器 CONTROL

控制寄存器 CONTROL 只有第[1:0]位有效，第 0 位记为 nPRIV，第 1 位记为 SPSEL。当 Cortex-M0＋微控制器工作在进程模式下时，SP 可以使用主堆栈指针 MSP 或进程堆栈指针 PSP，此时使用哪一个栈指针由 SPSEL 位决定。当 SPSEL 为 0 时，使用 MSP 作为 SP；当 SPSEL 为 1 时，使用 PSP。在手柄模式下，SP 只能使用 MSP，此时 SPSEL 位无效。如果芯片实现了非特权/特权访问扩展功能，则 nPRIV 位清 0 时，进程模式将享有特权访问能力；如果 nPRIV 位置为 1，进程模式没有特权访问能力。如果芯片没有集成非特权/特权访问扩展功能，则 nPRIV 位无效，此时读 nPRIV 位读出 0，写该位被忽略。

4）处理器身份号寄存器 CPUID

32 位的处理器身份号寄存器 CPUID 提供芯片的标识信息，如表 1-2 所示。

表 1-2　处理器身份号寄存器 CPUID

位号	名　称	含　义
[31:24]	IMPLEMENTER	开发商，固定为 0x41，即 ASCⅡ码字符'A'，表示 ARM
[23:20]	VARIANT	处理器变种号
[19:16]	ARCHITECTURE	处理器架构，对于 ARMv6－M 而言为 0xC
[15:4]	PARTNO	版本号
[3:0]	REVISION	修订号

对于集成 Cortex-M0＋微控制器内核的 LPC824 芯片而言，读出 CPUID 的值为 0x410CC601。

5）中断控制状态寄存器 ICSR

中断控制状态寄存器 ICSR 用于控制中断或获取中断的状态，如表 1－3 所示。

表 1－3　中断控制状态寄存器 ICSR

位号	名　称	类型	含　义
31	NMIPENDSET	RW	置 1 时软件触发不可屏蔽中断 NMI，清 0 时无作用
30:29	—	—	保留
28	PENDSVSET	RW	置 1 时软件触发 PendSV 异常，清 0 时无作用
27	PENDSVCLR	WO	置 1 时软件清除 PendSV 中断标志，清 0 时无作用
26	PENDSTSET	RW	置 1 时软件触发 SysTick 异常，清 0 时无作用
25	PENDSTCLR	WO	置 1 时软件清除 SysTick 异常，清 0 时无作用
24	—	—	保留
23	ISRPREEMPT	RO	为 1 表示存在某个异常或中断将被响应；为 0 无意义
22	ISRPENDING	RO	为 1 表示存在某个异常或中断正在请求；为 0 无意义
21	—	—	保留
20:12	VECTPENDING	RO	记录了请求响应的最高优先级中断号或异常号
11:9	—	—	保留
8:0	VECTACTIVE	RO	记录了当前响应的中断或异常的中断号或异常号

注：表 1－3 中的 NMI、PendSV 和 SysTick 异常以及中断号和异常号的概念请参考 1.6 节。

　　ICSR 寄存器的重要意义在于可以通过它用软件方式触发 NMI、PendSV 和 SysTick 异常，或清除这些异常的请求状态，尤其是 PendSV 异常，常被用于嵌入式实时操作系统中作为任务切换的触发机制。

6）向量表偏移寄存器 VTOR

向量表偏移寄存器 VTOR 只有第[31:7]位有效，用符号 TBLOFF 表示，记录了中断向量表的起始地址，上电复位后，TBLOFF 为 0，表示中断向量表位于地址 0x0000 0000 处。由于中断向量表的首地址只能位于末尾 7 位全为 0 的地址处，所以，VTOR 寄存器的第[6:0]位始终为 0。如果设置 TBLOFF 为 0x02，则中断向量表的首地址为 0x0000 0100。

7）程序中断和复位控制寄存器 AIRCR

程序中断和复位控制寄存器 AIRCR 用于设置或读取中断控制数据，其各位的含义如表 1－4 所示。

表 1－4　程序中断和复位控制寄存器 AIRCR

位号	名　称	类型	含　义
31:16	VECTKEY	WO	固定写入 0x05FA
15	ENDIANNESS	RO	读出 0 表示小端模式，1 表示大端模式
14:3	—	—	保留
2	SYSRESETREQ	WO	写入 1 软件方式请求复位；写入 0 无作用
1	VECTCLRACTIVE	WO	写入 1 清除全部异常和中断的标志位，写入 0 无作用
0	—	—	保留

8）系统控制寄存器 SCR

系统控制寄存器 SCR 用于设置或返回系统控制数据，其各位的含义如表 1-5 所示。

表 1-5　系统控制寄存器 SCR

位号	名　称	含　义
31:5	—	保留
4	SEVONPEND	读出 1，表示中断请求事件是唤配事件；读出 0，中断不用作唤醒
3	—	保留
2	SLEEPDEEP	读出 1 表示从深睡眠中唤醒；读出 0 则不是从深睡眠中唤醒
1	SLEEPONEXIT	为 1 表示中断响应后进入睡眠态；为 0 表示不进入睡眠态
0	—	保留

9）配置与控制寄存器 CCR

只读的配置与控制寄存器 CCR 用于返回配置和控制数据，只有第 3 位和第 9 位有效，分别记为 UNALIGN_TRP 和 STKALIGN。UNALIGN_TRP 始终为 1，表示地址没有对齐的半字或字访问将产生 HardFault 异常（见 1.6 节）。这里的"对齐"是指字数据的首地址的末 2 位必须为 0，半字数据的首地址的末位必须为 0。STKALIGN 也始终为 1，表示进入异常服务程序后，堆栈指针 SP 调整到 8 字节对齐的地址，并将异常返回地址保存在 SP 指向的空间。这里的"8 字节对齐的地址"是指该地址的末 3 位为 0。

10）系统异常优先级寄存器 SHPR2 和 SHPR3

系统异常优先级寄存器 SHPR2 只有第[31:30]位域有效，记为 PRI_11，用于设定 SVCall 异常的优先级号；系统异常优先级寄存器 SHPR3 中，第[23:22]位域和第[31:30]位域有效，分别记为 PRI_14 和 PRI_15，PRI_14 用于设置 PendSV 异常的优先级号，PRI_15 用于设置 SysTick 异常的优先级号。SVCall、PendSV 和 SysTick 异常的优先级号配置符号 PRI_11、PRI_14 和 PRI_15 均位于其所在字节的最高 2 位，如图 1-6 所示，因此，优先级号的值可以配置为 0、64、128 或 192。

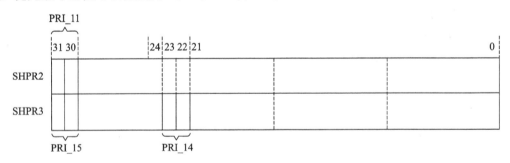

图 1-6　系统异常优先级寄存器 SHPR2 和 SHPR3

11）系统异常控制与状态寄存器 SHCSR

系统异常控制与状态寄存器 SHCSR 只有第 15 位有效，记作 SVCallpended，读出 1 表示 SVCall 异常（见 1.6 节）处于请求态，读出 0 表示 SVCall 异常没有处于请求态。注意，如果 SVCall 异常处于活动态（即正在执行其中断服务程序），则 SVCallpended 读出 0。

1.5　SysTick 定时器

SysTick 定时器又称为系统节拍定时器，是一个 24 位的减计数器，常用来产生 100 Hz 的 SysTick 异常信号作为嵌入式实时操作系统的时钟节拍。SysTick 定时器有 4 个相关的寄存器，即 SYST_CSR、SYST_RVR、SYST_CVR 和 SYST_CALIB，如表 1－6 所示。

表 1－6　SysTick 定时器相关的寄存器

序号	地　　址	名　　称	类型	复位值	含　义
1	0xE000 E010	SYST_CSR	RW	0x0 或 0x4	SysTick 控制与状态寄存器
2	0xE000 E014	SYST_RVR	RW	—	SysTick 重装值寄存器
3	0xE000 E018	SYST_CVR	RW	—	SysTick 当前计数值寄存器
4	0xE000 E01C	SYST_CALIB	RO	—	10 ms 定时校正寄存器

SysTick 定时器的工作原理框图如图 1－7 所示。

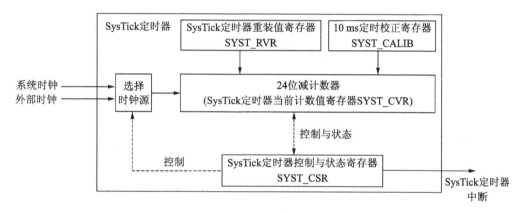

图 1－7　SysTick 定时器工作原理框图

根据图 1－7 可知，SysTick 定时器可以选择系统时钟或外部输入时钟信号作为时钟源，由控制和状态寄存器 SYST_CSR 决定；启动 SysTick 定时器时，需要向当前计数值寄存器进行一次写入操作(可写入任意值)，清零 SYST_CVR 寄存器，同时将 SYST_RVR 的值装入到 SYST_CVR 中，SysTick 定时器开始工作。每当 SYST_CVR 减计数到 0 时，在下一个时钟到来时自动将 SYST_RVR 的值装入到 SYST_CVR 中，同时产生 SysTick 定时器中断。如果重装值计数器的值设为 0，则下一个时钟到来时关闭 SysTick 定时器。10 ms定时校正寄存器 SYST_CALIB 用于系统时钟不准确时校正 SysTick 定时器，一般由半导体厂商校正。

下面将详细介绍表 1-6 中各个寄存器的情况。

1) SysTick 控制与状态寄存器 SYST_CSR

SysTick 控制与状态寄存器 SYST_CSR 如表 1-7 所示。

表 1 - 7　SysTick 控制与状态寄存器 SYST_CSR

位号	名　称	类型	含　义
31:17	—		保留
16	COUNTFLAG	RO	读出 1 表示在上次读 SYST_CSR 寄存器后 SysTick 定时器曾经减计数到 0，读出 0 表示未曾减计数到 0。读 SYST_CSR 寄存器时将清 0 该位
15:3	—		保留
2	CKLSOURCE	RW	为 1 表示使用系统时钟作为参考时钟源；为 0 表示使用外部输入时钟信号作为参考时钟源
1	TICKINT	RW	为 0 表示 SysTick 定时器寄存器 SYST_CVR 减计数到 0 后不产生 SysTick 异常请求；为 1 表示产生 SysTick 异常请求。注意：向 SYST_CVR 直接写入 0 不产生 SysTick 异常
0	ENABLE	RW	SysTick 定时器启动状态位。写入 1 启动 SysTick 定时器；写入 0 关闭它。读出 1 表示 SysTick 定时器处于工作态；读出 0 表示 SysTick 定时器已关闭

2）SysTick 重装值寄存器 SYST_RVR

SysTick 重装值寄存器 SYST_RVR 如表 1 - 8 所示。使用 SysTick 定时器前必须给该寄存器赋值，每当 SysTick 定时器减计数到 0 后，在下一个时钟到来时，SYST_RVR 寄存器的值被装入到 SYST_CVR 寄存器中。

表 1 - 8　SysTick 重装值寄存器 SYST_RVR

位号	名　称	含　义
31:24	—	保留
23:0	RELOAD	当 SysTick 定时器减计数到 0 后，在下一个时钟到来时该位域的值自动装入 SYST_CVR 寄存器中

3）SysTick 当前计数值寄存器 SYST_CVR

SysTick 当前计数值寄存器 SYST_CVR 如表 1 - 9 所示，该寄存器的值即为 SysTick 定时器的当前计数值，在使用 SysTick 定时器时，需要向 SYST_CVR 寄存器进行一次写入操作，可写入任何值，该写操作将清零 SYST_CVR 寄存器，同时清零 SYST_CSR 寄存器的 COUNTFLAG 标志位。

表 1 - 9　SysTick 当前计数值寄存器 SYST_CVR

位号	名　称	含　义
31:24	—	保留
23:0	CURRENT	SysTick 定时器当前计数值

4）定时校正寄存器 SYST_CALIB

定时校正寄存器 SYST_CALIB 如表 1 - 10 所示，当系统时钟不准确时，该寄存器用于校正 SysTick 定时器定时频率，一般由半导体厂商进行定时校正，因此该寄存器是只读属性。

表 1－10　定时校正寄存器 SYST_CALIB

位号	名　称	含　义
31	NOREF	为 0 表示使用外部时钟作为时钟源；为 1 表示使用系统时钟作为时钟源
30	SKEW	为 0 表示 10 ms 校正值准确；为 1 表示 10 ms 校正值不准确
29：24	—	保留
23：0	TENMS	10ms 校正值

1.6　Cortex-M0＋异常

Cortex-M0＋微控制器支持 5 种类型的异常，即复位异常 Reset、不可屏蔽中断 NMI、硬件访问出错异常 HardFault、特权调用异常 SVCall 和中断。其中，中断包括 2 个系统级别的中断，即 PendSV 异常和 SysTick 中断，还包括 32 个外部中断。对于 ARM 而言，ARM 内核产生的中断称为异常（Exception），外设产生的中断称为中断（Interrupt）。对于学过单片机的同学来说，可以把异常和中断视为相同的概念，并不会造成学习的障碍。Cortex-M0＋微控制器的异常如表 1－11 所示。

表 1－11　Cortex-M0＋微控制器的异常

异常号	名　称	优先级	含　义
1	Reset	－3	复位异常。复位后，PC 指针指向该异常
2	NMI	－2	不可屏蔽中断
3	HardFault	－1	硬件系统访问出错异常
4～10	—	—	保留
11	SVCall	可配置	特权调用异常。由 SVC 汇编指令触发
12～13	—	—	保留
14	PendSV	可配置	系统请求特权访问异常
15	SysTick	可配置	系统节拍定时器中断
16＋n	外部中断 n	可配置	中断号为 n 的外部中断，这里 n＝0，1，2，…，31

Cortex-M0＋中，由于异常和中断的排列有序，所以把异常和中断占居的空间称为异常或中断向量表，如图 1－8 所示。

当 Cortex-M0＋微控制器上电复位后，异常与中断向量表位于起始地址 0x0 处的空间内，如图 1－8 所示。由图 1－8 可知，堆栈栈顶占据了地址 0x00 处的字空间，这里的堆栈栈顶是指主堆栈指针 MSP 的值，而复位异常 Reset 位于地址 0x04 处的字空间，因此，Cortex-M0＋微控制器上电复位后，PC 指针指向 0x04 地址处开始执行，一般地，该字空间中保存了一条跳转指令。这里的"字空间"是指大小为 4 个字节的存储空间。

表 1－11 和图 1－8 列出了 Cortex-M0＋微控制器的全部异常与中断，其中，复位异常 Reset 的优先级号为－3，即优先级最高，因为异常或中断的优先级号越小，其优先级越高。不可屏蔽中断 NMI 和硬件系统访问出错异常 HardFault 的优先级号分别为－2 和－1。其

余的异常和中断的优先级均可配置，Cortex-M0＋微控制器支持 4 级优先级配置，这些异常和中断的优先级号必须大于等于 0，其中，SVCall、PendSV 和 SysTick 三个异常的优先级由系统异常优先级寄存器 SHPR2 和 SHPR3 进行配置，详情见 1.4.2 小节。中断号为 0～31 的中断的优先级配置方法见 1.7 节。

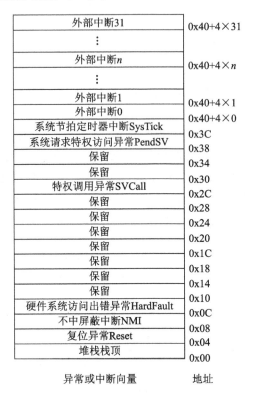

图 1-8　Cortex-M0＋异常与中断向量表

由表 1-11 可知，每个异常和中断都对应着一个异常号，例如，Reset 异常的异常号为 1，外部中断 n 的异常号为 16＋n。可以由异常号推断该异常的地址，异常号乘以 4 的值刚好为该异常在异常与中断向量表中的偏移地址。所谓的偏移地址是指相对于异常与中断向量表的首地址而言偏离的地址大小，可以借助于寄存器 VTOR(见 1.4.2 节)重定位异常与中断向量表在存储空间的位置。

异常与中断向量表的作用在于，当某个异常或中断被触发后，PC 指针将跳转到该异常或中断在向量表中的地址处，一般地，该地址处存放着一条跳转指针，进一步跳转到该异常或中断的中断服务程序入口处执行，实现对该异常与中断的响应处理。

1.7　嵌套向量中断控制器

表 1-11 中异常号为 16＋n 的外部中断 n(n＝0，1，2，…，31)由嵌套向量中断控制器 NVIC 管理。每个外部中断 n 都对应着一个中断号 n，记为 IRQn。嵌套向量中断控制器 NVIC 通过 12 个寄存器管理 IRQ31～IRQ0。这些寄存器如表 1-12 所示，它们的复位值均为 0x0。

表 1 - 12　NVIC 相关的寄存器

地　　址	名　　称	类型	含　　义
0xE000 E100	NVIC_ISER	RW	中断开放寄存器
0xE000 E180	NVIC_ICER	RW	中断关闭寄存器
0xE000 E200	NVIC_ISPR	RW	中断请求寄存器
0xE000 E280	NVIC_ICPR	RW	中断清除请求寄存器
0xE000 E400～ 0xE000 E41C	NVIC_IPRn	RW	中断优先级寄存器，n＝0～7，共 8 个，每个 32 位

下面依次介绍各个 NVIC 相关的寄存器的含义。

1）中断开放寄存器 NVIC_ISER

中断开放寄存器 NVIC_ISER 是一个 32 位的寄存器，第 n 位的值对应着 IRQn 的状态，n＝0～31，即向 NVIC_ISER 寄存器的第 n 位写入 1，打开相对应的 IRQn 中断；向第 n 位写入 0 无效。例如，第 0 位的值设为 1，则打开 IRQ0 中断；第 5 位的值设为 1，则打开 IRQ5 中断。读出 NVIC_ISER 寄存器的第 n 位的值为 1，表示 IRQn 处于开放状态；若第 n 位读出值为 0，表示 IRQn 处于关闭态。

2）中断关闭寄存器 NVIC_ICER

中断关闭寄存器 NVIC_ICER 的作用与 NVIC_ISER 的作用相反。NVIC_ICER 寄存器的第 n 位对应着 IRQn 的状态，n＝0～31，向 NVIC_ICER 寄存器的第 n 位写入 1，关闭相对应的 IRQn 中断；向第 n 位写入 0 无效。读出 NVIC_ICER 寄存器的第 n 位的值为 1，表示 IRQn 处于开放状态；若第 n 位读出值为 0，表示 IRQn 处于关闭状态。一般情况下，可把该寄存器视为只写寄存器。

3）中断请求寄存器 NVIC_ISPR

中断请求寄存器 NVIC_ISPR 是 32 位的寄存器，第 n 位的值对应着 IRQn 的请求状态，n＝0～31。向 NVIC_ISPR 寄存器的第 n 位写入 1，将配置 IRQn 中断为请求状态；写入 0 无效。读 NVIC_ISPR 寄存器的第 n 位为 1，表示 IRQn 正处于请求状态；读出第 n 位的值为 0，表示 IRQn 没有处于请求态。

4）中断清除请求寄存器 NVIC_ICPR

中断清除请求寄存器 NVIC_ICPR 的作用与 NVIC_ISPR 寄存器的作用相反。NVIC_ICPR 寄存器的第 n 位的值对应着 IRQn 的请求状态，n＝0～31。向 NVIC_ICPR 寄存器的第 n 位写入 1，将清除 IRQn 中断的请求状态；写入 0 无效。读 NVIC_ICPR 寄存器的第 n 位为 1，表示 IRQn 正处于请求状态；读出第 n 位的值为 0，表示 IRQn 没有处于请求态。一般情况下，可将该寄存器视为只读寄存器。

5）中断优先级寄存器 NVIC_IPRn（n＝0～7）

嵌套向量中断控制器 NVIC 共管理了 32 个中断，即 IRQ31～IRQ0，每个中断有 4 级优先级，每个中断的优先级值占用一个字节，32 个中断共需要 32 个字节，即 8 个字。因此，需要 8 个 32 位的寄存器 NVIC_IPRn（n＝0～7）才能管理这些中断的优先级。尽管每个中断的优先级值占用一个字节，由于优先级只有 4 级，所以，优先级值仅需要 2 位，Cortex-M0＋微控制器中，使用每个字节的最高 2 位作为优先级配置位，如图 1-9 所示。

寄存器位域	31:30	29:24	23:22	21:16	15:14	13:8	7:6	5:0
中断号	3		2		1		0	
NVIC_IPR0	PRI_3	保留	PRI_2	保留	PRI_1	保留	PRI_0	保留
中断号	7		6		5		4	
NVIC_IPR1	PRI_7	保留	PRI_6	保留	PRI_5	保留	PRI_4	保留
中断号	11		10		9		8	
NVIC_IPR2	PRI_11	保留	PRI_10	保留	PRI_9	保留	PRI_8	保留
中断号	15		14		13		12	
NVIC_IPR3	PRI_15	保留	PRI_14	保留	PRI_13	保留	PRI_12	保留
中断号	19		18		17		16	
NVIC_IPR4	PRI_19	保留	PRI_18	保留	PRI_17	保留	PRI_16	保留
中断号	23		22		21		20	
NVIC_IPR5	PRI_23	保留	PRI_22	保留	PRI_21	保留	PRI_20	保留
中断号	27		26		25		24	
NVIC_IPR6	PRI_27	保留	PRI_26	保留	PRI_25	保留	PRI_24	保留
中断号	31		30		29		28	
NVIC_IPR7	PRI_31	保留	PRI_30	保留	PRI_29	保留	PRI_28	保留

图 1-9　中断优先级寄存器 NVIC_IPRn(n=0~7)

图 1-9 中，PRI_n(n=0，1，2，…，31)对应着 IRQn 的中断优先级号，PRI_n 为所在字节的最高 2 位，因此，IRQn 的优先级号的值可以取为 0、64、128 或 192。IRQn 中断对应的配置位域 PRI_n 位于 NVIC_IPRm 中的第 k 个字节里，这里 m 等于 n 除以 4 的整数部分，k 等于 n 除以 4 的余数部分。图 1-9 中保留的位域全部为 0。

本 章 小 结

本章首先介绍了 Cortex-M0＋微控制器内核的特点，然后介绍了 Cortex-M0＋微控制器内核的架构与存储器配置，接着介绍了 Cortex-M0＋微控制器的内核寄存器，之后介绍了 SysTick 定时器组件，最后详细介绍了 Cortex-M0＋微控制器内核的异常与中断。本章内容是下一章中讲述 LPC824 工作原理的基础知识，Cortex-M0＋内核知识丰富，需要进一步学习这些内容的读者可阅读参考文献[4-6]。下一章将开始学习基于 Cortex-M0＋内核的 LPC824 微控制器芯片的内部结构等硬件知识。

第二章　LPC82X 微控制器

LPC82X 是集成了 Cortex-M0＋内核的 32 位微控制器系列芯片，CPU 时钟频率最高可达 30 MHz。目前 LPC82X 家族包括 LPC822 和 LPC824 两类芯片，不同型号的芯片只有芯片封装和片上外设略有不同。本书以 LPC824M201JDH20（以下简称 LPC824）作为 LPC82X 家族的代表芯片展开讨论。本章将介绍 LPC824 微控制器芯片的特点、管脚配置、内部结构、存储器配置、NVIC 中断、典型应用电路和通用 I/O 口等内容。

2.1　LPC824 微控制器特点与管脚配置

LPC824 微控制器芯片具有以下特点：

（1）内核方面：基于 Cortex-M0＋内核，工作时钟频率最高为 30 MHz，带有单周期乘法器、单周期快速 I/O 口、嵌套向量中断控制器 NVIC、系统节拍定时器 SysTick 和宏跟踪缓冲器，支持 JTAG 调试和带有 4 个断点和 2 个观测点的串口调试。因此，LPC824 集成了如图 1-1 中所示的 Cortex-M0＋内核的全部组件。

（2）存储器方面：片上集成了 32 KB 的 Flash 存储器，该 Flash 每页大小为 64 字节，支持按页编程和擦除，并且具有代码读保护功能。此外，片上还集成了 8 KB 的 SRAM 存储器。

（3）ROM API 方面：ROM 中固化了启动代码（Bootloader）以及 ADC、SPI、I^2C、USART、功耗配置和整数除法相关的驱动和应用程序接口函数，还提供了针对 Flash 存储器的在应用编程（IAP）和在系统编程（ISP）应用程序接口函数。这里的 API 是指应用程序接口，ADC 是指模数转换器，SPI 是指串行外设接口，I^2C（Inter-Integrated Circuit）是一种两线式串行总线，USART（Universal Synchronous/Asynchronous Receiver/Transmitter）是指通用同步/异步串行收发器。ROM 中固化的这些程序简化了程序员对片上外设的操作。

（4）数字外设方面：具有 16 个快速通用目的 I/O 口（GPIO），每个 I/O 口均带有可配置的上拉/下拉电阻以及可编程的开路工作模式、输入反向和毛刺数字滤波器等，并且每个 I/O 口具有方向控制寄存器，可单独对其进行置位、清零和翻转等操作。GPIO 中断支持复杂的布尔运算（8 个 GPIO 中断组合起来的模式匹配功能），开关矩阵单元可灵活地配置每个 I/O 口与芯片管脚的连接方式。集成了 CRC 引擎，具有带有 18 个通道和 9 个触发输入的 DMA 控制器，这里的 CRC（Cyclic Redundancy Check）是指循环冗余校验码，DMA（Direct Memory Access）是指无需 CPU 支持的直接内存访问。

（5）定时器方面：集成了一个状态可配置定时器（SCT），这是一种极其灵活和复杂的定时器，可以产生任何形式的 PWM 波形；集成了一个四通道的多速率定时器（MRT），相当于单片机的定时器功能，但其实现更加灵活；还集成了一个自唤醒定时器（WKT）和一个加窗的看门狗定时器（WWDT）。

（6）模拟外设方面：带有一个 12 位的 12 输入通道的 ADC，最高采样频率为 1.2 MHz；还具有 4 输入的比较器，可使用内部或外部参考电压。

（7）串行外设方面：具有 3 个 USART、2 个 SPI 控制器和 4 个 I^2C 总线接口，I^2C 可支持数传速率 400 kb/s。

（8）时钟方面：内置了一个精度为 1.5% 的 12 MHz RC 振荡器，上电复位时使用该振荡器信号作为系统时钟，可通过 PLL 倍频到 30 MHz；可外接 1～25 MHz 的时钟源；具有片上专用的看门狗振荡器，频率为 9.4 kHz～2.3 MHz；可将各个时钟信号通过芯片管脚输出。

（9）功耗管理方面：使用片上 RC 振荡器作为系统时钟时正常工作功耗为 90 μA/MHz，通过集成的 PMU（功耗管理单元）可以配置各个组件的工作状态，支持睡眠、深度睡眠、掉电、深度掉电等四种低功耗模式，可通过 USART、SPI 或 I^2C 外设将芯片唤醒，支持定时器从深掉电模式唤醒，还具有上电复位（POR）和掉电检测（BOD）功能。

（10）每个芯片具有唯一的身份串号，工作电压范围为 1.8 V～3.6 V，工作温度为 $-40～105$ ℃。

下面将介绍 LPC824 的管脚配置情况。

LPC824M201JDH20 芯片具有 20 个管脚，采用 TSSOP20 封装，其中，16 个用作 GPIO 口，其管脚分布图如图 2-1 所示。

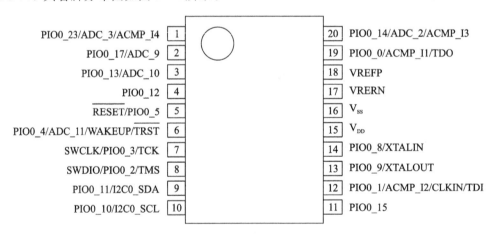

图 2-1　LPC824M201JDH20 芯片管脚分布

图 2-1 显示 LPC824 仅有 PIO0 口，估计在将来的 LPC82X 家族中，会出现具有 PIO1 和 PIO2 等 GPIO 口的芯片。由于 LPC824 是 32 位的微控制器，PIO0 口应该有 32 个 GPIO 口，即从 PIO0_0～PIO0_31，但是，由于 LPC824 仅有 16 个管脚用作 GPIO 口，故仅集成了 PIO0_0～PIO0_5、PIO0_8～PIO0_15、PIO0_17 和 PIO0_23。其中，PIO0_10 和 PIO0_11 为开路结构（Open-drain），最高可以吸入 20 mA 的电流，这两个管脚上电复位时，处于关闭态（本质上是输入态），其他的管脚上电复位时，均为输入态且上拉电阻有效。

图 2-1 中各个管脚的具体含义如表 2-1 所示。

表 2 - 1　LPC824 各个管脚的含义

序号	管脚号	管脚名称	含　义
1	19	PIO0_0	通用目的输入/输出口 0(GPIO0)的第 0 号口,在 ISP 模式下还用作 U0_RXD 管脚
		ACMP_I1	模拟比较器 1 号输入端
		TDO	在 JTAG 仿真时,用作 TDO(测试数据输出)口
2	12	PIO0_1	GPIO0 的第 1 号口
		ACMP_I2	模拟比较器 2 号输入端
		CLKIN	外部时钟输入端
		TDI	在 JTAG 仿真时,用作 TDI(测试数据输入)口
3	8	SWDIO	串行调试数据输入/输出口
		PIO0_2	GPIO0 的第 2 号口
		TMS	在 JTAG 仿真时,用作 TMS(测试模式选择)口
4	7	SWCLK	串行调试时钟
		PIO0_3	GPIO0 的第 3 号口
		TCK	在 JTAG 仿真时,用作 TCK(测试时钟)口
5	6	PIO0_4	GPIO0 的第 4 号口,在 ISP 模式下还用作 U0_TXD 管脚
		ADC_11	模数转换器第 11 号输入通道
		TRSTN	在 JTAG 仿真时,用作 TRSTN(测试复位)口
		WAKEUP	深掉电唤醒管脚,在进入深掉电模式时应外部将该管脚置高电平,如果芯片处于深掉电模式下时,该管脚上加一个长度为 50 ns 的低脉冲可实现唤醒
6	5	$\overline{\text{RESET}}$	外部复位输入端,该管脚加一个长度为 50 ns 的低脉冲可实现芯片复位
		PIO0_5	GPIO0 的第 5 号口
7	14	PIO0_8	GPIO0 的第 8 号口
		XTALIN	外部晶体输入端或外部时钟源输入端,输入电压必须低于 1.95 V
8	13	PIO0_9	GPIO0 的第 9 号口
		XTALOUT	内部振荡器信号输出端
9	10	PIO0_10	GPIO0 的第 10 号口
		I2C0_SCL	I²C 总线的时钟输入/输出端
10	9	PIO0_11	GPIO0 的第 11 号口
		I2C0_SDA	I²C 总线的数据输入/输出端
11	4	PIO0_12	GPIO0 的第 12 号口,当上电复位时,如果该管脚外加低电压,则使 LPC824 进入 ISP 模式
12	3	PIO0_13	GPIO0 的第 13 号口
		ADC_10	模数转换器第 10 号输入通道

序号	管脚号	管脚名称	含　义
13	20	PIO0_14	GPIO0 的第 14 号口
		ACMP_I3	模拟比较器 3 号输入端
		ADC_2	模数转换器第 2 号输入通道
14	11	PIO0_15	GPIO0 的第 15 号口
15	2	PIO0_17	GPIO0 的第 17 号口
		ADC_9	模数转换器第 9 号输入通道
16	1	PIO0_23	GPIO0 的第 23 号口
		ADC_3	模数转换器第 3 号输入通道
		ACMP_I4	模拟比较器 4 号输入端
17	15	V_{DD}	电源
18	16	V_{SS}	地
19	17	VREFN	ADC 负参考电源
20	18	VREFP	ADC 正参考电源，必须小于或等于 V_{DD}

由表 2-1 可知，大部分管脚都具有多个功能，当有多个功能复用同一个管脚时，上电复位时，每个管脚号对应的第一个功能是缺省功能。将在第 2.5 和 2.6 节具体介绍这些管脚的配置和其作为 GPIO 口的操作方法。

除了表 2-1 所列出的功能外，还有表 2-2 所示的功能，这些功能可被开关矩阵单元配置到任一 PIO0 口上，称这些功能为可移动的功能。这些可移动的功能，简化了 LPC824 的硬件电路设计，使得升级微控制器芯片时，不用重新设计硬件平台，而只需借助软件方式配置可移动的功能接口。在表 2-2 中，I 表示输入类型，O 表示输出类型，I/O 表示输入/输出类型。

表 2-2　可移动的功能列表

序号	功能名称	类型	含　义
1	U0_TXD	O	USART0 发送数据通道
2	U0_RXD	I	USART0 接收数据通道
3	$\overline{U0_{RTS}}$	O	USART0 请求发送
4	$\overline{U0_{CTS}}$	I	USART0 清除发送请求
5	U0_SCLK	I/O	USART0 工作在同步模式下的串行时钟输入/输出通道
6	U1_TXD	O	USART1 发送数据通道
7	U1_RXD	I	USART1 接收数据通道
8	$\overline{U1_{RTS}}$	O	USART1 请求发送
9	$\overline{U1_{CTS}}$	I	USART1 清除发送请求
10	U1_SCLK	I/O	USART1 工作在同步模式下的串行时钟输入/输出通道
11	U2_TXD	O	USART2 发送数据通道

序号	功能名称	类型	含　义
12	U2_RXD	I	USART2 接收数据通道
13	$\overline{U2_{RTS}}$	O	USART2 请求发送
14	$\overline{U2_{CTS}}$	I	USART2 清除发送请求
15	U2_SCLK	I/O	USART2 工作在同步模式下的串行时钟输入/输出通道
16	SPI0_SCK	I/O	SPI0 串行时钟
17	SPI0_MOSI	I/O	SPI0 主输出或从输入
18	SPI0_MISO	I/O	SPI0 主输入或从输出
19	SPI0_SSEL0	I/O	SPI0 从模式选择通道 0
20	SPI0_SSEL1	I/O	SPI0 从模式选择通道 1
21	SPI0_SSEL2	I/O	SPI0 从模式选择通道 2
22	SPI0_SSEL3	I/O	SPI0 从模式选择通道 3
23	SPI1_SCK	I/O	SPI0 串行时钟
24	SPI1_MOSI	I/O	SPI0 主输出或从输入
25	SPI1_MISO	I/O	SPI0 主输入或从输出
26	SPI1_SSEL0	I/O	SPI1 从模式选择通道 0
27	SPI1_SSEL1	I/O	SPI1 从模式选择通道 1
28	SCT_PIN0	I	状态可配置定时器 SCT 多路选择器输入通道 0
29	SCT_PIN1	I	SCT 多路选择器输入通道 1
30	SCT_PIN2	I	SCT 多路选择器输入通道 2
31	SCT_PIN3	I	SCT 多路选择器输入通道 3
32	SCT_OUT0	O	SCT 输出通道 0
33	SCT_OUT1	O	SCT 输出通道 1
34	SCT_OUT2	O	SCT 输出通道 2
35	SCT_OUT3	O	SCT 输出通道 3
36	SCT_OUT4	O	SCT 输出通道 4
37	SCT_OUT5	O	SCT 输出通道 5
38	I2C1_SDA	I/O	I^2C 模块 1 的数据输入/输出
39	I2C1_SCL	I/O	I^2C 模块 1 的时钟输入/输出
40	I2C2_SDA	I/O	I^2C 模块 2 的数据输入/输出
41	I2C2_SCL	I/O	I^2C 模块 2 的时钟输入/输出
42	I2C3_SDA	I/O	I^2C 模块 3 的数据输入/输出
43	I2C3_SCL	I/O	I^2C 模块 3 的时钟输入/输出
44	ADC_PINTRIG0	I	ADC 外部管脚触发输入 0
45	ADC_PINTRIG1	I	ADC 外部管脚触发输入 1
46	ACMP_O	O	模拟比较器输出
47	CLKOUT	O	时钟输出
48	GPIO_INT_BMAT	O	模式匹配引擎输出

从表 2-2 可以看出，LPC824 微控制器支持 3 个 USART，即 USART0、USART1 和 USART2；支持 2 个 SPI，即 SPI0 和 SPI1；SCT 有 4 个外部输入和 6 个输出；支持 3 个 I²C；具有 2 个 ADC 外部触发输入；具有 1 个模拟比较器输出功能；具有 CLKOUT 输出功能，可输出 LPC824 微控制器内部的所有时钟信号；还有 1 个模式匹配引擎输出功能。表 2-2 中的全部功能均可以借助开关矩阵单元分配给任何一个 GPIO 口，常把这些功能称为内部信号，借助于表 2-3 所示的寄存器可实现内部信号与具体管脚的连接，从而才能使用这些内部信号。

表 2-3　开关矩阵寄存器(基地址：0x4000 C000)

序号	名　称	偏移地址	含　义
1	PINASSIGN0	0x000	管脚分配寄存器 0，分配内部信号 U0_TXD、U0_RXD、U0_RTS 和 U0_CTS
2	PINASSIGN1	0x004	管脚分配寄存器 1，分配内部信号 U0_SCLK、U1_TXD、U1_RXD 和 U1_RTS
3	PINASSIGN2	0x008	管脚分配寄存器 2，分配内部信号 U1_CTS、U1_SCLK、U2_TXD 和 U2_RXD
4	PINASSIGN3	0x00C	管脚分配寄存器 3，分配内部信号 U2_RTS、U2_CTS、U2_SCLK 和 SPI0_SCK
5	PINASSIGN4	0x010	管脚分配寄存器 4，分配内部信号 SPI0_MOSI、SPI0_MISO、SPI0_SSEL0 和 SPI0_SSEL1
6	PINASSIGN5	0x014	管脚分配寄存器 5，分配内部信号 SPI0_SSEL2、SPI0_SSEL3、SPI1_SCK 和 SPI1_MOSI
7	PINASSIGN6	0x018	管脚分配寄存器 6，分配内部信号 SPI1_MISO、SPI1_SSEL0、SPI1_SSEL1 和 SCT_PIN0
8	PINASSIGN7	0x01C	管脚分配寄存器 7，分配内部信号 SCT_PIN1、SCT_PIN2、SCT_PIN3 和 SCT_OUT0
9	PINASSIGN8	0x020	管脚分配寄存器 8，分配内部信号 SCT_OUT1、SCT_OUT2、SCT_OUT3 和 SCT_OUT4
10	PINASSIGN9	0x024	管脚分配寄存器 9，分配内部信号 SCT_OUT5、I2C1_SDA、I2C1_SCL 和 I2C2_SDA
11	PINASSIGN10	0x028	管脚分配寄存器 10，分配内部信号 I2C2_SCL、I2C3_SDA、I2C3_SCL 和 ADC_PINTRIG0
12	PINASSIGN11	0x02C	管脚分配寄存器 11，分配内部信号 ADC_PINTRIG1、ACMP_O、CLKOUT 和 GPIO_INT_BMAT
13	PINENABLE0	0x1C0	管脚有效寄存器 0。管理一些管脚上的复用功能：ACMP_I0、ACMP_I1、SWCLK、SWDIO、XTALIN、XTALOUT、RESET、CLKIN 和 VDDCMP

表 2 - 3 中的全部寄存器均为可读可写属性。上电复位时，管脚分配寄存器 PINASSIGN0～11均被初始化为 0xFFFF FFFF，而管脚有效寄存器 PINENABLE0 的初始值为 0xFFFF FECF。每个 32 位的管脚分配寄存器分成 4 个字节，每个字节的值就是内部信号分配到的管脚号，对于 LPC824 而言，字节的有效取值为 0～5、8～15、17 和 23，当取为其他值时无意义。如果管脚分配寄存器的不同字节设置了相同的有效值，这表示不同的内部信号被同时分配到了同一个管脚，尽可能避免这种分配方式。管脚分配寄存器 PINASSIGN0～11与各个内部信号的关系如表 2 - 4 所示。

表 2 - 4　PINASSIGN0～PINASSIGN11 与内部信号的关系(复位值均为 0xFFFF FFFF)

位　域	[31:24]	[23:16]	[15:8]	[7:0]
PINASSIGN0	U0_CTS_I	U0_RTS_O	U0_RXD_I	U0_TXD_O
PINASSIGN1	U1_RTS_O	U1_RXD_I	U1_TXD_O	U0_SCLK_IO
PINASSIGN2	U2_RXD_I	U2_TXD_O	U1_SCLK_IO	U1_CTS_I
PINASSIGN3	SPI0_SCK_IO	U2_SCLK_IO	U2_CTS_I	U2_RTS_O
PINASSIGN4	SPI0_SSEL1_IO	SPI0_SSEL0_IO	SPI0_MISO_IO	SPI0_MOSI_IO
PINASSIGN5	SPI1_MOSI_IO	SPI1_SCK_IO	SPI0_SSEL3_IO	SPI0_SSEL2_IO
PINASSIGN6	SCT_PIN0_I	SPI1_SSEL1_IO	SPI1_SSEL0_IO	SPI1_MISO_IO
PINASSIGN7	SCT_OUT0_O	SCT_PIN3_I	SCT_PIN2_I	SCT_PIN1_I
PINASSIGN8	SCT_OUT4_O	SCT_OUT3_O	SCT_OUT2_O	SCT_OUT1_O
PINASSIGN9	I2C2_SDA_IO	I2C1_SCL_IO	I2C1_SDA_IO	SCT_OUT5_O
PINASSIGN10	ADC_PINTRIG0_I	I2C3_SCL_IO	I2C3_SDA_IO	I2C2_SCL_IO
PINASSIGN11	GPIO_INT_BMAT_O	CLKOUT_O	ACMP_O_O	ADC_PINTRIG1_I

表 2 - 4 中，后缀"_I"、"_O"和"_IO"分别表示该内部信号为输入、输出和输入输出类型，其余的部分与表 2 - 2 相同。例如，U0_TXD_O 表示该内部信号名为 U0_TXD，根据表 2 - 2 可知，该内部信号为"USART0 发送数据通道"，_O 表示该内部信号为输出类型。由表 2 - 4 可知，PINASSIGN0～PINASSIGN11 中的每个寄存器都被分为 4 个 8 位的字节：[31:24]、[23:16]、[15:8]和[7:0]，共 48 个 8 位的字节，对应着表 2 - 2 中的 48 个内部信号的分配，例如，PINASSIGN0 的低 8 位[7:0]对应于 U0_TXD_O，PINASSIGN5 的第 [31:24]位域对应着 SPI1_MOSI_IO 等等。每个 8 位的字节取值为 n 时，表示该字节对应的内部信号分配到 PIO0_n 所在的管脚上。例如，当 PINASSIGN0 的第[7:0]位设为 0x04 时，则将内部信号 U0_TXD 分配到 PIO0_4 所在的管脚上，即第 6 号引脚(见图 2 - 1)。

表 2 - 3 中的管脚有效寄存器 PINENABLE0 用于配置图 2 - 1 中有多个功能复用的那些管脚的功能，只有工作在 GPIO 状态下的管脚才能使用管脚分配寄存器为其分配内部信号。管脚有效寄存器 PINENABLE0 可以配置多功能复用管脚用作 GPIO 口或其他复用的功能，如表 2 - 5 所示。

表 2-5　管脚有效寄存器 PINENABLE0

位号	位名称	复位值	含　义（结合图 2-1 和表 2-1）
0	ACMP_I1	1	0：表示第 19 号管脚用作 ACMP_I1 功能； 1：表示第 19 号管脚用作 PIO0_0 功能
1	ACMP_I2	1	0：表示第 12 号管脚用作 ACMP_I2 功能； 1：表示第 12 号管脚用作 PIO0_1 功能
2	ACMP_I3	1	0：表示第 20 号管脚用作 ACMP_I3 功能； 1：表示第 20 号管脚用作 PIO0_14 功能
3	ACMP_I4	1	0：表示第 1 号管脚用作 ACMP_I4 功能； 1：表示第 1 号管脚用作 PIO0_23 功能
4	SWCLK	0	0：表示第 7 号管脚用作 SWCLK 功能； 1：表示第 7 号管脚用作 PIO0_3 功能
5	SWDIO	0	0：表示第 8 号管脚用作 SWDIO 功能； 1：表示第 8 号管脚用作 PIO0_2 功能
6	XTALIN	1	0：表示第 14 号管脚用作 XTALIN 功能； 1：表示第 14 号管脚用作 PIO0_8 功能
7	XTALOUT	1	0：表示第 13 号管脚用作 XTALOUT 功能； 1：表示第 13 号管脚用作 PIO0_9 功能
8	RESETN	0	0：表示第 5 号管脚用作 RESET 功能； 1：表示第 5 号管脚用作 PIO0_5 功能
9	CLKIN	1	0：表示第 12 号管脚用作 CLKIN 功能； 1：表示第 12 号管脚用作 PIO0_1 功能
10	—	—	保留
11	I2C0_SDA	1	0：表示第 9 号管脚用作 I2C0_SDA 功能； 1：表示第 9 号管脚用作 PIO0_11 功能
12	I2C0_SCL	1	0：表示第 10 号管脚用作 I2C0_SCL 功能； 1：表示第 10 号管脚用作 PIO0_10 功能
14：13	—	—	保留
15	ADC_2	1	0：表示第 20 号管脚用作 ADC_2 功能； 1：表示第 20 号管脚用作 PIO0_14 功能
16	ADC_3	1	0：表示第 1 号管脚用作 ADC_3 功能； 1：表示第 1 号管脚用作 PIO0_23 功能
21：17	—	—	保留
22	ADC_9	1	0：表示第 2 号管脚用作 ADC_9 功能； 1：表示第 2 号管脚用作 PIO0_17 功能
23	ADC_10	1	0：表示第 3 号管脚用作 ADC_10 功能； 1：表示第 3 号管脚用作 PIO0_13 功能
24	ADC_11	1	0：表示第 6 号管脚用作 ADC_11 功能； 1：表示第 6 号管脚用作 PIO0_4 功能
31：25	保留	—	—

2.2 LPC824 微控制器内部结构

LPC824 微控制器使用 ARM Cortex-M0＋内核，并集成了 32 KB Flash、8 KB SRAM、3 个 USART、4 个 I²C、2 个 SPI、5 通道 ADC 和 1 个比较器等片上外设，具有 16 个 GPIO 口，其内部结构如图 2-2 所示。

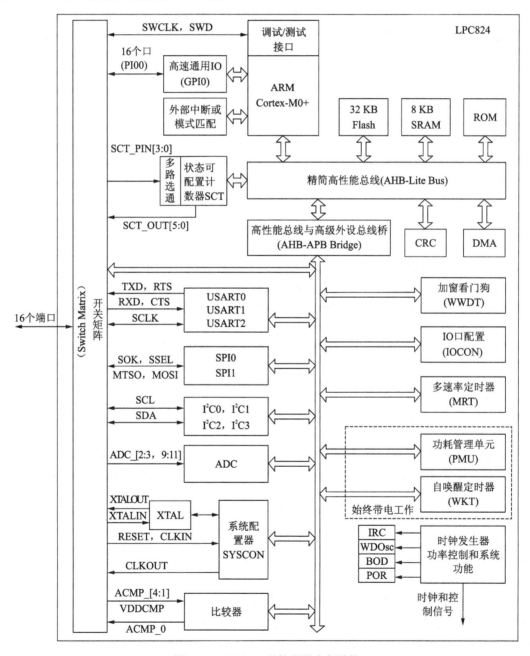

图 2-2 LPC824 微控制器内部结构

图 2-2 清楚地展示了 LPC824 微控制器的内部结构。由图 2-2 可知，LPC824 微控制

器内核为 ARM Cortex-M0＋核心,"高速通用 I/O"和"外部中断或模式匹配"直接受 Cortex-M0＋内核控制,Cortex-M0＋内核通过"精简高性能总线"与"32 KB Flash"、"8 KB SRAM"、"ROM"、"CRC"计算引擎、DMA 控制器和"状态可配置计数器"相连接,通过 "高性能总线与高级外设总线桥"借助于高级外设总线(APB)管理 3 个 USART、2 个 SPI、 4 个 I²C、1 个 ADC、系统配置器、比较器、看门狗定时器、I/O 口配置单元、多速率定时器、功耗管理单元和自唤醒定时器等。

由图 2-2 可知,通过开关矩阵,可将外部的 16 个管脚灵活地配置成与下列中选出的 16 个内部信号相连接:"调试/测试接口"的 SWCLK、SWD 信号、PIO0 口的 16 个通用 I/O 口、SCT 计数器的 4 个输入和 6 个输出、3 个 USART 模块的 15 个信号(每个 USART 有 5 个,共 3 个 USART)、2 个 SPI 的 12 个信号(SPI0 有 7 个,SPI1 有 5 个)、4 个 I²C 的 8 个信号、ADC 的 5 个输入信号、时钟单元的 XTALIN 和 XTALOUT、RESET、CLKIN 以及模拟比较器的 4 个输入和 1 个输出信号。

从图 2-2 还可看到,LPC824 微控制器片内集成了时钟发生器,用于管理 IRC(内部 RC 振荡器)、WDOsc(看门狗振荡器)、BOD(掉电检测单元)和 POR(上电复位单元)等,为系统各个单元提供工作时钟信号和控制信号。

根据图 2-2,可以看出 LPC824 微控制器内部单元结构模块化强,除了"功耗管理单元"和"自唤醒定时器"始终带电工作外,其余单元都可以工作在低功耗或掉电模式下,这使得 LPC824 微控制器功耗极低。由于 LPC824 微控制器集成了开关矩阵,使得 LPC824 微控制器在硬件电路设计上特别灵活,在产品升级换代时,只需要通过软件编程方式修改开关矩阵,而不需要重新设计核心电路板。鉴于 LPC824 微控制器编程灵活方便、处理速度快和控制能力强,有些专家称 LPC824 是具有划时代标志特征的微控制器芯片。

2.3　LPC824 存储器配置

LPC824 微控制器集成了 32 KB 的 Flash 存储器和 8 KB 的 SRAM 存储器,其存储器配置建立在图 1-2 的基础上,针对 LPC824 微控制器芯片的全部片上资源进行配置,如图 2-3 所示。

由图 2-3 可知,LPC824 微控制器的最大寻址能力为 4 GB,这是因为 LPC824 微控制器的地址总线宽度为 32 位。32 KB 的 Flash 空间位于 0x0～0x7FFF 处,用于存放程序代码和常量数据,其中 0x0～0xC0 处为异常与中断向量表,中断向量表的结构将在第 2.4 节介绍。8 KB 的 SRAM 空间位于 0x1000 0000～0x1000 1FFF 处,用于存放用户数据。

图 2-3 表明,APB 外设即高级外设总线管理的外设寄存器,均位于地址 0x4000 0000～ 4007 FFFF 处,共分为 32 个块,每块大小为 16 KB,存储着一个 APB 外设的寄存器。例如,地址空间 0x4000 0000～0x4000 4000 处存储着加窗的看门狗定时器相关的寄存器。

由图 2-3 可知,LPC824 微控制器存储空间中有一个 12 KB 大小的只读空间(Boot ROM),在系统编程(ISP)和自启动代码就在芯片出厂时被固化在该 ROM 中。图 2-3 中的"MTB"表示宏跟踪缓冲区,用于调试和仿真 LPC824 微控制器;"MRT"表示多速率定时器;"CRC"表示循环冗余校验码。

图 2-3　LPC824 存储器配置

2.4　LPC824 NVIC 中断

　　LPC824 微控制器内核为 ARM Cortex-M0＋，LPC824 的中断控制器隶属于 Cortex-M0＋内核，称为紧耦合的嵌套向量中断控制器 NVIC，是将图 1-8 中的中断号为 n(n＝0，1，2，…，31) 的 32 个外部中断与 LPC824 的片上外设中断触发器相结合。LPC824 的 NVIC 中断如表 2-6 所示。

表 2-6　LPC824 NVIC 中断

中断号	中断名称	含　义	中断号	中断名称	含　义
0	SPI0_IRQ	SPI0 中断	16	ADC_SEQA_IRQ	ADC 序列 A 中断
1	SPI1_IRQ	SPI1 中断	17	ADC_SEQB_IRQ	ADC 序列 B 中断
2	—	保留	18	ADC_THCMP_IRQ	ADC 门限比较中断
3	UART0_IRQ	USART0 中断	19	ADC_OVR_IRQ	ADC 溢出中断

中断号	中断名称	含 义	中断号	中断名称	含 义
4	UART1_IRQ	USART1 中断	20	DMA_IRQ	DMA 中断
5	UART2_IRQ	USART2 中断	21	I2C2_IRQ	I2C2 中断
6	—	保留	22	I2C3_IRQ	I2C3 中断
7	I2C1_IRQ	I2C1 中断	23	—	保留
8	I2C0_IRQ	I2C0 中断	24	PININT0_IRQ	管脚输入中断 0
9	SCT_IRQ	SCT 中断	25	PININT1_IRQ	管脚输入中断 1
10	MRT_IRQ	MRT 中断	26	PININT2_IRQ	管脚输入中断 2
11	CMP_IRQ	模拟比较器中断	27	PININT3_IRQ	管脚输入中断 3
12	WDT_IRQ	看门狗中断	28	PININT4_IRQ	管脚输入中断 4
13	BOD_IRQ	BOD 中断	29	PININT5_IRQ	管脚输入中断 5
14	FLASH_IRQ	Flash 中断	30	PININT6_IRQ	管脚输入中断 6
15	WKT_IRQ	自唤醒定时器中断	31	PININT7_IRQ	管脚输入中断 7

LPC824 通过 NVIC 中断管理寄存器管理表 2－6 中所示的中断的开放、关闭、请求、清除请求状态和优先级配置，这些寄存器如表 2－7 所示，它们与表 1－12 中地址相同的寄存器是同一个寄存器，对应的含义也完全相同。

表 2－7 LPC824 中断管理寄存器

序号	地 址	寄存器名	对应表 1－12 中的寄存器	含 义
1	0xE000 E100	ISER0	NVIC_ISER	中断开放寄存器 0
2	0xE000 E180	ICER0	NVIC_ICER	中断关闭寄存器 0
3	0xE000 E200	ISPR0	NVIC_ISPR	中断请求寄存器 0
4	0xE000 E280	ICPR0	NVIC_ICPR	中断清除请求寄存器 0
5	0xE000 E300	IABR0	—	中断活跃寄存器 0（只读）
6	0xE000 E400 ～0xE000 E41C	IPR0～IPR7	NVIC_IPR0 ～NVIC_IPR7	中断优先级寄存器 0～7

表 2－7 中的寄存器 IABR0 在表 1－12 中没有对应的寄存器。IABR0 为 32 位只读的中断活跃寄存器 0，其第 n 位对应着中断号为 n 的 IRQn 中断的状态，如果读出该位为 1，则表示其对应的中断处于活跃态；读出 0，表示该位对应的中断处于非活跃态。

LPC824 上电复位时，异常与中断向量表占据的地址空间为 0x0～0xC0，如图 2－4 所示。

由图 2－4 可知，异常与中断向量表的起始地址为 0x0，结合图 2－3 可知，该部分空间位于 LPC824 的 32 KB Flash 存储器中。可以通过设置 VTOR 寄存器（见 1.4.2 节），使得中断向量表的位置重定位到 SRAM 中，VTOR 寄存器为 ARM Cortex-M0＋系统控制寄存器，其地址为 0xE000 ED08，复位值为 0x0000 0000，VTOR 寄存器保存了中断向量表的偏移地址，其第[31:7]位表示为 TBLOFF，第[6:0]位为保留位。TBLOFF 的值补上 7 个 0后形成异常与中断向量表重定位后的地址，如果配置 VTOR 寄存器的值为 0x1000 0200，则 LPC824 微控制器的中断向量表将重定位到 SRAM 空间中的 0x1000 0200 地址处(结合图 2-3)。异常与中断向量表重定位后，中断响应入口位于 SRAM 中，因此，中断响应速度更快。

ICE_PININT 7中断	0xC0
ICE_PININT 6中断	0xBC
ICE_PININT 5中断	0xB8
ICE_PININT 4中断	0xB4
ICE_PININT 3中断	0xB0
ICE_PININT 2中断	0xAC
ICE_PININT 1中断	0xA8
ICE_PININT 0中断	0xA4
保留	0xA0
ICE_I2C3中断	0x9C
ICE_I2C2中断	0x98
ICE_SDMA中断	0x94
ICE_ADC_OVR中断	0x90
ICE_ADC_THCMP中断	0x8C
ICE_ADC_SEQB中断	0x88
ICE_ADC_SEQA中断	0x84
ICE_WKT中断	0x80
ICE_FLASH中断	0x7C
ICE_BOD中断	0x78
ICE_WDT中断	0x74
ICE_CMP中断	0x70
ICE_MRT中断	0x6C
ICE_SCT中断	0x68
ICE_I2C0中断	0x64
ICE_I2C1中断	0x60
保留	0x5C
ICE_UART 2中断	0x58
ICE_UART 1中断	0x54
ICE_UART 0中断	0x50
保留	0x4C
ICE_SPI 1中断	0x48
ICE_SPI 0中断	0x44
	0x40

SysTick中断	0x40
PendSV异常	0x3C
保留	0x38
保留	0x34
特权调用异常SVC	0x30
保留	0x2C
保留	0x28
保留	0x24
保留	0x20
保留	0x1C
保留	0x18
保留	0x14
HardFault异常	0x10
不可屏蔽中断NMI	0x0C
复位异常Reset	0x08
堆栈栈顶	0x04
	0x00

异常向量　　地址　　　　　　　中断向量　　地址

图 2-4　LPC824 异常与中断向量表

图 2-4 反映了 LPC824 上电复位后，PC(程序计数器指针)将自动指向 0x04 地址处，从该地址开始执行程序。一般地，0x04 地址处存放一条跳转指令，跳过中断向量表的 0xC0 大小的空间去程序代码区执行。

2.5　I/O 口配置 IOCON

LPC824 具有 16 个 I/O 口(PIO0_0～PIO0_5、PIO0_8～PIO0_15、PIO0_17 和 PIO0_23，如图 2-1 所示)，每个 I/O 口均可作为数字输出口或数字输入口(PIO0_4、PIO0_13、PIO0_14、PIO0_17 和 PIO0_23 还可作为模拟输入口，PIO0_10 和 PIO0_11 可工作在开漏模式)，其内部结构如图 2-5 所示。

LPC824 每个 I/O 口都对应着一个同名的 I/O 口配置寄存器，用于设定该 I/O 口的功能，如表 2-8 所示。

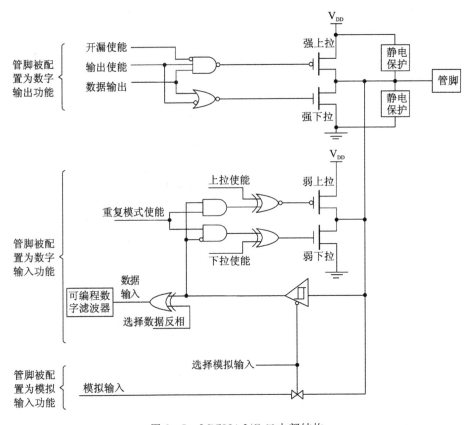

图 2-5　LPC824 I/O 口内部结构

表 2-8　IOCON 寄存器(基地址为 0x4004 4000)

序号	寄存器名	偏移地址	类型	复位值	含 义
1	PIO0_17	0x00	R/W	0x90	PIO0_17 管脚功能配置寄存器
2	PIO0_13	0x04	R/W	0x90	PIO0_13 管脚功能配置寄存器
3	PIO0_12	0x08	R/W	0x90	PIO0_12 管脚功能配置寄存器
4	PIO0_5	0x0C	R/W	0x90	PIO0_5 管脚功能配置寄存器
5	PIO0_4	0x10	R/W	0x90	PIO0_4 管脚功能配置寄存器
6	PIO0_3	0x14	R/W	0x90	PIO0_3 管脚功能配置寄存器
7	PIO0_2	0x18	R/W	0x90	PIO0_2 管脚功能配置寄存器
8	PIO0_11	0x1C	R/W	0x80	PIO0_11 管脚功能配置寄存器
9	PIO0_10	0x20	R/W	0x80	PIO0_10 管脚功能配置寄存器
10	PIO0_15	0x28	R/W	0x90	PIO0_15 管脚功能配置寄存器
11	PIO0_1	0x2C	R/W	0x90	PIO0_1 管脚功能配置寄存器
12	PIO0_9	0x34	R/W	0x90	PIO0_9 管脚功能配置寄存器
13	PIO0_8	0x38	R/W	0x90	PIO0_8 管脚功能配置寄存器
14	PIO0_0	0x44	R/W	0x90	PIO0_0 管脚功能配置寄存器
15	PIO0_14	0x48	R/W	0x90	PIO0_14 管脚功能配置寄存器
16	PIO0_23	0x64	R/W	0x90	PIO0_23 管脚功能配置寄存器

表 2-8 中各个寄存器的结构相同(PIO0_10 和 PIO0_11 寄存器例外),如表 2-9 所示。

表 2-9 IOCON 配置寄存器各位的含义(PIO0_10 和 PIO0_11 寄存器例外)

位号	符号	复位值	含 义
31:16	—	0	保留
15:13	CLK_DIV	0	取值为 n=0～6 时,毛刺滤波时钟源为 IOCONCLKDIVn(见表 2-12 第 23～29 号),为 0x7 时保留
12:11	S_MODE	0	0x0:旁路毛刺滤波;0x1:滤掉小于 1 个毛刺滤波时钟的毛刺;0x2:滤掉小于 2 个毛刺滤波时钟的毛刺;0x3:滤掉小于 3 个毛刺滤波时钟的毛刺
10	OD	0	0:关闭开漏模式;1:工作在开漏模式
9:7	—	001b	保留
6	INV	0	0:输入不反向;1:输入反向
5	HYS	0	0:无滞留模式;1:有滞留模式
4:3	MODE	10b	0x0:无上拉和下拉;0x1:下拉使能;0x2:上拉使能;0x3:重复模式
2:0	—	0	保留

表 2-9 中 MODE 位域中的"重复模式"是指输入为低电平时弱下拉使能,输入为高电平时弱上位使能(结合图 2-5)。

PIO0_10 和 PIO0_11 寄存器第[9:8]位域为 I2CMODE 位域,如表 2-10 所示。

表 2-10 PIO0_10 和 PIO0_11 寄存器各位的含义

位号	符号	复位值	含 义
31:16	—	0	保留
15:13	CLK_DIV	0	取值为 n=0～6 时,毛刺滤波时钟源为 IOCONCLKDIVn(表 2-12 第 23～29 号),为 0x7 时保留
12:11	S_MODE	0	0x0:旁路毛刺滤波;0x1:滤掉小于 1 个毛刺滤波时钟的毛刺;0x2:滤掉小于 2 个毛刺滤波时钟的毛刺;0x3:滤掉小于 3 个毛刺滤波时钟的毛刺;
10	—	0	保留
9:8	I2CMODE	0	0x0:标准模式/快速 I²C 模式;0x1:标准 I/O 功能,即为 0x01 时,PIO0_10 和 PIO0_11 用作通用输入输出口;0x2:快速+I²C 模式;0x3:保留
7	—	1	保留
6	INV	0	0:输入不反向;1:输入反向器工作
5:0	—	0	保留

2.6　通用目的输入输出口 GPIO

通过 IOCON 寄存器可以把任意 I/O 口配置为通用目的输入输出口(GPIO),由表 2-9 的 MODE 位域可知,在上电复位默认情况下,上拉电阻有效。对于 GPIO 口的操作有三种:

①设置 GPIO 口工作在输入或输出模式下;

②在输入模式下,读 GPIO 口的值;

③在输出模式下,输出低电平(即写 0)或高电平(即写 1)。

这些操作通过表 2-11 所示的 GPIO 口寄存器实现。

表 2-11　GPIO 口寄存器(基地址为 0xA000 0000)

寄存器名	偏移地址	类型	复位值	含　义
B0～B28	0x0000～0x001C	R/W	取决于管脚	PIO0 口字节管脚寄存器
W0～W28	0x1000～0x1074	R/W	取决于管脚	PIO0 口字管脚寄存器
DIR0	0x2000	R/W	0	PIO0 口方向寄存器
MASK0	0x2080	R/W	0	PIO0 口屏蔽寄存器
PIN0	0x2100	R/W	取决于管脚	PIO0 口管脚端口寄存器
MPIN0	0x2180	R/W	取决于管脚	PIO0 口屏蔽管脚端口寄存器
SET0	0x2200	R/W	0	PIO0 口置位寄存器
CLR0	0x2280	WO	—	PIO0 口清位寄存器
NOT0	0x2300	WO	—	PIO0 口取反输出寄存器
DIRSET0	0x2380	WO	—	PIO0 口方向置位寄存器
DIRCLR0	0x2400	WO	—	PIO0 口方向清位寄存器
DIRNOT0	0x2480	WO	—	PIO0 口方向变换寄存器

表 2-11 中各个寄存器的含义将在下面逐一介绍。

(1) B0～B28 为字节寄存器,每个字节寄存器对应着一个 GPIO 管脚,即 B0 对应着 PIO0_0、B1 对应着 PIO0_1,依次类推,B28 对应着 PIO0_28。

注意　LPC824 仅有 16 个 PIO0 口有效,因此,只有 Bn(n=0～5,8～15,17 和 23)有效。每个字节寄存器只有第 0 位有效,第[7:1]位域保留(这些保留位域读出为 0,写入无效)。借助字节寄存器 B0～B5、B8～B15、B17 和 B23,每个 GPIO 管脚可以单独访问。例如,当 PIO0_17 工作在输出模式下时,向 B17 写入 0,则 PIO0_17 输出低电平;向 B17 写入 1,则 PIO0_17 输出高电平。如果 PIO0_17 工作在输入模式下,则读 B17 寄存器的值即为 PIO0_17 管脚的电平值,即读出 0 表示外部输入低电平,读出 1 表示外部输入高电平。

(2) W0～W28 为字寄存器,每个字寄存器对应着一个 GPIO 口,W0 对应着 PIO0_0,W1 对应着 PIO0_1,依次类推,W28 对应着 PIO0_28。

注意　LPC824 仅有 16 个 PIO0 口有效,因此,只有 Wn(n=0～5,8～15,17 和 23)有效。

借助字寄存器 W0～W5、W8～W15、W17 和 W23，每个 GPIO 管脚可以单独访问。例如，当 PIO0_17 工作在输出模式下时，向 W17 写入 0，则 PIO0_17 输出低电平；向 W17 写入任一非 0 值，则 PIO0_17 输出高电平。当 PIO0_17 工作在输入模式下时，如果 PIO0_17 外接低电平输入信号，则读 W17 寄存器的值为 0；如果 PIO0_17 外接高电平输入信号，则读 PIO0_17 管脚的值为 0xFFFF FFFF。

（3）DIR0 寄存器只有第[28:0]位域有效，第[31:29]位域保留。DIR0 寄存器的第 0 位对应着 PIO0_0，第 1 位对应着 PIO0_1，依次类推，第 28 位对应着 PIO0_28。对于 LPC824 而言，只有第[23，17，15:8，5:0]位域有效。如果某一位设为 0，则表示相对应的管脚为输入脚，即工作在输入模式下；如果某一位设为 1，则表示相对应的管脚为输出脚，即工作在输出模式下。

（4）MASK0 寄存器为 32 位的 PIO0 口屏蔽寄存器，只有第[28:0]位有效，与寄存器 MPIN0 联合使用。MPIN0 为屏蔽的端口寄存器，只有第[28:0]位有效。MASK0 和 MPIN0 寄存器的第 0 位对应着 PIO0_0，第 1 位对应着 PIO0_1，依次类推，第 28 位对应着 PIO0_28。对于 LPC824 而言，只有第[23，17，15:8，5:0]位域有效。当 MASK0 的第 n 位为 0 时，MPIN0 的第 n 位正常工作，即向 MPIN0 的第 n 位写入值将反映在 PIO0_n 端口上，也可通过读 MPIN0_n 读出 PIO0_n 端口的值；如果 MASK0 的第 n 位为 1 时，则 MPIN0 的第 n 位被屏蔽掉，读这一位时，读出 0；写入无效。

（5）PIN0 寄存器和 MPIN0 寄存器均为 32 位的寄存器，都只有第[28:0]位有效，每位对应着一个管脚，即第 0 位对应着 PIO0_0，第 1 位对应着 PIO0_1，依次类推，第 28 位对应着 PIO0_28。对于 LPC824 而言，只有第[23，17，15:8，5:0]位域有效。PIN0 寄存器的各位直接反映了 PIO0 端口的值，向 PIN0 的第 n 位写入 0，则 PIO0_n 端口输出低电平；向其第 n 位写入 1，则 PIO0_n 端口输出高电平。读 PIN0 的第 n 位，相当于直接读 PIO0_n 管脚的电平值。MPIN0 和 PIN0 寄存器功能相似，但是 MPIN0 受 MASK0 寄存器的管理，只有当 MASK0 的第 n 位为 0 时，MPIN0 的第 n 位才与 PIN0 的第 n 位功能相同；如果 MASK0 的第 n 位为 1 时，MPIN0 的第 n 位被屏蔽掉，该位的读出值始终为 0，写入值无效。

（6）SET0 寄存器只有第[28:0]位有效，其第 n 位对应着 PIO0_n 端口，对于 LPC824 而言，只有第[23，17，15:8，5:0]位域有效。SET0 寄存器的第 n 位具有"写入 0 无效，写入 1 置位"的功能，向 SET0 寄存器的第 n 位写入 1，将设置 PIO0_n 管脚工作在输出模式下。

（7）CLR0 寄存器是一个只写寄存器，只有第[28:0]位有效，其第 n 位对应着 PIO0_n 端口，对于 LPC824 而言，只有第[23，17，15:8，5:0]位域有效。CLR0 寄存器的第 n 位具有"写入 0 无效，写入 1 清位"的功能，向 CLR0 寄存器的第 n 位写入 1，将设置 PIO0_n 管脚工作在输入模式下，实际上是将 SET0 寄存器的第 n 位清零了。

（8）NOT0 寄存器是一个只写寄存器，只有第[28:0]位有效，第 n 位对应着 PIO0_n 管脚，对于 LPC824 而言，只有第[23，17，15:8，5:0]位域有效。当 PIO0_n 管脚工作在输出模式下时，向 NOT0 寄存器第 n 位写入 0 无效，写入 1 使相应的 PIO0_n 管脚原有状态取反后输出。

（9）DIRSET0 和 DIRCLR0 寄存器是两个只写的寄存器（写入 0 无效），只有第[28:0]位域有效，第 n 位对应着 PIO0_n 管脚，对于 LPC824 而言，只有第[23，17，15:8，5:0]位域有效。当 PIO0_n 用作 GPIO 口时，向 DIRSET0 的第 n 位写入 1，使 PIO0_n 工作在输出模式下；向 DIRCLR0 的第 n 位写入 1，使 PIO0_n 工作在输入模式下。

（10）DIRNOT0 寄存器是只写的 32 位寄存器（各位写入 0 无效），只有第[28:0]位有效，第 n 位对应着 PIO0_n 管脚，对于 LPC824 而言，只有第[23，17，15:8，5:0]位域有效。向 DIRNOT0 寄存器的第 n 位写入 1，如果 PIO0_n 原来处于输入模式下，则转变为输出模式；如果 PIO0_n 原来工作在输出模式下，则转变为输入模式。

通过上面的介绍，可以看出 LPC824 的 16 个 GPIO 口中可以单独访问，也可以一起访问，还可以带屏蔽特性的部分端口访问；可以一条语句置位，一条语句清零；甚至还可以取反输出，操作灵活方便。

2.7　系统配置模块 SYSCON

LPC824 微控制器的系统配置模块的作用如下所述。

（1）时钟管理。

（2）Reset 管脚管理。

（3）外部中断或模式匹配管理。

（4）配置低功耗工作模式与唤醒。

（5）掉电检测 BOD。

（6）宏跟踪缓冲器管理。

（7）中断延时控制。

（8）为不可屏蔽中断 NMI 选择中断源。

（9）校准系统节拍定时器。

由图 2-3 可知，LPC824 系统配置模块 SYSCON 相关的寄存器位于 0x4004 8000～0x4004 BFFF 区间内，通过设置这些寄存器，来实现 LPC824 系统配置模块的功能。这里重点介绍时钟管理模块的功能。LPC824 内部集成了一个 12 MHz 的 RC 振荡器，准确度为1.5%，如果需要更精确的时钟源，则需要外接晶振（1～25 MHz）。一般情况下，内部12 MHz RC 振荡器能满足大部分应用场合，LPC824 上电复位后，系统自动使用 12 MHz 内部 RC 振荡器作为时钟源，然后，通过配置 SYSCON 模块的寄存器，将时钟频率倍频到LPC824 的最高工作时钟频率，即 30 MHz。LPC824 的时钟管理单元如图 2-6 所示。

从图 2-6 可以看出，LPC824 的时钟管理单元有 5 个时钟源，即内部 IRC 振荡器、系统振荡器、外部时钟信号输入 CLKIN、看门狗振荡器、低功耗振荡器，其中低功耗振荡器专用于功耗管理单元（PMU）中为自唤醒定时器 WKT 服务，此外，WKT 也可由 IRC 振荡器提供时钟信号。系统 PLL 能接收内部 IRC 振荡器、系统振荡器或 CLKIN 的时钟输入；主时钟可以选择 IRC 振荡器、看门狗振荡器、经 SYSPLLCLKSEL 选择的时钟或系统 PLL 输出的倍频时钟；看门狗振荡器可为加窗的看门狗定时器 WWDT 提供时钟源。

在图 2-6 中，主时钟经 SYSAHBCLKDIV 分频后得到系统时钟，系统时钟就是所谓的 LPC824 工作时钟，系统时钟送到 ARM Cortex-M0＋内核，在得到 SYSAHBCLKCTRL 的允许后，可送到存储器以及某些外设。主时钟经 UARTCLKDIV 和分数倍分频器分频后送给 USART0～USART2；主时钟经过 IOCONCLKDIV 分频后送给 IOCON 毛刺滤波器。

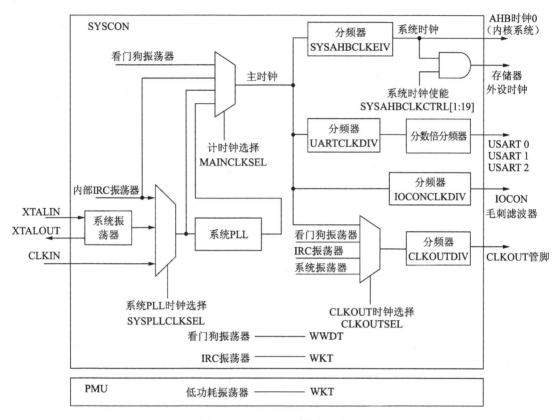

图 2-6　LPC824 时钟管理单元

图 2-6 中可通过 CLKOUT 管脚根据需要（由 CLKOUTSEL 决定）向 LPC824 外部输出：主时钟、看门狗振荡器时钟、IRC 振荡器时钟或系统振荡器时钟，或者它们的分频时钟值（由 CLKOUTDIV 决定）。

需要指出的是，在图 2-6 中，SYSPLLCLKSEL、MAINCLKSEL、SYSAHBCLKDIV、SYSAHBCLKCTRL、CLKOUTSEL、CLKOUTDIV、IOCONCLKDIV、UARTCLKDIV 等均为 SYSCON 寄存器的名称，只需要设置这些寄存器的值，就可以得到所需要的时钟。

例如，不使用外部晶振，使 LPC824 芯片工作在 30 MHz 时钟下的方法为：根据图 2-6 所示，配置 SYSPLLCLKSEL 寄存器选中 IRC 振荡器（12 MHz）；然后配置系统 PLL 输出 60 MHz 的时钟信号，即 5 倍频；通过配置寄存器 MAINCLKSEL 使主时钟为系统 PLL 输出的 60 MHz 时钟信号；最后配置 SYSAHBCLKDIV 对主时钟 2 分频，得到 30 MHz 的系统时钟，即 LPC824 的工作时钟。这些寄存器的具体配置情况，可参考表 2-12 及其后续解释。

SYSCON 模块的寄存器列于表 2-12 中。

表 2 - 12　SYSCON 模块的存储器映射寄存器(基地址为 0x4004 8000)

序号	寄存器名	类型	偏移地址	复位值	描　　述
1	SYSMEMREMAP	R/W	0x000	0x2	系统存储器再映射寄存器
2	PRESETCTRL	R/W	0x004	0x1FFF	外设复位控制寄存器
3	SYSPLLCTRL	R/W	0x008	0x0	系统 PLL 控制寄存器
4	SYSPLLSTAT	RO	0x00C	0x0	系统 PLL 状态寄存器
5	SYSOSCCTRL	R/W	0x020	0x0	系统振荡器控制寄存器
6	WDTOSCCTRL	R/W	0x024	0xA0	看门狗振荡器控制寄存器
7	IRCCTRL	R/W	0x028	0x80	内部 IRC 振荡器控制寄存器
8	SYSRSTSTAT	R/W	0x030	0x0	系统复位状态寄存器
9	SYSPLLCLKSEL	R/W	0x040	0x0	系统 PLL 时钟源选择寄存器
10	SYSPLLCLKUEN	R/W	0x044	0x0	系统 PLL 时钟源更新有效寄存器
11	MAINCLKSEL	R/W	0x070	0x0	主时钟源选择寄存器
12	MAINCLKUEN	R/W	0x074	0x0	主时钟源更新有效寄存器
13	SYSAHBCLKDIV	R/W	0x078	0x1	系统时钟分频寄存器
14	SYSAHBCLKCTRL	R/W	0x080	0xDF	系统时钟控制寄存器
15	UARTCLKDIV	R/W	0x094	0x0	UART 时钟分频寄存器
16	CLKOUTSEL	R/W	0x0E0	0x0	CLKOUT 时钟源选择寄存器
17	CLKOUTUEN	R/W	0x0E4	0x0	CLKOUT 时钟源更新有效寄存器
18	CLKOUTDIV	R/W	0x0E8	0x0	CLKOUT 时钟分频寄存器
19	UARTFRGDIV	R/W	0x0F0	0x0	USART 分数值分频寄存器
20	UARTFRGMULT	R/W	0x0F4	0x0	USART 分数值倍频寄存器
21	EXTTRACECMD	R/W	0x0FC	0x0	外部跟踪缓冲命令寄存器
22	PIOPORCAP0	RO	0x100	—	POR 捕获 PIO 状态 0 寄存器
23	IOCONCLKDIV6	R/W	0x134	0x0	IOCON 毛刺滤波器外设时钟 6 寄存器
24	IOCONCLKDIV5	R/W	0x138	0x0	IOCON 毛刺滤波器外设时钟 5 寄存器
25	IOCONCLKDIV4	R/W	0x13C	0x0	IOCON 毛刺滤波器外设时钟 4 寄存器
26	IOCONCLKDIV3	R/W	0x140	0x0	IOCON 毛刺滤波器外设时钟 3 寄存器
27	IOCONCLKDIV2	R/W	0x144	0x0	IOCON 毛刺滤波器外设时钟 2 寄存器
28	IOCONCLKDIV1	R/W	0x148	0x0	IOCON 毛刺滤波器外设时钟 1 寄存器
29	IOCONCLKDIV0	R/W	0x14C	0x0	IOCON 毛刺滤波器外设时钟 0 寄存器
30	BODCTRL	R/W	0x150	0x0	低压检测(BOD)寄存器
31	SYSTCKCAL	R/W	0x154	0x0	系统节拍定时器校正寄存器
32	IRQLATENCY	R/W	0x170	0x10	中断延迟寄存器
33	NMISRC	R/W	0x174	0x0	不可屏蔽中断(NMI)中断源寄存器
34	PINTSEL0	R/W	0x178	0x0	GPIO 管脚中断选择寄存器 0
35	PINTSEL1	R/W	0x17C	0x0	GPIO 管脚中断选择寄存器 1
36	PINTSEL2	R/W	0x180	0x0	GPIO 管脚中断选择寄存器 2

续表

序号	寄存器名	类型	偏移地址	复位值	描　　述
37	PINTSEL3	R/W	0x184	0x0	GPIO 管脚中断选择寄存器 3
38	PINTSEL4	R/W	0x188	0x0	GPIO 管脚中断选择寄存器 4
39	PINTSEL5	R/W	0x18C	0x0	GPIO 管脚中断选择寄存器 5
40	PINTSEL6	R/W	0x190	0x0	GPIO 管脚中断选择寄存器 6
41	PINTSEL7	R/W	0x194	0x0	GPIO 管脚中断选择寄存器 7
42	STARTERP0	R/W	0x204	0x0	管脚唤醒有效启动逻辑 0 寄存器
43	STARTERP1	R/W	0x214	0x0	管脚唤醒有效启动逻辑 1 寄存器
44	PDSLEEPCFG	R/W	0x230	0xFFFF	深度睡眠模式下掉电状态寄存器
45	PDAWAKECFG	R/W	0x234	0xEDF0	从深度睡眠唤醒下掉电状态寄存器
46	PDRUNCFG	R/W	0x238	0xEDF0	功耗配置寄存器
47	DEVICE_ID	RO	0x3F8	0x8122	器件 ID 号寄存器

下面详细介绍表 2-12 中本书程序用到的大部分寄存器的含义(不按表中顺序,少数没有介绍的寄存器请参考文献[1]的第 5 章)。

1) DEVICE_ID(表 2-12 中第 47 号)

DEVICE_ID 寄存器为只读的 32 位寄存器,可通过如下代码读出其中的值:

程序段 2-1　读芯片 ID 号

```
1        unsigned int id；
2        id= * ((unsigned int * )0x400483F8)；
```

程序段 2-1 执行后,读出的值为 0x0000 8242,表示所用的芯片为 LPC824M201JDH20。

2) PDRUNCFG(表 1-9 中第 46 号)

PDRUNCFG 寄存器控制着 LPC824 片内模拟模块的功耗,其各位的含义如表 2-13 所示。

表 2-13　PDRUNCFG 寄存器各位含义

位号	符　号	含　义	复位值
0	IRCOUT_PD	IRC 振荡器输出功率:0 输出;1 关闭	0
1	IRC_PD	IRC 振荡器:0 工作;1 关闭	0
2	FLASH_PD	Flash 存储器:0 工作;1 关闭	0
3	BOD_PD	低电压检测:0 工作;1 关闭	0
4	ADC_PD	ADC 模块:0 工作;1 关闭	1
5	SYSOSC_PD	系统振荡器:0 工作;1 关闭	1
6	WDTOSC_PD	看门狗振荡器:0 工作;1 关闭	1
7	SYSPLL_PD	系统 PLL:0 工作,1 关闭	1
11:8	—	保留	1101b
14:12	—	保留	110b
15	ACMP	模拟比较器:0 工作;1 关闭	1
31:16	—	保留	0

从表 2 - 13 可知，LPC824 上电后，内部 12 MHz 的 IRC 振荡器、Flash 存储器和低电压检测器(BOD)都处于正常工作状态；而系统振荡器、看门狗振荡器、系统 PLL 和模拟比较器都处于掉电低功耗状态。如果程序员要使用处于掉电状态的单元，例如要使用看门狗定时器，由于看门狗定时器需要看门狗振荡器的时钟驱动，所以，需要将 PDRUNCFG 寄存器的第 6 位清为 0，才能使得看门狗定时器正常工作。

3) SYSMEMREMAP(表 2 - 12 中第 1 号)

SYSMEMREMAP 只有第[1:0]位域有效，第[31:2]位域保留。上电复位时，SYSMEMREMAP 的第[1:0]位域的值为 0x2，表示中断向量表位于 Flash 存储器中，且从 0x0 地址开始。建议程序员使用默认值。

4) PRESETCTRL(表 2 - 12 中第 2 号)

PRESETCTRL 寄存器用于复位 LPC824 片内特定的数字模块，其各位的含义如表 2 - 14 所示。

表 2 - 14　PRESETCTRL 寄存器各位的含义

位号	符　号	含　义	复位值
0	SPI0_RST_N	SPI0 复位控制：写入 0 复位；写入 1 工作	1
1	SPI1_RST_N	SPI1 复位控制：0 复位；1 工作	1
2	UARTFRG_RST_N	USART 分数波特率发生器复位控制：0 复位，1 工作	1
3	USART0_RST_N	USART0 复位控制：0 复位，1 工作	1
4	USART1_RST_N	USART1 复位控制：0 复位，1 工作	1
5	USART2_RST_N	USART2 复位控制：0 复位，1 工作	1
6	I2C0_RST_N	I^2C0 复位控制：0 复位，1 工作	1
7	MRT_RST_N	MRT 复位控制：0 复位，1 工作	1
8	SCT_RST_N	SCT 复位控制：0 复位，1 工作	1
9	WKT_RST_N	WKT 复位控制：0 复位，1 工作	1
10	GPIO_RST_N	GPIO 和 GPIO 管脚中断管理单元复位控制：0 复位，1 工作	1
11	FLASH_RST_N	Flash 复位控制：0 复位，1 工作	1
12	ACMP_RST_N	模拟比较器复位控制：0 复位，1 工作	1
13	—	保留	—
14	I2C1_RST_N	I^2C1 复位控制：0 复位，1 工作	1
15	I2C2_RST_N	I^2C2 复位控制：0 复位，1 工作	1
16	I2C3_RST_N	I^2C3 复位控制：0 复位，1 工作	1
31:17	—	保留	—

从表 2-14 中可以看出，各个数字模块在上电复位后，均处于工作状态。一般地，使处于复位态的模块工作，需要先向其在 PRESETCTRL 中对应的位写入 0 再写入 1，而不是只写入 1。例如，使自唤醒定时器 WKT 处于工作态，由表 2-14 可知，WKT 对应于 PRESELCTRL 寄存器的第 9 位，先向该位写入 0，再写入 1，则 WKT 进入工作态。

5) SYSPLLCTRL（表 2-12 中第 3 号）

LPC824 片内 PLL 可以接收外部输入的 10 MHz～25 MHz 的频率，输出频率不应超过 100 MHz，假设用 Fckin 表示输入到系统 PLL 的频率，Fclkout 表示系统 PLL 输出的频率，Fcco 表示系统 PLL 内部电流控制振荡器的频率（在 156 MHz～320 MHz 间），则有以下公式：

$$Fclkout = M \times Fclkin = Fcco / (2 \times P) \tag{2-1}$$

这里，M 和 P 分别称为反馈分频值和后分频值，位于 SYSPLLCTRL 寄存器中。SYSPLLCTRL 寄存器各位的含义如表 2-15 所示。

表 2-15 SYSPLLCTRL 寄存器各位的含义

位号	符号	含义	复位值
4:0	MSEL	反馈分频值，取值为 00000b～11111b，M = MSEL+1	0
6:5	PSEL	后分频值，PSEL 取值为 0x0～0x3，P = 2^{PSEL}，P 取值为 1、2、4 或 8	0
31:7	—	保留	

根据表 2-15 可知，如果想使得系统 PLL 输出的 Fclkout 的频率为 60 MHz，则根据公式（2-1）可令：MSEL 为 4，即 M=MSEL+1=5；PSEL=1，即 P=2^{PSEL}=2；Flkcin= 12 MHz（内部 IRC 振荡器频率），那么 Fclkout = 60 MHz（小于 100 MHz，满足要求），Fcco=240 MHz（在 156 MHz～320 MHz 间，满足要求）。

6) SYSPLLSTAT（表 2-12 中第 4 号）

SYSPLLSTAT 为 32 位的只读寄存器，只有第 0 位有效（其余各位保留），第 0 位为 LOCK 位，读出该位的值为 0 表示系统 PLL 没有锁定；读出 1 表示系统 PLL 已锁定，时钟工作已稳定。

7) SYSOSCCTRL（表 2-12 中第 5 号）

SYSOSCCTRL 寄存器是一个 32 位的寄存器，只有第 0 位和第 1 位有效（其余位保留），第 0 位为 0 表示系统振荡器有效（参见图 2-6）；第 0 位为 1 表示系统振荡器无效，这时图 2-6 中的 CLKIN（即外部时钟信号）或者 IRC 振荡器信号有效。当 SYSOSCCTRL 的第 0 位为 0 时，第 1 位才有意义，这时，第 1 位为 0 表示外接晶体频率为 1～20 MHz；第 1 位为 1 表示外接晶体频率为 15～25 MHz。

8) WDTOSCCTRL（表 2-12 中第 6 号）

看门狗振荡器包括一个模拟部分和一个数字部分，模拟部分产生的模拟时钟记为 Fclkana，该值在 600 kHz～4.6 MHz 间，具体的值受"FREQSEL"控制；它分频后得到数字部分的时钟 wdt_osc_clk = Fclkana / [2 × (1 + DIVSEL)]。这里的 DIVSEL 和 FREQSEL 位于 WDTOSCCTRL 寄存器中，该寄存器的内容如表 2-16 所示。

表 2 - 16　　WDTOSCCTRL 寄存器各位的含义

位号	符　　号	含　　义	复位值
4:0	DIVSEL	Fclkana 的分频值，取值为 0x0~0x1F	0
8:5	FREQSEL	Fclkana 输出频率选择（格式为：取值:输出频率 MHz） 0x1：0.6；0x2：1.05；0x3：1.4；0x4：1.75；0x5：2.1； 0x6：2.4；0x7：2.7；0x8：3.0；0x9：3.25；0xA：3.5； 0xB：3.75；0xC：4.0；0xD：4.2；0xE：4.4；0xF：4.6	0
31:9	—	保留	0

例如，使得看门狗振荡器输出 10 kHz 的时钟信号的方法为：将表 2 - 16 中的 FREQSEL 置为 0x1，则 Fclkana＝0.6 MHz；将 DIVSEL 置为 29（即 0x13），则看门狗振荡器的输出频率为 wdt_osc_clk＝Fclkana / $[2\times(1+\text{DIVSEL})]$ ＝ 0.6 MHz / $[2\times(1+29)]$ ＝ 10 kHz。

9) SYSRSTSTAT（表 2 - 12 中第 8 号）

上电复位信号或其他的复位信号复位 LPC824 微控制器时，LPC824 芯片的复位状态记录在 SYSRSTSTAT 寄存器中，该寄存器的内容如表 2 - 17 所示。

表 2 - 17　　SYSRSTSTAT 寄存器各位的含义

位号	符　　号	含　　义	复位值
0	POR	POR 复位状态，0 无 POR 复位，1 有 POR 复位；写入 1 清除该复位态	0
1	EXTRST	外部 RESET 管脚复位，0 无外部管脚复位，1 有外部管脚复位；写入 1 清除该复位态	0
2	WDT	看门狗复位，0 无看门狗复位，1 有看门狗复位；写入 1 清除该复位态	0
3	BOD	低电压检测复位，0 无低电压检测复位，1 有低电压检测复位；写入 1 清除该复位态	0
4	SYSRST	软件方式系统复位，0 无软件方式系统复位，1 有软件方式系统复位；写入 1 清除该复位态	0
31:5	—	保留	—

10) SYSPLLCLKSEL（表 2 - 12 中第 9 号）

结合图 2 - 6，可知系统 PLL 可以选择 3 个时钟源，即内部 IRC 振荡器、系统振荡器或 CLKIN，选择哪个时钟源由 SYSPLLCLKSEL 寄存器决定，该 32 位的寄存器只有第[1:0]位域有效（其余位域保留）。SYSPLLCLKSEL 的第[1:0]位域为 SEL 位域，为 0 时表示选择 IRC 时钟源；为 1 表示选择系统振荡器输出的时钟；为 2 保留；为 3 表示选择外部时钟信号 CLKIN。SEL 的复位值为 0，表示 LPC824 上电复位后使用内部 IRC 时钟源。

11) SYSPLLCLKUEN(表 2-12 中第 10 号)

在 SYSPLLCLKSEL 设定了新的值后,为了使设定的新值有效,需要向 SYSPLL-CLKUEN 寄存器先写入 0,再写入 1。32 位的 SYSPLLCLKUEN 寄存器只有第 0 位有效(其余位保留),第 0 位用 ENA 符号表示,为 0 表示系统 PLL 时钟源没有更新;为 1 表示系统 PLL 时钟源有更新。向 SYSPLLCLKUEN 的第 0 位写入 1 后,需要再读出该位的值,直到读出 1,才能说明系统 PLL 时钟源已更新,即向其第 0 位写入 1 后不是立即生效的。

12) MAINCLKSEL(表 2-12 中第 11 号)

由图 2-6 可知,主时钟有 4 个来源,即看门狗振荡器、内部 IRC 振荡器、系统 PLL 的输入时钟信号 Fclkin 以及系统 PLL 的输出时钟 Fclkout,具体选用哪个时钟源,由 MAINCLKSEL 寄存器决定,该 32 位的寄存器只有第[1:0]位域有效(其余位保留),为 0 时表示选用 IRC 振荡器;为 1 时表示选用系统 PLL 的输入时钟信号;为 2 时表示选用看门狗振荡器;为 3 时表示选用系统 PLL 的输出时钟信号。上电复位时,MAINCLKSEL 的第[1:0]位域的值为 0,表示选用内部 IRC 振荡器时钟源。

一般地,LPC824 的内部 IRC 振荡器时钟频率为 12 MHz,可经过系统 PLL 倍频到 60 MHz,通过配置 MAINCLKSEL 寄存器的第[1:0]位域为 0x03,可使用主时钟为 PLL 输出时钟,即 60 MHz(见图 2-6)。

13) MAINCLKUEN(表 2-12 中第 12 号)

在配置 MAINCLKSEL 寄存器后,主时钟的时钟源发生变化(见图 2-6),为了使变化的值起作用,需要先向 MAINCLKUEN 寄存器写入 0,再向其写入 1。MAINCLKUEN 寄存器只有第 0 位有效(其余位保留),为 0 表示主时钟的时钟源没有发生变化;为 1 表示主时钟的时钟源发生了改变。向 MAINCLKUEN 的第 0 位写入 1 后,还需要读出该位的值,直到其为 1 时,主时钟的时钟源才更新完成,即向 MAINCLKUEN 的第 0 位写入 1,不是立即生效的。

14) SYSAHBCLKDIV(表 2-12 中第 13 号)

LPC824 的工作时钟最高频率为 30 MHz,当主时钟的频率为 60 MHz 时,由图 2-6 可知,配置 SYSAHBCLKDIV 寄存器,可得到所需要的系统时钟。这里,SYSAHBCLKDIV 寄存器只有第[7:0]位域有效(其余位保留),SYSAHBCLKDIV 寄存器的第[7:0]位域为 DIV 位域,当为 0 时,系统时钟关闭;当为 1~255 中的某个值时,系统时钟=主时钟/DIV。如果主时钟=60 MHz,配置 SYSAHBCLKDIV 的 DIV 位域为 0x2,则系统时钟=60 MHz/2=30 MHz。

15) SYSAHBCLKCTRL(表 2-12 中第 14 号)

根据图 2-6 可知,寄存器 SYSAHBCLKCRTL 控制着 LPC824 片上存储器和外设的时钟,其各位的含义如表 2-18 所示,这是一个非常重要的寄存器。

表 2-18 中,需要特别注意的是第 7 位,当使用开关矩阵将某个功能配置到某个管脚前,需要给开关矩阵提供时钟信号,当配置完成后,可以关闭开关矩阵的时钟信号,以节省功率。从表 2-18 中还可以看出,在上电复位后,只有系统内核、ROM、RAM 和 Flash 处于工作正常态(因为给它们提供了工作时钟),其他的模块都处于低功耗模式下,如果要使用某个模块,例如,使用 GPIO 口,则需要将 SYSAHBCLKCTRL 寄存器的第 6 位置为 1。

表 2 - 18　SYSAHBCLKCTRL 寄存器各位的含义

位号	符号	含义	复位值
0	SYS	使 AHB、APB 桥、Cortex-M0＋内核时钟、SYSCON 和 PMU 的时钟有效。该位为只读位，只能为 1	1
1	ROM	给 ROM 提供时钟。0 表示不提供；1 表示提供	1
2	RAM	给 RAM 提供时钟。0 表示不提供；1 表示提供	1
3	FLASHREG	给 Flash 存储器寄存器接口提供时钟。0 表示不提供；1 表示提供	1
4	FLASH	给 Flash 存储器提供时钟。0 表示不提供；1 表示提供	1
5	I2C0	给 I²C0 提供时钟。0 表示不提供；1 表示提供	0
6	GPIO	给 GPIO 寄存器和管脚中断寄存器提供时钟。0 表示不提供；1 表示提供	0
7	SWM	给开关矩阵提供时钟。0 表示不提供；1 表示提供	0
8	SCT	给 SCT 提供时钟。0 表示不提供；1 表示提供	0
9	WKT	给 WKT 提供时钟。0 表示不提供；1 表示提供	0
10	MRT	给 MRT 提供时钟。0 表示不提供；1 表示提供	0
11	SPI0	给 SPI0 提供时钟。0 表示不提供；1 表示提供	0
12	SPI1	给 SPI1 提供时钟。0 表示不提供；1 表示提供	0
13	CRC	给 CRC 提供时钟。0 表示不提供；1 表示提供	0
14	UART0	给 UART0 提供时钟。0 表示不提供；1 表示提供	0
15	UART1	给 UART1 提供时钟。0 表示不提供；1 表示提供	0
16	UART2	给 UART2 提供时钟。0 表示不提供；1 表示提供	0
17	WWDT	给 WWDT 提供时钟。0 表示不提供；1 表示提供	0
18	IOCON	给 IOCON 模块提供时钟。0 表示不提供；1 表示提供	0
19	ACMP	给模拟比较器提供时钟。0 表示不提供；1 表示提供	0
20	—	保留	
21	I2C1	给 I²C1 提供时钟。0 表示不提供；1 表示提供	0
22	I2C2	给 I²C2 提供时钟。0 表示不提供；1 表示提供	0
23	I2C3	给 I²C3 提供时钟。0 表示不提供；1 表示提供	0
24	ADC	给 ADC 提供时钟。0 表示不提供；1 表示提供	0
25	—	保留	
26	MTB	给 MTB 提供时钟。0 表示不提供；1 表示提供	0
28:27	—	保留	
29	DMA	给 DMA 提供时钟。0 表示不提供；1 表示提供	0
31:30	—	保留	

16) UARTCLKDIV（表 2 - 12 中第 15 号）

LPC824 微控制器集成了 3 个 USART 外设，这 3 个 USART 外设共用同一个时钟分频寄存器 UARTCLKDIV，由图 2 - 6 可知，通过配置 UARTCLKDIV 寄存器将主时钟分频后送给"分数倍分频器"。UARTCLKDIV 寄存器只有第[7:0]位域有效（其余位保留），第[7:0]位域称为 DIV，如果为 0，则表示关闭 USART 时钟；如果为 1～255，则表示

UARTCLKDIV 分频得到的时钟频率＝主时钟/DIV。

17) CLKOUTSEL(表 2-12 中第 16 号)

由图 2-6 可知，通过 CLKOUTSEL 寄存器可以为 CLKOUT 选择 4 个时钟源，即主时钟、看门狗振荡器、IRC 振荡器或系统振荡器中的任一个。CLKOUTSEL 寄存器只有第 [1:0] 位域有效，用符号 SEL 表示(其余位保留)，当 SEL 取 0 时，选择 IRC 振荡器；取 1 时，选择系统振荡器；取 2 时，选择看门狗振荡器；取 3 时，选择主时钟。

18) CLKOUTUEN(表 2-12 中第 17 号)

当 CLKOUT 的时钟源发生变化时，需要向 CLKOUTUEN 寄存器先写入 0，再写入 1，使得 CLKOUT 的时钟源更新有效(不是立即生效)。CLKOUTUEN 只有第 0 位有效，为 0 时表示 CLKOUT 时钟源无变化；为 1 时表示 CLKOUT 时钟源发生更新。

19) CLKOUTDIV(表 2-12 中第 18 号)

由图 2-6 可知，当通过 CLKOUTSEL 寄存器选择好 CLKOUT 的时钟源后，可通过 CLKOUTDIV 分频寄存器设置输出的 CLKOUT 时钟的频率。32 位的 CLKOUTDIV 寄存器只有第 [7:0] 位域有效，用 DIV 表示(其余位保留)，当 DIV 为 0 时，关闭 CLKOUT 时钟分频器；当 DIV 为 1～255 时，CLKOUT 输出的时钟频率为 CLKOUTSEL 选择的时钟源频率除以 DIV 后的值。

通过 CLKOUT 可以为其他数字芯片提供时钟信号。

20) UARTFRGDIV 和 UARTFRGMULT(表 2-12 中第 19、20 号)

由图 2-6 可知，UARTCLKDIV 分频器分频主时钟得到的时钟信号，还可以进一步通过"分数倍分频器"分频得到 USART0～2 所需的时钟信号。用 UARTCLKDIVclk 表示 UARTCLKDIV 分频器分频主时钟得到的时钟信号频率，UARTclk 表示 USART0～2 的时钟信号频率，则有以下关系式：

$$UARTclk = UARTCLKDIVclk / [1 + MULT/(DIV+1)] \qquad (2-2)$$

公式 (2-2) 中的 DIV 和 MULT 分别表示 UARTFRGDIV 和 UARTFRGMULT 寄存器的第 [7:0] 位域，这两个寄存器的其他位保留。DIV 和 MULT 的取值均为 0～255，通过设置这两个值可以得到合适的串口波特率。

21) PIOPORCAP0(表 2-12 中第 22 号)

PIOPORCAP0 为只读的 32 位寄存器，当上电复位后，通用 GPIO 口(PIO0_0～PIO0_23)的各个端口的状态保存在 PIOPORCAP0 的第 0～23 位(该寄存器的其余位保留)。

注意　对于 LPC824 而言，该寄存器只有第 [23,17,15:8,5:0] 位域有效。

22) IOCONCLKDIV6～0(表 2-12 中第 23～29 号)

IOCONCLKDIV6～0 共 7 个 32 位的寄存器，每个寄存器都是只有第 [7:0] 位域有效，都被称为 DIV，根据图 2-6，当 DIV 为 0 时，关闭相应 IOCON 的毛刺滤波器；当 DIV 取为 1～255 时，相应 IOCON 的毛刺滤波器的时钟频率为主时钟被 DIV 分频后的值。

23) SYSTCKCAL(表 2-12 中第 31 号)

SYSTCKCAL 寄存器只有第 [25:0] 位域有效(其余位保留)，被称为 CAL，复位值为 0，CAL 的值用于决定 SYST_CALIB 寄存器的第 [23:0] 位域 TENMS 的值。

24) IRQLATENCY(表 2－12 中第 32 号)

IRQLATENCY 寄存器只有第[7:0]位域有效(其他位保留),被称为 LATENCY,复位值为 0x10。LATENCY 用于指定系统响应中断请求的最小延迟时钟周期数,一般地,ARM Cortex-M0＋在 15 个时钟周期内总能响应任意中断。

25) NMISRC(表 2－12 中第 33 号)

NMISRC 寄存器各位的含义如表 2－19 所示。

表 2－19　NMISRC 寄存器各位的含义

位号	符　号	含　义	复位值
4:0	IRQN	取值为 0~31,表示中断号为 IRQN 的中断作为 NMI 中断	0
30:5	—	保留	
31	NMIEN	写 1 启用 NMI 中断;写 0 关闭 NMI 中断	0

由表 2－19 可知,可将中断号为 0~31 间的任一中断设为不可屏蔽中断(NMI),例如,如果要求 PININT0_IRQ 中断设为不可屏蔽中断,参考表 2－6,可知 PININT0_IRQ 中断号为 24,则设置表 2－19 中的 IRQN 为 24,然后,向 NMIEN 位写入 0,关闭 NMI 中断,接着,向 NMIEN 位写入 1,打开 NMI 中断。

26) PINTSEL0~7(表 2－12 中第 34~41 号)

LPC824 可以将通用 GPIO 口(PIO0_0~PIO0_5、PIO0_8~PIO0_15、PIO0_17 和 PIO0_23)中的任意 8 个 I/O 口作为外部中断(或模式匹配引擎)输入口,通过 PINTSEL0~7 共 8 个寄存器决定,这 8 个寄存器的结构相同,都是只有第[5:0]位域有效(其余位保留),称为 INTPIN,当 INTPIN 的取值为 0~23,对应着 PIO0_0~PIO0_23。例如,要使得 PIO0_10 作为外部中断 4(即 PININT4_IRQ,见表 2－6)的输入端,则将 PINTSEL4 的 INTPIN 设为 10;要使得 PIO0_2 作为外部中断 6(即 PININT6_IRQ,见表 2－6)的输入端,则将 PINTSEL6 的 INTPIN 设为 2。

本 章 小 结

本章首先介绍了 LPC824 微控制器的特点与管脚配置,然后介绍了 LPC824 微控制器内部结构,接着详细介绍了 LPC824 微控制器的存储配置和 NVIC 中断,之后介绍了 LPC824 微控制器芯片的通用输入输出端口 GPIO 配置模块 IOCON 和 GPIO 寄存器及其操作方法,最后,详细介绍了 LPC824 微控制器系统配置模块 SYSCON 和系统时钟配置方法。本章内容主要参考了文献[1,3],需要进一步学习 LPC82X 微控制器的读者,可以在本章学习的基础上,深入阅读参考文献[1,3]。下一章将介绍基于 LPC824 微控制器的典型硬件电路以及基于 Keil MDK 集成开发环境的软件设计工程框架。

第三章　LPC824 开发平台与工程框架

本章首先介绍了 LPC824 开发平台及其电路原理图，然后介绍基于 LPC824 开发平台的软件设计工程框架。LPC824 开发平台包括一台计算机、一台 ULINK2 或 JLink V8 仿真器、一根 USB 转串口线、一个＋5 V 电源适配器和一套 LPC824 学习板。LPC824 学习板是硬件开源的电路板，如图 3-1 所示。

图 3-1　LPC824 学习板

本章将首先介绍图 3-1 所示 LPC824 学习板的电路设计原理，本书后续章节的程序设计均基于该学习板。LPC824 学习板实现了以下功能：

（1）支持在系统编程(ISP)功能；

（2）具有外部复位按键；

（3）具有 1 个串口；

（4）支持 SWD 串行仿真调试；

（5）具有 1 个与 GPIO 口直接相连的用户按键输入；

（6）具有 1 个 LED 灯和 1 个蜂鸣器；

（7）具有 ZLG7289B 芯片驱动的 8 个 LED 灯、16 个按键和 1 个四合一七段数码管；

（8）具有 1 个 DS18B20 温度传感器；

（9）具有 1 个 128×64 点阵 LCD 屏；

（10）支持 1 个 ADC 输入口。

3.1　LPC824 核心电路

LPC824 学习板上与 LPC824 芯片直接相连的电路部分称为核心电路,如图 3-2 所示。

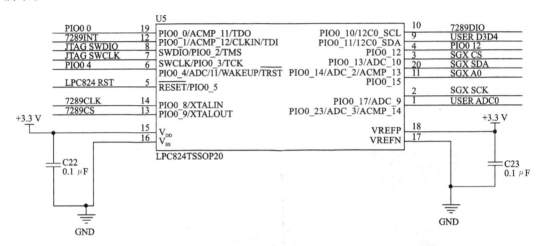

图 3-2　LPC824 核心电路

在设计 LPC824 核心电路时,主要有以下考虑:

(1) LPC824 芯片工作在 3.3 V 电源下,第 15 脚接 3.3 V 电源,第 16 脚接地;

(2) LPC824 芯片片上 ADC 模块的参考电压采用 3.3 V,第 18 脚接 3.3 V 参考电压源,第 17 脚接地;

(3) 使用 SWD 串行调试模式,第 7、8 脚通过网标 JTAG_SWCLK 和 JTAG_SWDIO 与 JTAG(SWD)仿真接口相连接,见第 3.8 节;

(4) 使用了第 5 脚作为外部复位信号输入端;

(5) PC824 芯片没有使用外部晶振,而是使用片上 12 MHz RC 振荡器;

(6) 支持在系统编程(ISP)且具有 1 个串口,这要求 LPC824 芯片的 PIO0_0 和 PIO0_4 分别接串口的 RXD 和 TXD,PIO0_12 通过跳线端子接地。

在图 3-2 中,除了上述提到的芯片管脚外,其余芯片管脚可随意使用。第 3.2～3.9 节的模块电路通过网标与图 3-2 中的 LPC824 芯片相连接,共同组合为完整的 LPC824 学习板。

3.2　电　源　电　路

LPC824 学习板的电源电路如图 3-3 所示。

由图 3-3 可知,LPC824 学习板外接+5 V 直流电源,由 J1 接入。板上装有带锁扣的开关 S17,+5 V 电源经过电源芯片 AMS1117 转换为+3.3 V 直流电源,供给 LPC824 学习板上的 LPC824 芯片和其他电路。D10 为电源工作指示灯,当按下开关 S17 接通电源后,D10 将被点亮,表示 LPC824 学习板处于带电工作状态。

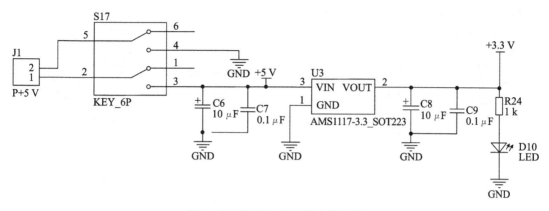

图 3-3　LPC824 学习板电源电路

3.3　LED 驱动电路与蜂鸣器驱动电路

LPC824 学习板上 LED 驱动电路与蜂鸣器驱动电路如图 3-4 所示。

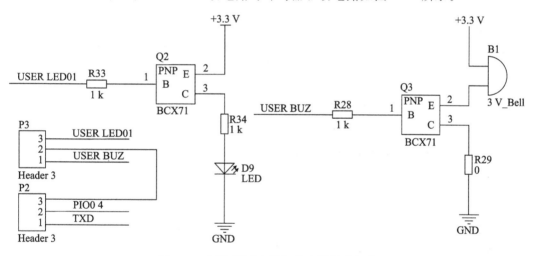

图 3-4　LED 驱动电路与蜂鸣器驱动电路

结合图 3-2 和图 3-4，当 P2 的第 2-3 脚相连时，如果 P3 的第 2-3 脚相连，则 PIO0_4 用于驱动 LED 灯 D9；如果 P3 的第 1-2 脚相连，则 PIO0_4 用于驱动蜂鸣器。LED 驱动电路的工作原理为：当 USER_LED01 网标为高电平时，PNP 型场效应管 Q2 截止，LED 灯 D9 熄灭；当 USER_LED01 网标为低电平时，PNP 型场效应管 Q2 导通，LED 灯 D9 点亮。同理，蜂鸣器驱动电路的工作原理为：当 USER_BUZ 网标为高电平时，PNP 型场效应管 Q3 截止，蜂鸣器 B1 不鸣叫；当 USER_BUZ 网标为低电平时，PNP 型场效应管 Q3 导通，蜂鸣器 B1 鸣叫。

3.4　串口通信电路

LPC824 学习板上的串口通信电路如图 3-5 所示。

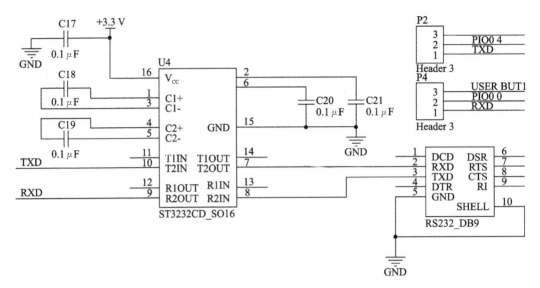

图 3-5　与串口通信相关的电路

由图 3-5 可知,将 P2 的第 1-2 脚连接,将 P4 的 1-2 脚连接,这样 LPC824 芯片的 PIO0_4 和 PIO0_0 将通过网标 TXD 和 RXD 与芯片 ST3232 连接,ST3232 电平转换芯片支持 2 路串口,图 3-5 中仅使用了一路,J4 为 DB9 接头,通过串口线与计算机的串口相连。

3.5　用户按键与 ADC 电路

LPC824 学习板上的用户按键电路与 ADC 电路如图 3-6 所示。

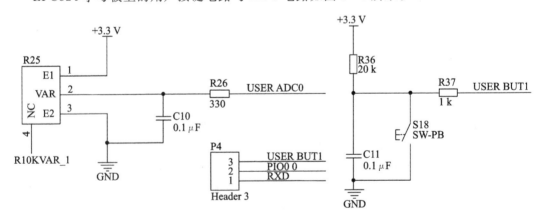

图 3-6　用户按键电路与 ADC 电路

结合图 3-2 和图 3-6,可知 PIO0_23 管脚通过网标 USER_ADC0 与滑动变阻器 R25 相连接,滑动变阻器提供 0～3.3 V 变化的电压输出,借助 LPC824 芯片内部的 ADC 对该模拟电压信号进行采样处理。当 P4 的第 2-3 脚相连时,PIO0_0 管脚与网标 USER_BUT1 相连,当按键 S18 被按下时,USER_BUT1 将由高电平转变为低电平。

3.6　DS18B20 电路

LPC824 学习板上的温度测量电路如图 3-7 所示。

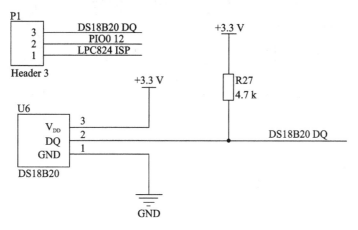

图 3-7　温度测量电路

在图 3-7 中，把 P1 的第 2-3 脚相连，可使得 PIO0_12 与 DS18B20_DQ 网标相连，从而借助于温度传感器 DS18B20 获取数字温度数据。

3.7　ZLG7289B 电路

LPC824 学习板上集成了一片 ZLG7289B 芯片，通过 ZLG7289B 可以驱动多个用户按键和 LED 灯。一片 ZLG7289B 最多可同时驱动 64 个按键和 64 个 LED 灯，在 LPC824 学习板上，使用 ZLG7289B 驱动了 16 个按键、8 个 LED 灯和 1 个四合一七段数码管，如图 3-8 至图 3-12 所示。

ZLG7289B 芯片的电路连接比较规范，它需要外接 4～16 MHz 晶振，在图 3-8 中使用了 12 MHz 晶振。ZLG7289B 通过四线 SPI 口与 LPC824 连接，即图 3-8 中 ZLG7289B 的第 6～9 脚，这四个脚模拟了 SPI 通信协议的操作。结合图 3-2 可知，ZLG7289B 的第 6～9 脚借助网标 7289CS、7289CLK、7289DIO 和 7289INT 依次与 LPC824 芯片的第 13、14、10 和 12 脚相连接。由图 3-8 可知，ZLG7289B 工作在 3.3 V 电源下，具有外部 RC 复位电路，通过 8 个段信号管脚(或行信号管脚)KR0～KR7 和 8 个位信号管脚(或列信号管脚)KC0～KC7，驱动外部的 LED 灯、按键和数码管。

图 3-9 为 ZLG7289B 与四合一七段数码管的连接电路；图 3-10 为 ZLG7289B 与 8 个 LED 灯的连接电路；图 3-11 为 ZLG7289B 与 16 个按键的连接电路。由于图 3-9 中使用了带时间显示功能的数码管，图 3-12 用于驱动时间显示用的分隔符"："。

结合图 3-2 和图 3-8 以及图 3-12 可知，ZLG7289B 模块与 LPC824 间有 5 个连接，即图 3-2 中的网标 7289INT、7289CLK、7289CS、7289DIO 和 USER_D3D4，占用了 LPC824 的 5 个 GPIO 口，这里依次使用了 PIO0_1 和 PIO0_8～PIO0_11。

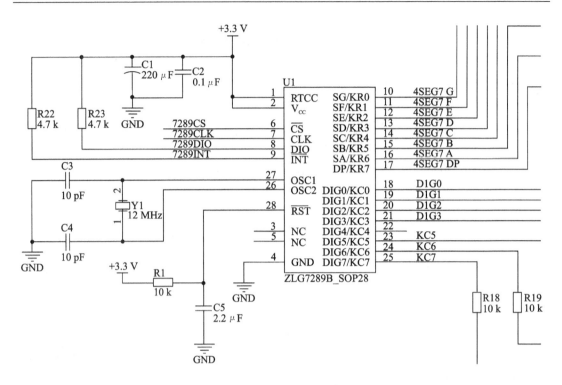

图 3-8 ZLG7289B 电路-I

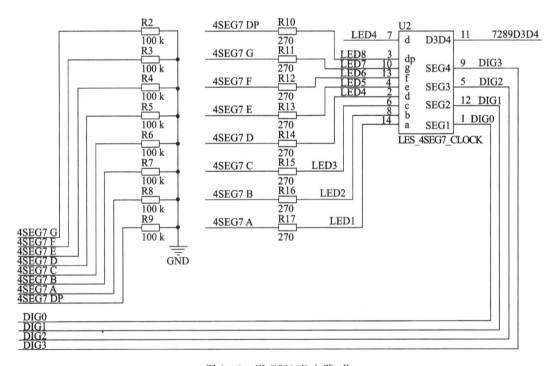

图 3-9 ZLG7289B 电路-II

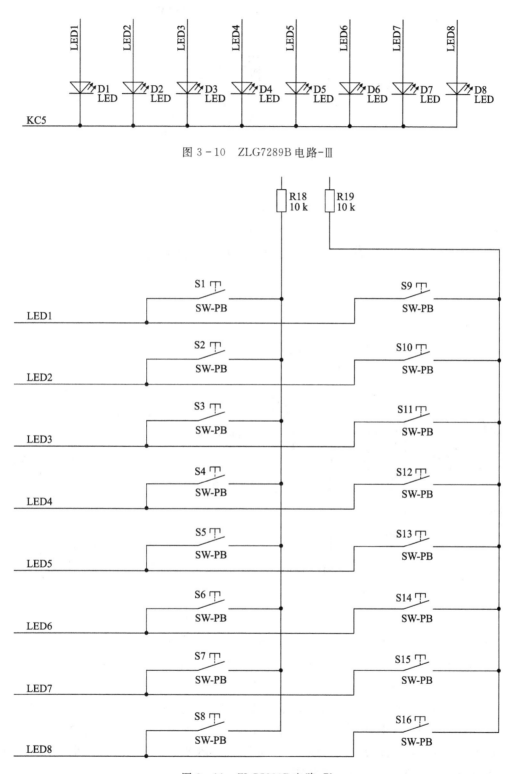

图 3-10 ZLG7289B 电路-Ⅲ

图 3-11 ZLG7289B 电路-Ⅳ

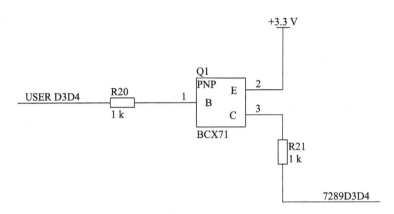

图 3－12   ZLG7289B 电路-Ⅴ

3.8   SWD、ISP 和复位电路

LPC824 学习板上的 SWD 串行调试电路、在系统编程（ISP）电路和复位电路如图 3－13 所示。

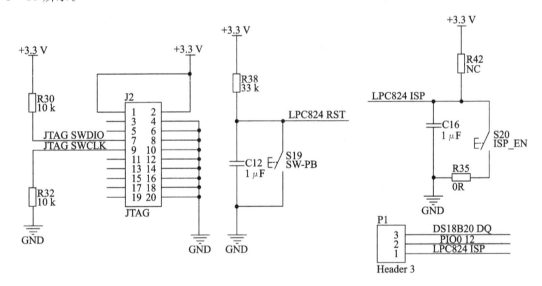

图 3－13   SWD、ISP 和复位电路

SWD 串行调试只需要占用数据和时钟两个端口，结合图 3－2 和图 3－13 可知，JTAG 接口 J2 通过网标 JTAG_SWDIO 和 JTAG_SWCLK 与 LPC824 芯片的 SWDIO（PIO0_2）和 SWCLK（PIO0_3）管脚相连接。

在图 3－13 中，使用了带手动按键复位功能的复位电路，通过网标 LPC824_RST 与图 3－2 中LPC824 的 RESET（PIO0_5）管脚相连。当 LPC824 学习板上电时，通过 RC 电路复位 LPC824 芯片，称为"启动"或"冷启动"；当 LPC824 学习板处于带电工作状态时，按下 S19 将复位 LPC824 芯片，称为"热复位"。

当图 3－13 中 P1 的第 1－2 脚相连时，LPC824 学习板上电过程中，按下 S20 按键，则使 LPC824 进入 ISP 模式，此时可通过串口访问 LPC824 的存储空间，并可向指定的 Flash 空间下载程序代码。

3.9　LCD 屏接口电路

LPC824 学习板上集成了一块 128×64 点阵式 LCD 屏，与 LPC824 的电路连接如图 3-14 所示。

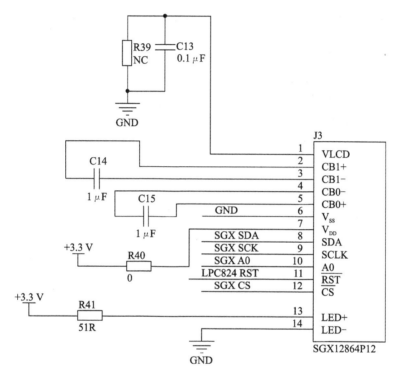

图 3-14　128×64 点阵屏 LCD 接口电路

结合图 3-2 和图 3-14 可知，LPC824 学习板选用的 SGX12864 屏为串口通信的 LCD 屏，通过 4 根线与 LPC824 连接，即 SGX_CS、SGX_SDA、SGX_A0 和 SGX_SCK，占用了 LPC824 的 PIO0_13～PIO0_15 和 PIO0_17，同时和 LPC824 共用复位信号 LPC824_RST。

3.10　Keil MDK 工程框架

Keil 公司(www.keil.com)专注于微控制器开发软件和调试连接工具的设计，最初由德国慕尼黑的 Keil Elektronik GmbH 和美国德克萨斯州的 Keil Software Inc 联合经营，于 2005 年被 ARM 公司收购，之后，两家公司更名为 ARM Germany GmbH 和 ARM Ltd，目前主要产品有 6 类，即 ARM、C166、C51 和 C251 开发工具以及调试适配器和评估板等。

Keil MDK 微控制器集成开发环境是 Keil 设计的易学易用的开发工具，支持 Cortex-M、Cortex-R4、ARM7 和 ARM9 系列微处理器内核，使用 ARM C/C++编译连接工具，其专业版提供了 TCP/IP 网络服务包、USB 设备和 USB 主机协议栈以及 GUI 图形用户界面库等组件，兼容 CMSIS 库，最新版工作界面为 μVision5 IDE，集成了良好的编辑、编译、连接和调试界面，Keil MDK 在国内高校和工程界得到了普及应用。截止 2015 年 6 月，Keil MDK 的最新版本为 V5.14，本书使用了该版本。

现在将 LPC824 学习板的 JTAG 接口（图 3 - 13 中的 J2）通过 ULINK2 仿真器与计算机的 USB 口相连接，LPC824 学习板的串口（图 3 - 5 中的 J4）通过 USB 转串口线与计算机的另一个 USB 口相连接，将 LPC824 学习板的电源接口（图 3 - 3 中的 J1）接上＋5 V 直流电源，按下电源开关（图 3 - 3 中的 S17），此时电源指示灯 D10 发光（图 3 - 3 中的 D10）。这样整个 LPC824 硬件工作平台就准备就绪了。

从 www.keil.com 网站下载最新版本的 Keil MDK 安装软件包，按照安装提示将 Keil MDK 安装在计算机上，本书使用的笔记本计算机配置为：Intel I5 双核 M460 处理器，工作频率为 2.53 GHz；内存 2 GB；硬盘 500 GB；14 寸液晶显示屏；Windows 7 SP1 32 位系统。安装好 Keil MDK 软件后，还要根据安装提示安装芯片支持包。安装完成后，计算机桌面上将出现 Keil μVision5 快捷图标，双击该图标启动 Keil MDK 集成开发环境，如图 3 - 15 所示。

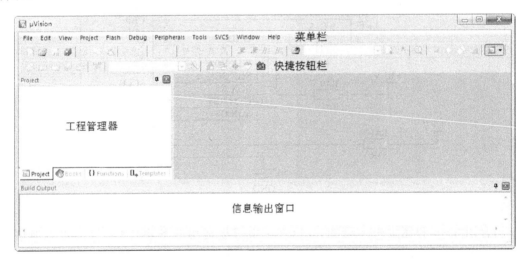

图 3 - 15　Keil MDK v5 集成开发环境启动界面

在计算机 D 盘中创建目录 ZLXLPC824，该目录为本书全部工程文件的总目录。在目录 ZLXLPC824 下创建子目录 ZLX01，子目录 ZLX01 本书第一个工程文件的保存目录。在子目录 ZLX01 下创建三个新的子目录，即 BSP、μCOS_Ⅱ和 User，分别用于保存工程中的板级支持包文件、μC/OS - Ⅱ系统文件和用户文件。

在图 3 - 15 中，点击菜单"Project→New μVision Project…"，在弹出的对话框中找到路径：D:\ZLXLPC824\ZLX01，如图 3 - 16 所示。

在图 3 - 16 所示的对话框窗口中，输入工程文件名 LPC824PRJ（扩展名自动为.uvprojx），点击"保存(S)"按钮，将工程 LPC824PRJ 保存到目录"D:\ZLXLPC824\ZLX01"下，同时，将弹出如图 3 - 17 所示对话框。

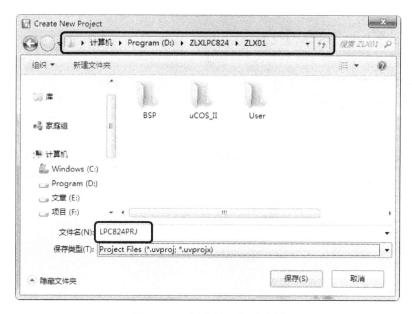

图 3-16 创建新工程对话框

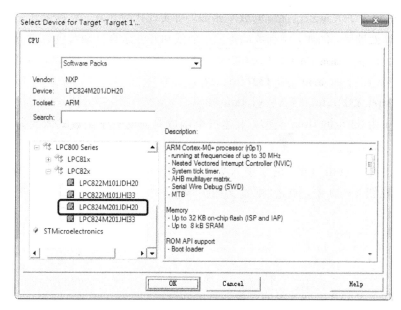

图 3-17 选择目标芯片对话框

在图 3-17 中，选择"LPC824M201JDH20"芯片，在图中有对该芯片的特性描述，然后，点击"OK"按钮进入如图 3-18 所示界面。

在图 3-18 中，选择"CMSIS"下的"CORE"和"DSP"以及"Device"下的"Startup"，即将基于 Cortex-M0＋内核的 LPC824 芯片片上外设支持库、数字信号处理算法库和异常与中断向量表文件包括在新创建的工程 LPC824PRJ 中。这里的 CMSIS，是指"Cortex Microcontroller Software Interface Standard"（Cortex 微控制器软件接口），当前版本号为 4.0，其中定义了基于 Cortex-M 微控制器的芯片的全部寄存器。需要说明的是，当要使用数字信号处理算法库中的函数时，需要在用户程序中包括头文件"arm_math.h"，数字信号处理

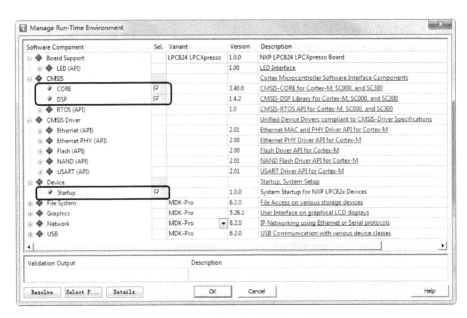

图 3 - 18　选择芯片支持库对话框

(DSP)算法库中包含了大量经过优化的数学函数，可实现代数运算、复数运算、矩阵运算、数字滤波器和统计处理等，例如，浮点数的正弦、余弦和开方运算分别对应着以下三个函数

$$\text{float32\_t} \quad y = \textbf{arm\_sin\_f32}(\text{float32\_t} \quad x)$$

$$\text{float32\_t} \quad y = \textbf{arm\_cos\_f32}(\text{float32\_t} \quad x)$$

$$\textbf{arm\_sqrt\_f32}(\text{float32\_t} \quad x, \text{float32\_t} \quad * y)$$

这里，float32_t 为 32 位的 float 类型，上述三个函数对应的数学函数式依次为 $y = \sin(x)$、$y = \cos(x)$ 和 $* y = \sqrt{x}$。

在图 3 - 18 中，点击"OK"按钮进入如图 3 - 19 所示界面。图 3 - 19 为新建的工程 LPC824PRJ，在图 3 - 19 中，点击"配置文档扩展名、书和环境"快捷按钮，进入如图 3 - 20 所示界面。

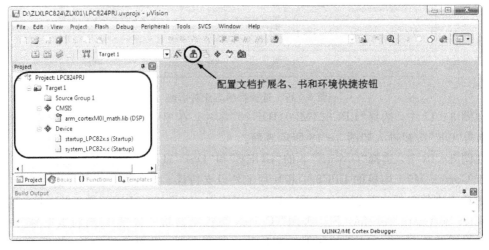

图 3 - 19　工程 LPC824PRJ 主界面-I

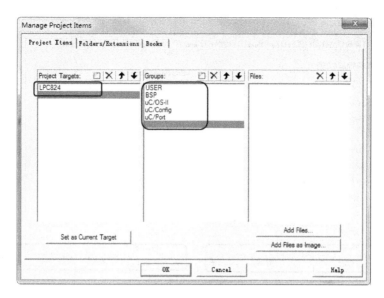

图 3 - 20　管理工程项目对话框

在图 3 - 20 中，将"Project Targets"设置为 LPC824，在"Groups"下设置五个分组，即 USER、BSP、μC/OS-Ⅱ、μC/Config 和 μC/Port，分别用于管理用户程序文件、板级支持包文件、μC/OS-Ⅱ系统文件、μC/OS-Ⅱ配置文件和 μC/OS-Ⅱ移植文件。在图 3 - 20 中点击"OK"按钮进入图 3 - 21 所示界面。

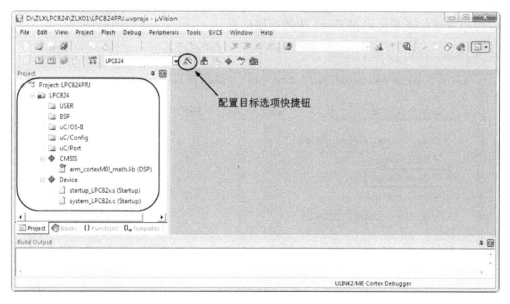

图 3 - 21　工程 LPC824PRJ 主界面-Ⅱ

在图 3 - 21 中，点击"配置目标选项"快捷钮，进入图 3 - 22 所示对话框。图 3 - 22 至图 3 - 26 均为配置工程选项对话框。

在图 3 - 22 中，设置 LPC824 的片上 Flash 存储空间为 0x0～0x8000（即 32 KB），选中"Startup"表示 LPC824 芯片复位后从 Flash 执行程序（即复位后 PC 指向地址 0x04 处开始执行）。然后，设置片上 RAM 空间起始地址为 0x1000 0000，空间大小为 0x2000（即 8 KB）。

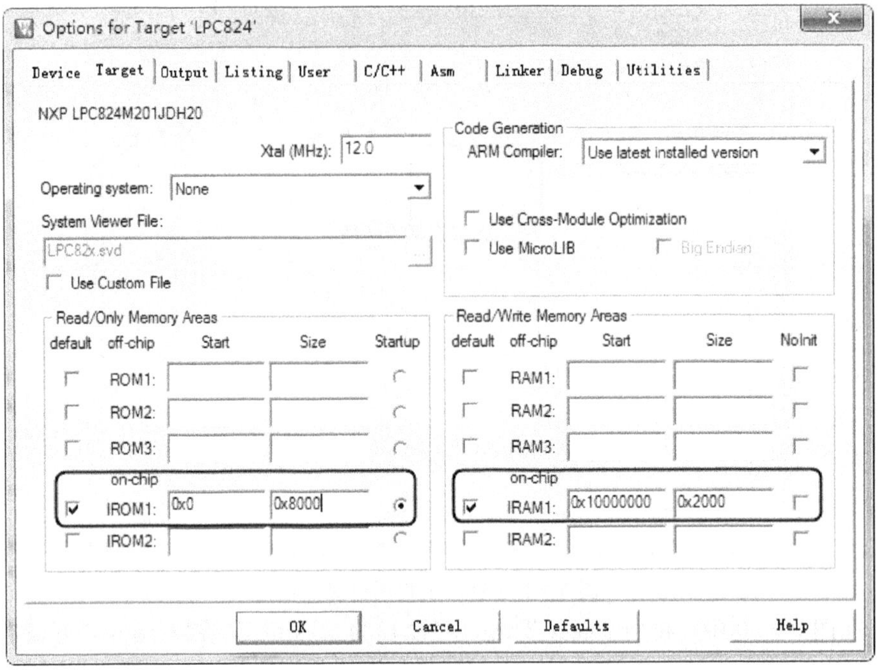

图 3 - 22　"Target"目标选项卡

在图 3 - 23 中的输出选项卡中，设置编译连接后的目标文件名为"LPC824PRJ"，同时，选中"Create HEX File"，表示创建 Intel HEX 格式目标文件，这类目标文件是 ASCⅡ 文件，可以方便地查看代码在 Flash 中的存储位置。

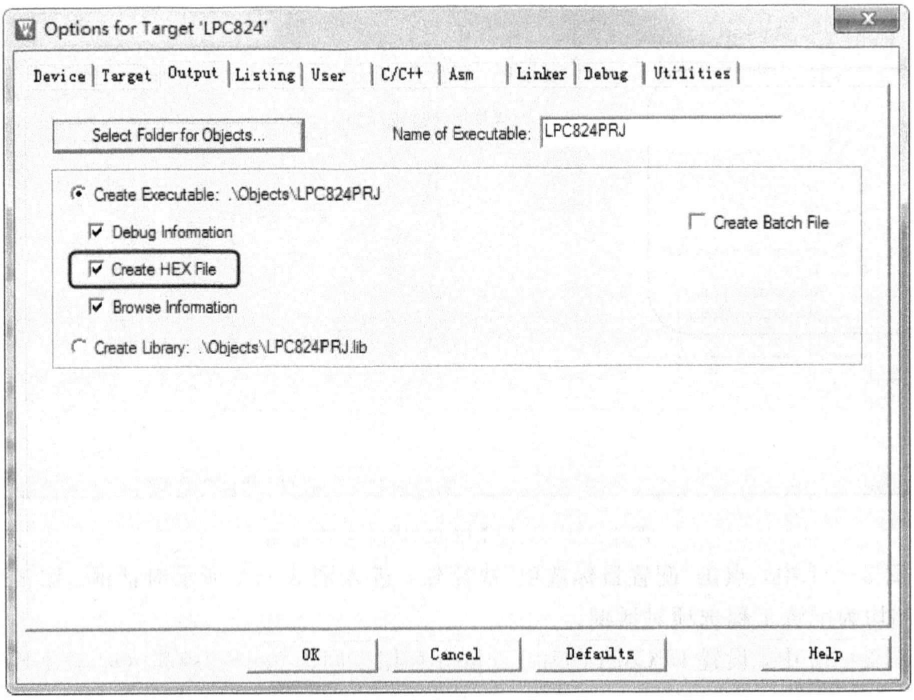

图 3 - 23　"Output"输出选项卡

在图 3 - 24 所示"C/C++"选项卡中，设置包括路径为".\BSP;.\User;.\μCOS_Ⅱ"，这里的"."表示工程 LPC824PRJ 所在的目录"D:\ZLXLPC824\ZLX01"。

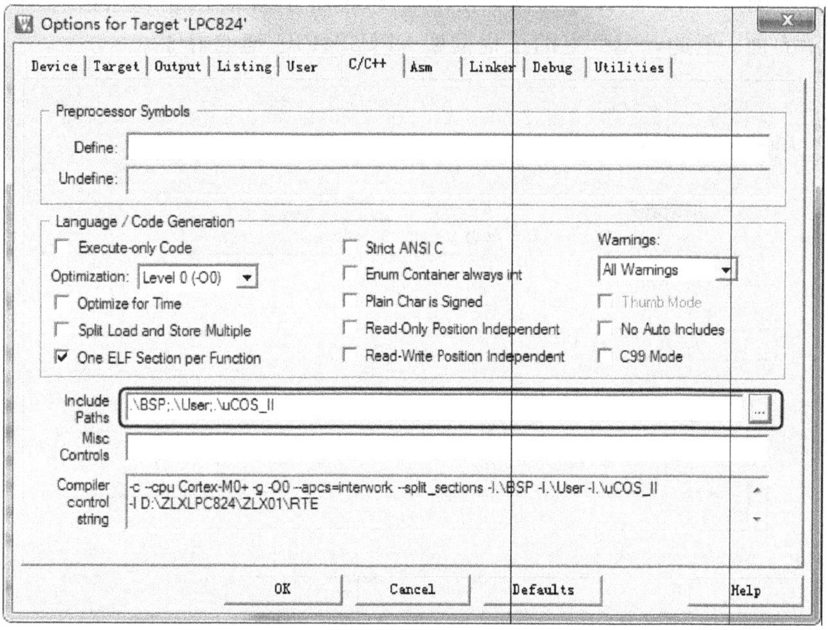

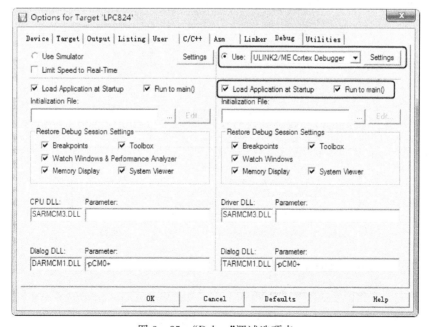

图 3 - 24　"C/C++"选项卡

在图 3 - 25 所示"Debug"选项卡中，选中"ULINK2/ME Cortex Debugger"表示使用 ULINK2 仿真器，勾选"Load Application at Startup"和"Run to main()"表示仿真运行工程时，PC 指针自动运行到 C 语言程序的 main 函数处，然后，停在 main 函数处等待新的调试命令。在图 3 - 25 中，点击"Settings"进入图 3 - 26 所示对话框。

图 3 - 25　"Debug"调试选项卡

在图 3 - 26 中，当 LPC824 学习板通过 ULINK2 仿真器与计算机连接正常时，将显示 "0x0BC11477 ARM CoreSight SW-DP"，表示串行仿真调试连接正常。在图 3 - 26 中点击 "OK" 按钮回到图 3 - 25 所示对话框，在图 3 - 25 所示对话框中，点击 "OK" 按钮回到图 3 - 21 所示界面。至此，一个空的工程框架 LPC824PRJ 建立好了。

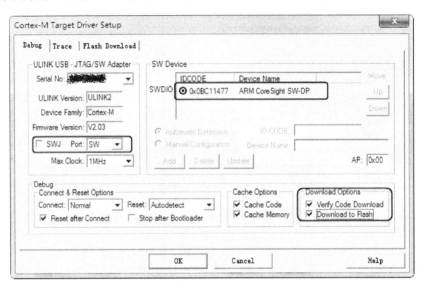

图 3 - 26　仿真器连接配置

在 3.3 小节图 3 - 4 中，将 P2 的第 2 - 3 脚用跳线帽短接，将 P3 的第 2 - 3 脚用跳线帽短接，此时，LPC824 芯片的 PIO0_4 端口将控制 LED 灯 D9 的闪烁，如果 PIO0_4 输出低电平，则 D9 亮；如果 PIO0_4 输出高电平，则 D9 灭。

在图 3 - 21 中，双击工程文件管理器中 "Device" 分组下的 "system_LPC82x.c(Startup)" 文件，选择 "Configuration Wizard" 图形工作界面，如图 3 - 27 所示。

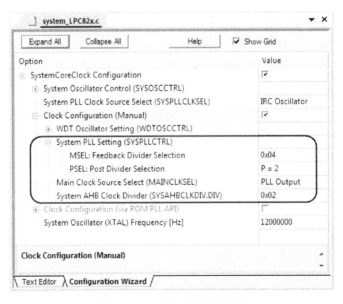

图 3 - 27　系统时钟配置界面

在图 3-27 中，将 MSEL 设为 0x04，将 P 设为 2，由第 2.7 节表 2-15 可知，这里将 LPC824 芯片的系统时钟配置为 30 MHz。

下面在图 3-21 的基础上，点击菜单"File→New… Ctrl＋N"，在弹出的文本编辑器中，创建一个代码文件，并保存为 main. c。文件 main. c 的代码如程序段 3-1 所示。

程序段 3-1　main. c 文件

```
1    //Filename：main. c
2
3    # include "includes. h"
4
5    int main(void)
6    {
7      BSPInit()；
8
9      while(1)
10     {
11       LEDDelayMS(1000uL)；
12       LEDBlink()；
13     }
14   }
```

在上述程序段 3-1 中，第 3 行包括头文件"includes. h"，该头文件为工程中的总的头文件，它包括了工程中其他的头文件。第 5 行为 main 函数头，在 Keil MDK 中，建议返回值为 int 型，且一个 void 类型的空参数。第 7 行调用 BSPInit 函数初始化 LPC824 学习板的外设。第 9～13 行为 while 型的无限循环体，第 11 行调用 LEDDelayMS 函数延时约 1 秒，第 12 行调用 LEDBlink 函数，使 LED 灯 D9 闪烁。这里的函数 BSPInit 定义在 bsp. c 文件中，函数 LEDBlink 和 LEDDelayMS 定义在 led. c 文件中。

按照上述 main. c 文件创建的方法，依次创建 includes. h、datatype. h、led. c、led. h、bsp. c 和 bsp. h 文件，这些文件的代码如程序段 3-2 至程序段 3-7 所示。

程序段 3-2　includes. h 文件

```
1    //Filename：includes. h
2
3    # include "LPC82x. h"
4
5    # include "datatype. h"
6    # include "bsp. h"
7    # include "led. h"
```

头文件 includes. h 是工程中总的头文件，它包括了工程中其他的头文件。LPC82x. h 头文件为 CMSIS 库头文件，宏定义了 LPC824 芯片的外设寄存器；datatype. h 是自定义的头文件，其中定义了自定义变量类型；bsp. h 为自定义的头文件，其中定义了 bsp. c 文件中的函数声明；led. h 为自定义的头文件，其中定义了 led. c 文件中的函数声明。

程序段 3 - 3　datatype. h 文件

```
1      //Filename：datatype. h
2
3      #ifndef _DATATYPE_H
4      #define _DATATYPE_H
5
6      typedef unsigned char   Int08U；
7      typedef signed char     Int08S；
8      typedef unsigned short  Int16U；
9      typedef signed short    Int16S；
10     typedef unsigned int    Int32U；
11     typedef signed int      Int32S；
12
13     typedef float           Float32；
14
15     #endif
```

头文件 datatype. h 定义了自定义变量类型，依次为无符号 8 位整型 Int08U、有符号 8 位整型 Int08S、无符号 16 位整型 Int16U、有符号 16 位整型 Int16S、无符号 32 位整型 Int32U、有符号 32 位整型 Int32S 和 32 位浮点型小数 Float32。

程序段 3 - 4　led. c 文件

```
1      //Filename：led. c
2
3      #include "includes. h"
4
5      void   LEDInit(void)
6      {
7        LPC_IOCON->PIO0_4 = (1uL<<3) | (1uL<<7)；//PIO0_4 As GPIO
8        LPC_GPIO_PORT->DIRSET0 = (1uL<<4)；        //PIO0_4 As Output
9      }
10
```

第 5～9 行的 LEDInit 函数用于初始化 LED 灯 D9(见图 3 - 4)的控制，第 7 行配置 PIO0_4 为通用目的输入输出口，第 8 行配置 PIO0_4 为数字输出口。这里的 LPC_IOCON 结构体定义在头文件 LPC82x. h 中，"LPC_IOCON->PIO0_4"就是访问 IOCON 模块的 PIO0_4 寄存器(表 2 - 8 第 5 号)，也可使用下面的方式访问：

#define IOCON_PIO0_4   *(volatile Int32U *)0x40044010 //定义在文件头部

IOCON_PIO0_4 = (1uL<<3) | (1uL<<7)；

上面这两条语句的作用与第 7 行相同。第 8 行的 LPC_GPIO_PORT 结构体定义在头文件 LPC82x. h 中，"LPC_GPIO_PORT->DIRSET0"就是访问 GPIO 口寄存器 DIRSET0 (见表 2 - 11)，这里将 PIO0_4 设置为输出口。

```
11    void   LEDBlink(void)
12    {
13        LPC_GPIO_PORT->NOT0 = (1uL<<4);   //Toggle Output
14    }
15
```

第 11~14 行的 LEDBlink 函数调用第 13 行语句使 PIO0_4 的输出反转,如果 PIO0_4 原来为低电平,则调用后 PIO0_4 输出高电平;如果 PIO0_4 为高电平,则调用后 PIO0_4 输出低电平。

```
16    void   LEDDelayMS(Int32U m)    //Delay about m-ms
17    {
18        Int32U i, j;
19        for(i=0; i<m; i++)
20        {
21            for(j=0; j<3000; j++);
22        }
23    }
```

第 16~23 行的 LEDDelayMS 函数为延迟函数,具有一个 32 位整型参数 m,当 LPC824 工作在 30 MHz 时钟下时,延时约为 m 毫秒。

由程序段 3-4 可知,文件 led.c 中定义了 3 个函数,即 LEDInit、LEDBlink 和 LEDDelayMS,分别表示 LED 灯 D9 的控制初始化(见图 3-4)、LED 灯闪烁和延时函数。

程序段 3-5   led.h 文件

```
1     //Filename: led.h
2
3     # include "datatype.h"
4
5     # ifndef _LED_H
6     # define _LED_H
7
8     void   LEDInit(void);
9     void   LEDBlink(void);
10    void   LEDDelayMS(Int32U);
11
12    # endif
```

文件 led.h 中给出了在 led.c 文件中定义的函数的声明语句,使得包括了 led.h 头文件的文件都可以调用第 8~10 行声明的函数。

程序段 3-6   bsp.c 文件

```
1     //Filename: bsp.c
2
3     # include "includes.h"
```

```
4
5    void   BSPInit(void)
6    {
7        LEDInit();
8    }
```

文件 bsp.c 中定义了函数 BSPInit，用于初始化 LPC824 学习板上的全部外设资源，由于工程 LPC824PRJ 中仅使用 LED 灯，所以，这里仅调用了 LEDInit 函数（第 7 行），初始化 LPC824 芯片的 PIO0_4 端口（见图 3-4）。

程序段 3-7　bsp.h 文件

```
1    //Filename:bsp.h
2
3    #ifndef _BSP_H
4    #define _BSP_H
5
6    void BSPInit(void);
7
8    #endif
```

头文件 bsp.h 中给出了在文件 bsp.c 中定义的函数 BSPInit 的声明语句，使得包括了头文件 bsp.h 的文件都可以调用 BSPInit 函数。

上述文件中，main.c、includes.h 和 datatype.h 文件保存到 D:\ZLXLPC824\ZLX01\User 目录下，bsp.c、bsp.h、led.c 和 led.h 文件保存到 D:\ZLXLPC824\ZLX01\BSP 目录下，此时，工程 LPC824PRJ 的目录文件结构如图 3-28 所示。

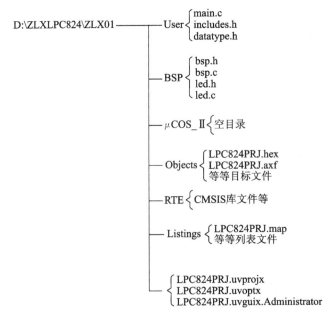

图 3-28　LPC824PRJ 目录结构

在图 3-28 所示目录"D：\ZLXLPC824\ZLX01"中，除了用户创建的子目录 User、BSP 和 μCOS_Ⅱ外，还有三个 Keil MDK 自动创建的子目录 Objects、RTE 和 Listings。其中，Objects 子目录用于保存工程编译链接后生成的中间目标文件和最终可执行目标文件，如 LPC824PRJ.hex 和 LPC824PRJ.axf 等；RTE 子目录用于保存 CMSIS 库文件和启动配置文件等，如 system_LPC82x.c 和 startup_LPC82x.s 文件等；Listings 子目录用于保存存储配置文件和列表文件，如 LPC824PRJ.map 等。注意，不能修改 Keil MDK 自动创建的子目录和文件。

目录"D：\ ZLXLPC824 \ ZLX01"下还有三个 Keil MDK 创建的文件，即 LPC824PRJ.uvprojx、LPC824PRJ.uvoptx 和 LPC824PRJ.uvguix.Administrator，这三个文件依次为工程文件、工程选项配置文件和集成环境配置文件，用户不能直接修改这三个文件的内容。

现在，回到图 3-21，双击工程文件管理器中的"USER"分组名，在弹出的对话框中选择文件"D：\ZLXLPC824\ZLX01\main.c"，可将 main.c 添加到"USER"分组下；同样方法，双击"BSP"分组名，将 bsp.c 和 led.c 添加到"BSP"分组下。完成后的工程 LPC824PRJ 如图 3-29 所示。

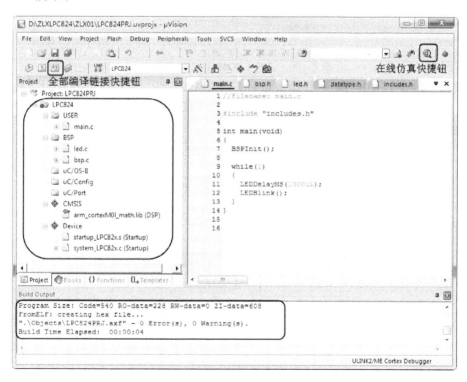

图 3-29　工程 LPC824PRJ 主界面-Ⅲ

在图 3-29 中，按下"全部编译链接"快捷按钮，在"Build Output"子窗口将输出编译链接信息，其中"Code=540　RO-data=228　RW-data=0　ZI-data=608"表示可执行代码为 540 B，只读常数数据为 228 B，可读可写数据为 0 B，初始化为零的数据为 608 B。这里，前两者占用 Flash 空间，后两者分配在 SRAM 空间。

编译连接正确后，点击图 3-29 右上方的"在线仿真"快捷按钮，将进入在线调试仿真界面，如图 3 - 30 所示。

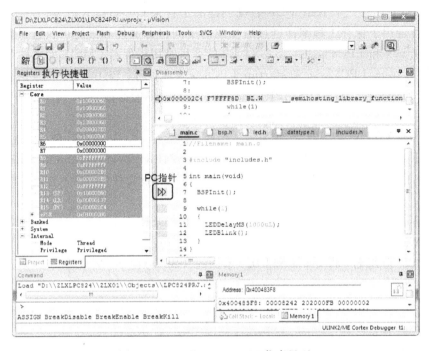

图 3 - 30　工程 LPC824PRJ 仿真界面

在图 3 - 30 中，点击"执行"快捷按钮，工程 LPC824PRJ 将借助于 ULINK2 仿真器在 LPC824 芯片内部执行，此时，可以看到 LED 灯 D9 每秒闪烁一次。工程 LPC824PRJ 的执行过程如图 3 - 31 所示。

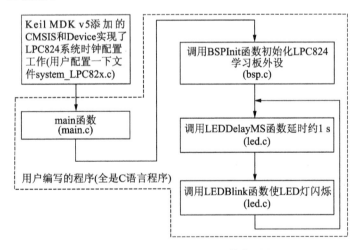

图 3 - 31　工程 LPC824PRJ 执行过程

本 章 小 结

本章详细地介绍了 LPC824 学习板的电路原理，LPC824 学习板主要包括 LPC824 芯片核心电路、电源电路、LED 驱动电路、蜂鸣器驱动电路、串口通信电路、用户按键电路、

ADC 电路、温度传感器电路、数码管驱动电路、串口调试 SWD 电路、在系统编程 ISP 电路、复位电路和 LCD 屏显示驱动电路等模块,是基于 LPC824 芯片的典型的硬件开源电路。然后,基于 LPC824 学习板和 Keil MDK 集成开发环境,详细阐述了函数级别的工程程序设计方法,可以本章中的工程为框架,在其中添加新的功能函数或用户文件,实现用户所需要的功能。本书后面章节出现的工程均基于 LPC824 学习板和 Keil MDK 软件。

值得一提的是,除了 Keil MDK 集成开发环境外,IAR EWARM 也是开发 ARM 应用程序的首选集成开发环境,全称为 IAR Embedded Workbench for ARM,至 2015 年 4 月最新版本号为 V7.4。EWARM 是瑞典 IAR 公司(www.iar.com)开发的软件,工作界面友好,可靠性极高,版本间继承性好,其主要特点为:开发环境集成了项目(工程)管理器和代码编辑器,独创地针对 ARM 芯片的高度优化的 C/C++代码编译器,支持 μC/OS-Ⅱ 等实时操作系统插件,具有先进的目标代码链接器以及对绝大多数 ARM 芯片的支持库等。因此,EWARM 在工程和科研领域得到了广泛认可。参考文献[9,10]详细介绍了 EWARM 软件的使用,并且,基于 Keil MDK 的工程可以移植为 EWARM 下的工程。

第四章　异常与中断管理

本章将介绍 LPC824 微控制器的异常与中断处理方法，重点介绍 SysTick 定时器中断、多速率定时器中断和外部中断的响应方法，其他异常与中断的管理方法与之类似。在启动文件 startup_LPC82x. s 中定义了中断向量表，以汇编语言的格式为各个异常和中断分配了地址标号，如表 4-1 所示。

表 4-1　异常与中断向量的地址标号

中断号	异常或中断名	地址标号
	Reset	Reset_Handler
	NMI	NMI_Handler
	HardFault	HardFault_Handler
	SVCall	SVC_Handler
	PendSV	PendSV_Handler
	SysTick	SysTick_Handler
0	SPI0_IRQ	SPI0_IRQHandler
1	SPI1_IRQ	SPI1_IRQHandler
3	UART0_IRQ	UART0_IRQHandler
4	UART1_IRQ	UART1_IRQHandler
5	UART2_IRQ	UART2_IRQHandler
7	I2C1_IRQ	I2C1_IRQHandler
8	I2C0_IRQ	I2C0_IRQHandler
9	SCT_IRQ	SCT_IRQHandler
10	MRT_IRQ	MRT_IRQHandler
11	CMP_IRQ	CMP_IRQHandler
12	WDT_IRQ	WDT_IRQHandler
13	BOD_IRQ	BOD_IRQHandler
14	FLASH_IRQ	FLASH_IRQHandler
15	WKT_IRQ	WKT_IRQHandler
16	ADC_SEQA_IRQ	ADC_SEQA_IRQHandler
17	ADC_SEQB_IRQ	ADC_SEQB_IRQHandler
18	ADC_THCMP_IRQ	ADC_THCMP_IRQ
19	ADC_OVR_IRQ	ADC_OVR_IRQHandler

中断号	异常或中断名	地址标号
20	DMA_IRQ	DMA_IRQHandler
21	I2C2_IRQ	I2C2_IRQHandler
22	I2C3_IRQ	I2C3_IRQHandler
24	PININT0_IRQ	PIN_INT0_IRQHandler
25	PININT1_IRQ	PIN_INT1_IRQHandler
26	PININT2_IRQ	PIN_INT2_IRQHandler
27	PININT3_IRQ	PIN_INT3_IRQHandler
28	PININT4_IRQ	PIN_INT4_IRQHandler
29	PININT5_IRQ	PIN_INT5_IRQHandler
30	PININT6_IRQ	PIN_INT6_IRQHandler
31	PININT7_IRQ	PIN_INT7_IRQHandler

表 4-1 中用汇编语言表示的各个异常与中断的地址标号，也用作 C 语言的异常与中断服务函数名，例如，SysTick 定时中断的中断服务函数为"void　SysTick_Handler(void)"。

4.1　LPC824 异常管理

LPC824 微控制器的异常就是 Cortex-M0+ 的 6 个异常，即 Reset、NMI、HardFault、SVCall、PendSV 和 SysTick，见 1.6 节表 1-11。其中，Reset、NMI 和 HardFault 异常的优先级依次为 -3、-2 和 -1。SVCall、PendSV 和 SysTick 异常的优先级可以配置为 0、1、2 或 3，由系统异常优先级寄存器 SHPR2 和 SHPR3 设定，见表 1-1。

LPC824 异常的管理方法为：首先，配置异常，或称为初始化异常，异常是不能关闭的，所以，初始化异常是指设定异常产生的方式；然后，编写异常服务函数，在异常服务函数中添加对异常的响应处理。下面以 SysTick 异常（习惯上称 SysTick 定时器中断）为例，介绍异常的程序设计方法。

在项目 ZLX01 中，main 函数实现 LED 灯闪烁的方式为：在无限循环体中，重复执行"延时约 1 秒再使 LED 灯闪烁"的操作。这种方式的缺点在于用户需要的 LED 灯闪烁功能只占用极少的 CPU 时间，而绝大部分 CPU 工作时间被延时函数占用，无法执行其他的操作。为了消除延时函数的影响，现在可用 SysTick 定时器中断服务实现 LED 灯闪烁功能，使得 main 函数的无限循环体中不再需要延时函数。

在项目 ZLX01 的基础上，新建项目 ZLX02，保存在目录"D:\ZLXLPC824\ZLX02"中，此时的项目 ZLX02 与 ZLX01 完全相同（注意：工程文件名也相同）。新建文件 systick.c 和 systick.h（这两个文件均保存到 D:\ZLXLPC824\ZLX02\BSP 目录下），并修改原来的 main.c、includes.h 和 bsp.c 文件，这些文件的代码和说明如程序段 4-1 至程序段 4-5 所示，项目 ZLX02 实现的功能如图 4-1 所示。

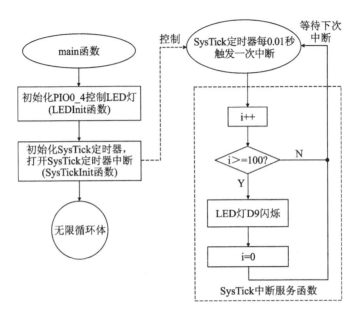

图 4-1　项目 ZLX02 的功能框图

程序段 4-1　systick. c 文件

```
1      //Filename：systick. c
2
3      # include "includes. h"
4
5      void SysTickInit(void)
6      {
7        SysTick->LOAD=300000-1；
8        SysTick->VAL=0；
9        SysTick->CTRL=(1uL<<0)│(1uL<<1)│(1uL<<2)；
10     }
11
```

第 5～10 行的 SysTickInit 函数用于初始化 SysTick 定时器。第 7～9 行的 SysTick 结构体指针定义在 LPC82x. h 中，这里的"SysTick->LOAD、SysTick->VAL 和 SysTick->CTRL"分别对应着表 1-6 中的 SysTick 重装值寄存器 SYST_RVR、SysTick 当前计数值寄存器 SYST_CVR 和 SysTick 控制与状态寄存器 SYST_CSR。根据 1.5 节可知，当 LPC824 工作在 30 MHz 时钟下时，第 7 行将 SYST_RVR 设置为 300000-1，SysTick 定时器减计数到 0 的定时周期为 100 ms，即 SysTick 定时器中断频率为 100 Hz。第 8 行清零 SysTick 定时器的当前计数值，当 SysTick 定时器启动后，SYST_RVR 的值自动装入 SYST_CSR 中。第 9 行打开 SysTick 定时器中断，并启动 SysTick 定时器。

```
12     void SysTick_Handler(void)
13     {
14       static Int32U i=0；
15       i++；
16       if(i>=100)
```

```
17        {
18          LEDBlink();
19          i=0;
20        }
21    }
```

第 12～21 行的 SysTick_Handler 函数为 SysTick 定时器中断服务函数，函数名必须为 SysTick_Handler(由表 4-1 中查得)。第 14 行定义静态变量 i，每次 SysTick 中断到来后，i 的值自增 1(第 15 行)，当 i 的值大于或等于 100 时(第 16 行为真)，第 18 行调用 LEDBlink 函数使 LED 灯 D9 闪烁，然后，第 19 行清零 i。因此，每 100 次 SysTick 定时器中断，LEDBlink 函数将被调用一次，由于 SysTick 定时器中断的频率为 100 Hz，所以，LEDBlink 函数每秒被调用一次，即 LED 灯 D9 每秒闪烁一次。

程序段 4-2　systick.h 文件

```
1    //Filename：systick.h
2
3    #ifndef _SYSTICK_H
4    #define _SYSTICK_H
5
6    void SysTickInit(void);
7
8    #endif
```

文件 systick.h 中给出了文件 systick.c 中定义的函数 SysTickInit 的声明，这样包括了 systick.h 文件的程序文件可以任意使用 SysTickInit 函数。本书中，除了 main.c、includes.h 和 datatype.h 文件外，其余的任一个.c 文件都有同名的.h 文件存在，在.c 文件中定义实现特定功能的函数或任务，在与其同名的.h 文件中包含.c 文件中定义的函数的声明。

程序段 4-3　main.c 文件

```
1    //Filename：main.c
2
3    #include "includes.h"
4
5    int main(void)
6    {
7      BSPInit();
8
9      while(1)
10     {
11     }
12   }
```

与程序段 3-1 相比，这里的 while 无限循环体为空，main 函数的主要作用在于第 7 行，即调用 BSPInit 函数初始化 LPC824 学习板外设，这里实现了对控制 LED 灯 D9 的 PIO0_4 口和 SysTick 定时器的初始化。

程序段 4 - 4　includes. h 文件

```
1      //Filename：includes. h
2
3      # include "LPC82x. h"
4
5      # include "datatype. h"
6      # include "bsp. h"
7      # include "led. h"
8      # include "systick. h"
```

与程序段 3 - 2 相比，这里添加了第 8 行，即包括了头文件 systick. h。

程序段 4 - 5　bsp. c 文件

```
1      //Filename：bsp. c
2
3      # include "includes. h"
4
5      void    BSPInit(void)
6      {
7        LEDInit()；
8        SysTickInit()；
9      }
```

与程序段 3 - 6 相比，这里添加了第 8 行，即调用 SysTickInit 函数初始化 SysTick 定时器。第 5～9 行的 BSPInit 函数为 LPC824 学习板的外设初始化函数，后续工程中的外设初始化函数将被添加到该函数中。

将 systick. c 文件添加到工程 LPC824PRJ 管理器的 BSP 分组下，完成后的项目 ZLX02 如图 4 - 2 所示。

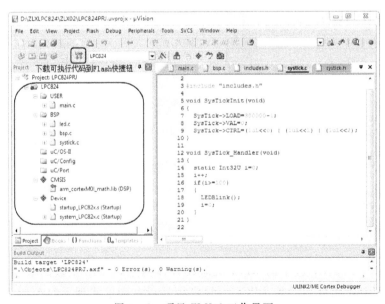

图 4 - 2　项目 ZLX02 工作界面

在图 4-2 中，编译链接项目 ZLX02，完成后，点击"下载可执行代码到 Flash"快捷钮，将可执行代码文件 LPC824PRJ. axf 下载到 LPC824 片上 Flash 中，然后，按一下 LPC824 学习板上的复位按键(图 3-13 中的 S19)，将观察到 LPC824 学习板上的 LED 灯 D9 每秒闪烁一次。

项目 ZLX02 实现的功能与 ZLX01 相同，但是，在 ZLX01 中，延时函数无法做到准确地延时 1 秒，并且延时函数占用了大量 CPU 时间，应该避免使用；而 ZLX02 中，使用 SysTick 定时器中断服务函数处理 LED 灯闪烁问题，能够保证 LED 灯的闪烁周期是准确的 1 秒，并且不占用 CPU 时间。

4.2　NVIC 中断管理

LPC824 微控制器的 NVIC 中断如表 2-6 所示，中断号从 0 至 31，共有 32 个，其中有效的中断为 28 个。每个 NVIC 中断对应着 6 个中断管理寄存器，如表 2-7 所示。NVIC 中断的管理方法为：首先，初始化 NVIC 中断对应的片上外设，有时一个片上外设有多个中断源，但这些中断都通过该外设使用同一个 NVIC 中断；然后，开放片上外设对应的 NVIC 中断，清除该 NVIC 中断的中断请求标志，可以为 NVIC 中断设定优先级；最后，编写 NVIC 中断的中断响应函数，一般地，中断响应函数包括两部分，即清除 NVIC 中断请求标志(有时还需要清除片上外设寄存器中的中断请求标志)和用户功能。

本节以多速率定时器 MRT 中断为例介绍 NVIC 中断的管理方法。由表 2-6 和表 4-1 可知，MRT 中断的中断号为 10，中断服务函数名为 MRT_IRQHandler。下面首先在 4.2.1 小节介绍 MRT 定时器的工作原理，然后，在 4.2.2 小节介绍 MRT 定时器中断管理方法。

4.2.1　多速率定时器 MRT

LPC824 的多速率定时器(MRT)是一个 31 位的减计数定时器，具有 4 个独立的减计数通道，相当于 4 个单独的定时器，支持重复定时、单拍定时和单拍延时等三种工作模式。所谓的重复定时工作模式是指定时器从给定的初值减计数到 0 后，产生定时中断，然后再自动装入初值，再次减计数到 0 产生定时中断，一直循环下去，类似于 SysTick 定时器的情况。单拍定时工作模式是指定时器从给定的初值减计数到 0 后，产生定时中断，然后定时器进入空闲态，不再循环工作，即这种情况下仅产生一次定时中断。单拍延时工作模式是指定时器从给定的初值减计数到 0 的过程中，LPC824 停止全部 CPU 活动和所有中断，定时器减计数到 0 后，不产生定时器中断，而是恢复 CPU 活动。

多速率定时器(MRT)的 4 个定时器通道的结构相同，下面以通道 0(MRT0)为例介绍其工作原理，如图 4-3 所示。

由图 4-3 可知，MRT0 的参考时钟为系统时钟，31 位减计数器的当前计数值保存在 TIMER0 寄存器中，计数的初值保存在 INTVAL0 寄存器中，当 TIMER0 减计数到 0 后，将产生定时中断，定时中断的标志同时保存在 STAT0 和 IRQ_FLAG 寄存器中。

MRT 定时器共有 18 个寄存器，如表 4-2 所示。

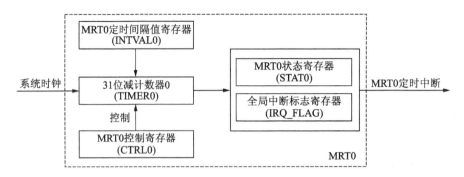

图 4 - 3　MRT 定时器通道 0(MRT0)工作原理

表 4 - 2　MRT 寄存器(基地址: 0x4000 4000)

寄存器名	偏移地址	类型	复位值	含　义
INTVAL0	0x00	R/W	0	MRT0 定时间隔值寄存器
TIMER0	0x04	RO	0x7FFF FFFF	MRT0 当前计数值寄存器
CTRL0	0x08	R/W	0	MRT0 控制寄存器
STAT0	0x0C	R/W	0	MRT0 状态寄存器
INTVAL1	0x10	R/W	0	MRT1 定时间隔值寄存器
TIMER1	0x14	R/W	0x7FFF FFFF	MRT1 当前计数值寄存器
CTRL1	0x18	R/W	0	MRT1 控制寄存器
STAT1	0x1C	R/W	0	MRT1 状态寄存器
INTVAL2	0x20	R/W	0	MRT2 定时间隔值寄存器
TIMER2	0x24	R/W	0x7FFF FFFF	MRT2 当前计数值寄存器
CTRL2	0x28	R/W	0	MRT2 控制寄存器
STAT2	0x2C	R/W	0	MRT2 状态寄存器
INTVAL3	0x30	R/W	0	MRT3 定时间隔值寄存器
TIMER3	0x34	R/W	0x7FFF FFFF	MRT3 当前计数值寄存器
CTRL3	0x38	R/W	0	MRT3 控制寄存器
STAT3	0x3C	R/W	0	MRT3 状态寄存器
IDLE_CH	0xF4	RO	0	MRT 空闲通道寄存器
IRQ_FLAG	0xF8	R/W	0	MRT 全局中断标志寄存器

由于 MRT 定时器的四个通道结构相同,因此,各个通道的寄存器的结构与含义也相同,所以这里仅介绍 MRT0 通道的寄存器含义。

1) INTVAL0 寄存器

INTVAL0 寄存器结构如表 4 - 3 所示,其中,向 IVALUE 位域写入正整数,将启动 MRT0 定时器,如果系统时钟为 30 MHz,当定时间隔为 1 秒时,IVALUE 需写入值 30000000 = 0x01C9 C380;同时将 LOAD 位的值置为 1,即 IVALUE - 1 的值立即赋给 MRT0 的 TIMER0 寄存器。

表 4-3 INTVAL0 寄存器各位的含义

位号	符号	复位值	含义
30:0	IVALUE	0	IVALUE-1 的值将装入 TIMER0 寄存器中。如果 MRT0 处于空闲态，向 IVALUE 写入正整数，立即启动 MRT0。如果 MRT0 处于工作态，向 IVALUE 写入正整数，当 LOAD=1 时，IVALUE-1 立即赋给 TIMER0；当 LOAD=0 时，则 MRT0 减计数到 0 后，再将 IVALUE-1 赋给 TIMER0。当 MRT0 处于工作态时，向 IVALUE 写入 0，当 LOAD=1 时，则 MRT0 立即停止工作；当 LOAD=0 时，则 MRT0 减计数到 0 后停止工作
31	LOAD	0	该位是只写位。当 LOAD=1 时，强制将 IVALUE-1 的值赋给 TIMER0；当 LOAD=0 时，MRT0 减计数到 0 后再自动将 IVALUE-1 的值赋给 TIMER0

2）TIMER0 寄存器

TIMER0 寄存器结构如表 4-4 所示，其中，VALUE 位域保存了 MRT0 定时器的当前计数值，当 MRT0 空闲时，读该寄存器返回 0x00FF FFFF。

表 4-4 TIMER0 寄存器各位的含义

位号	符号	复位值	含义
30:0	VALUE	0x00FF FFFF	MRT0 定时器的当前计数值寄存器，该寄存器按系统时钟频率进行减计数操作
31	—	0	保留

3）CTRL0 寄存器

CTRL0 寄存器结构如表 4-5 所示，其中，INTEN 位为 1，开放 MRT0 定时器中断；为 0，则关闭 MRT0 定时器中断。MODE 位域为 0 表示 MRT0 工作在重复定时工作模式下，在这种模式下，MRT0 减计数到 0 后，产生定时中断，然后再自动从 INTVAL0 寄存器装入定时间隔初值，进入下一次定时中断，一直循环下去。MODE 位域为 1 表示工作在单拍定时工作模式下，这时，MRT0 从 IVALUE-1 减计数到 0 后，产生定时中断，然后进入空闲态，即这种工作模式下仅触发一次 MRT0 定时器中断。MODE 位域为 2 表示工作在单拍延时工作模式下，使 CPU 等待一个定时节拍。

表 4-5 CTRL0 寄存器各位的含义

位号	符号	复位值	含义
0	INTEN	0	为 1，开放 MRT0 定时器中断；为 0，关闭 MRT0 定时器中断
2:1	MODE	0	选择工作模式：为 0 表示重复定时工作模式；为 1 表示单拍定时工作模式；为 2 表示单拍延时模式；为 3 表示保留
31:3	—		保留

4）STAT0 寄存器

STAT0 寄存器结构如表 4-6 所示，其中 INTFLAG 为 MRT0 中断标志位，当 MRT0 减计数到 0 后，将产生定时中断，并将 INTFLAG 置 1，通过向该位写入 1 将其清零。

表 4 - 6   STAT0 寄存器各位的含义

位号	符号	复位值	含　义
0	INTFLAG	0	为 1 表示 MRT0 产生了定时中断；为 0 表示 MRT0 无定时中断。通过写入 1 清零该位
1	RUN	0	为 0 表示 MRT0 空闲；为 1 表示 MRT0 处于工作态
31:2	—	0	保留

5) IDLE_CH 寄存器

IDLE_CH 寄存器结构如表 4 - 7 所示，其中只有 CHAN 位域有效，该位域保存了空闲的定时器中通道号最小的定时器的通道号，例如，如果 MRT0 空闲，不管 MRT1~3 是否空闲，则 CHAN=0；如果 MRT0 工作，MRT1 空闲，不管 MRT2~3 是否空闲，则 CHAN=1；依次类推，如果 MRT0~3 均工作，则 CHAN=4，表示无空闲的定时器。

表 4 - 7   IDLE_CH 寄存器各位的含义

位号	符号	复位值	含　义
3:0	—	0	保留
7:4	CHAN	0	空闲通道号，只读。该位域保存了空闲的定时器中通道号最小的定时器的通道号
31:8	—	0	保留

6) IRQ_FLAG 寄存器

IRQ_FLAG 寄存器结构如表 4 - 8 所示，该寄存器将 MRT0~3 的中断标志位组合在一起。

表 4 - 8   IRQ_FLAG 寄存器各位的含义

位号	符号	复位值	含　义
0	GFLAG0	0	为 1 表示 MRT0 产生了定时中断，写入 1 清 0 该中断标志
1	GFLAG1	0	为 1 表示 MRT1 产生了定时中断，写入 1 清 0 该中断标志
2	GFLAG2	0	为 1 表示 MRT2 产生了定时中断，写入 1 清 0 该中断标志
3	GFLAG3	0	为 1 表示 MRT3 产生了定时中断，写入 1 清 0 该中断标志
31:4	—		保留

根据上述对 MRT 工作原理和寄存器的解释，下面 4.2.2 小节使用 MRT0 定时器，使其工作在重复定时工作模式下，定时中断的间隔为 1 秒，实现 LED 灯 D9 每隔 1 秒闪烁的功能。

4.2.2   MRT 定时器中断实例

在项目 ZLX01 的基础上，新建项目 ZLX03(保存目录 D:\ZLXLPC824\ZLX03)，此时的项目 ZLX03 与 ZLX01 完全相同，然后，添加 mrt.c 和 mrt.h 文件(这两个文件均保存到 D:\ZLXLPC824\ZLX03\BSP 目录下)，并修改 main.c、includes.h 和 bsp.c 文件，其中，main.c 与程序段 4 - 3 相同，其余文件如程序段 4 - 6 至程序段 4 - 9 所示，项目 ZLX03 实现的功能与 ZLX01 相同，即每 1 秒使 LED 灯 D9 闪烁一次，如图 4 - 4 所示。

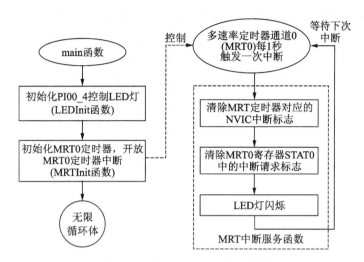

图 4 - 4 项目 ZLX03 的流程框图

程序段 4 - 6 mrt. c 文件

```
1      //Filename：mrt. c
2
3      # include "includes. h"
4
5      void MRT_IRQEnable(void)
6      {
7        NVIC_ClearPendingIRQ(MRT_IRQn)；
8        NVIC_EnableIRQ(MRT_IRQn)；
9      }
10
```

上述函数 MRT _ IRQEnable 中调用了两个 CMSIS 库函数,即第 7 行的 NVIC_
ClearPendingIRQ 和第 8 行的 NVIC_EnableIRQ,分别用于清除 MRT 定时器对应的
NVIC 中断标志位(通过向 ICPR0 寄存器的第 10 位写入 1 实现,见表 2 - 7)和开放 MRT
对应的 NVIC 中断(通过向 ISER0 寄存器的第 10 位写入 1 实现,见表 2 - 7)。

```
11     void MRTInit(void)
12     {
13       LPC_SYSCON->SYSAHBCLKCTRL |= (1uL<<10)；//Enable MRT Clock Source
14       LPC_SYSCON->PRESETCTRL &= ~(1uL<<7)；
15       LPC_SYSCON->PRESETCTRL |= (1uL<<7)；      //Reset MRT
16
17       LPC_MRT->CTRL0 = (1uL<<0)；  //Open MRT0 Interrupt
18       LPC_MRT->INTVAL0=(30000000uL<<0) | (1uL<<31)；
19
20       MRT_IRQEnable()；
21     }
22
```

第 11~21 行的 MRTInit 函数为 MRT0 定时器初始化函数。第 13 行使 MRT 定时器的时钟源有效(见表 2-18),第 14、15 行复位 MRT 定时器(见表 2-14),第 17 行开放 MRT0 定时中断(见表 4-5),第 18 行设定 MRT0 定时初值为 30000000,并启动 MRT0 定时器,第 20 行调用 MRT_IRQEnable 函数开放 MRT 对应的 NVIC 中断。这里的 LPC_SYSCON 和 LPC_MRT 结构体指针定义在 LPC82X. h 文件中,分别表示 LPC824 片上 SYSCON 模块和 MRT 模块的寄存器组指针,借助于它们可以直接访问这些模块的寄存器。

```
23      void MRT_IRQHandler(void)
24      {
25        NVIC_ClearPendingIRQ(MRT_IRQn);
26        if((LPC_MRT->STAT0 & 0x01)==0x01)
27        {
28          LPC_MRT->STAT0 |= (1uL<<0);
29          LEDBlink();
30        }
31      }
```

第 23~31 行的 MRT_IRQHandler 为 MRT 定时器对应的 NVIC 中断服务函数,函数名必须为 MRT_IRQHandler(见表 4-1)。第 25 行清除 MRT 定时器对应的 NVIC 中断请求标志位,第 26 行判断 MRT 定时器中断是否由 MRT0 定时器产生,即 STAT0 的第 0 位是否为 1,如果为 1,表示 MRT0 定时器产生了中断,则第 28 行清除 MRT0 定时中断在寄存器 STAT0 中的标志位,第 29 行调用 LEDBlink 使 LED 灯 D9 闪烁一次。

程序段 4-7　mrt. h 文件

```
1      //Filename:mrt. h
2
3      #ifndef _MRT_H
4      #define _MRT_H
5
6      void MRTInit(void);
7
8      #endif
```

文件 mrt. h 中包含 mrt. c 文件中定义的函数 MRTInit 的声明。文件 mrt. c 中有三个函数(见程序段 4-6),其中,MRT_IRQEnable 为 mrt. c 内部使用的函数,而 MRT_IRQHandler 为中断服务函数,这两个函数均不会被其他文件使用,所以,不需要在 mrt. h 中声明它们。

程序段 4-8　includes. h 文件

```
1      //Filename: includes. h
2
3      #include "LPC82x. h"
4
5      #include "datatype. h"
```

```
6      # include "bsp. h"
7      # include "led. h"
8      # include "mrt. h"
```

对比程序段 3 - 2，这里多了第 8 行，即包括了头文件 mrt. h。

程序段 4 - 9   bsp. c 文件

```
1      //Filename:bsp. c
2
3      # include "includes. h"
4
5      void   BSPInit(void)
6      {
7        LEDInit();
8        MRTInit();
9      }
```

对比程序段 3 - 6，这里多了第 8 行，即添加了 MRT 初始化函数 MRTInit。

将 mrt. c 添加到工程 LPC824PRJ 管理器的 BSP 分组下，完成后的项目 ZLX03 如图 4 - 5 所示。

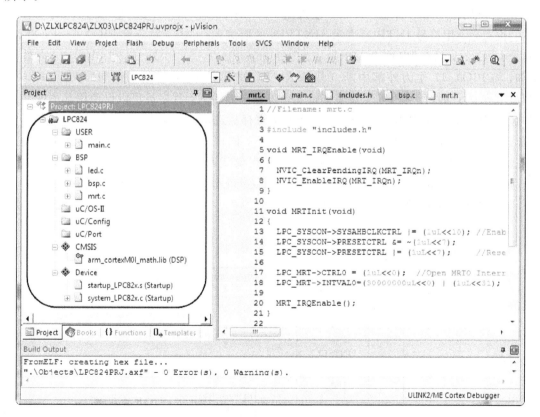

图 4 - 5   项目 ZLX03 工作界面

在图 4 - 5 中，编译连接并运行项目 ZLX03，可观察到 LPC824 学习板上的 LED 灯 D9 每隔 1 秒闪烁一次，而且，LED 灯的闪烁周期是准确的 1 秒。

4.3　LPC824 外部中断

　　MRT 定时器是 LPC824 芯片内部的片上外设,没有外部管脚与它连接。LPC824 芯片除支持这类 NVIC 中断外,还支持与管脚相连接的外部输入中断。本节将以图 3-6 所示的 S18 用户按键为例,介绍 LPC824 芯片的外部中断管理方法。将 LPC824 学习板上 P4 的 2-3 脚相连接,这样结合图 3-6 和图 3-2 可知,LPC824 芯片的 PIO0_0 管脚(第 19 号)与按键 S18 的 USER_BUT1 网标相连,当 S18 按键悬空时,PIO0_0 输入为高电平,当 S18 按键按下时,PIO0_0 输入低电平。

4.3.1　外部中断与模式匹配工作原理

　　LPC824 最多支持 8 个外部中断,可以从 PIO0 口的 16 个 I/O 口中任选其中的 8 个管脚作为外部中断输入口,外部中断的触发有电平触发和边沿触发等方式,通过模式匹配引擎,还可组合这些输入信号的状态匹配复杂的布尔表达式。但是,选出的 8 个管脚如果用作外部中断,则不能用于模式匹配;同样地,若用于模式匹配,则不能用作外部中断输入脚。

　　借助于寄存器 PINTSEL0~PINTSEL7(见表 2-12 第 34~41 号)从 PIO0 中任意选择 8 个 I/O 口用作外部中断或模式匹配输入端口。PINTSEL0~PINTSEL7 寄存器均只有第 [5:0]位有效,用符号 INTPIN 表示,INTPIN 的取值为 0~23,对应着 PIO0_0~PIO0_23(对于 LPC824,只有 PIO0_0~PIO0_5、PIO0_8~PIO0_15、PIO0_17 和 PIO0_23 有效)。例如,将 PIO0_17 作为外部中断 6 号输入,即 PININT6,只需借助语句"PINTSEL6=(17μL<<0);"即可。LPC824 最多支持 8 个外部中断输入,程序员可以仅使用其中的一个或几个中断。如果用 PINTSEL0~PINTSEL7 寄存器选出的某个 I/O 口用作外部中断,则全部选出的 I/O 口都只能工作在外部中断模式下;同理,如果选出的某个 I/O 口用于模式匹配输入口,则全部选出的 I/O 口都只能工作在模式匹配下,不能再作为外部中断输入口。如果选出的外部输入用于唤醒 LPC824,则仅能工作在外部中断工作模式下。

　　外部中断的工作原理如图 4-6 所示。

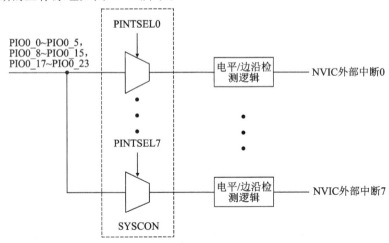

图 4-6　外部中断工作原理

由图 4-6 可知，PINTSELn 为 NVIC 外部中断 n 选择输入管脚，这里 n＝0～7。例如，用 PINTSEL6 为 NVIC 外部中断 6 选择输入管脚，参考表 2-6，可知外部中断 6（即 PININT6_IRQ）中断号为 30，根据表 4-1 可知，PININT6_IRQ 中断的中断服务函数名为 PIN_INT6_IRQHandler。

外部输入触发中断的条件有两种方式，即电平触发和边沿触发。其中，电平触发又包括高电平触发和低电平触发，如果采用电平触发方式，在中断服务函数中必须有使外部输入反相的操作（语句），如果设置为低电平触发中断，那么，在中断服务函数中必须有使外部输入变为高电平的语句，否则该中断将一直（连续）被触发。所以，电平触发方式一般只用于闭环控制系统中。而边沿触发又包括上升沿触发、下降沿触发和双边沿触发等方式。例如，将边沿触发设置为下降沿触发方式时，当外部输入由高电平转变为低电平时，将触发中断。边沿触发是外部按键常用的中断触发方式，这种方式易受按键抖动的影响（通用 I/O 口毛刺滤波器主要用于滤掉电平信号的干扰，一般不能用于去抖），需要在按键上添加滤波电容硬件去抖，如图 3-6 中的电容 C11。

LPC824 模式匹配的工作原理如图 4-7 所示。

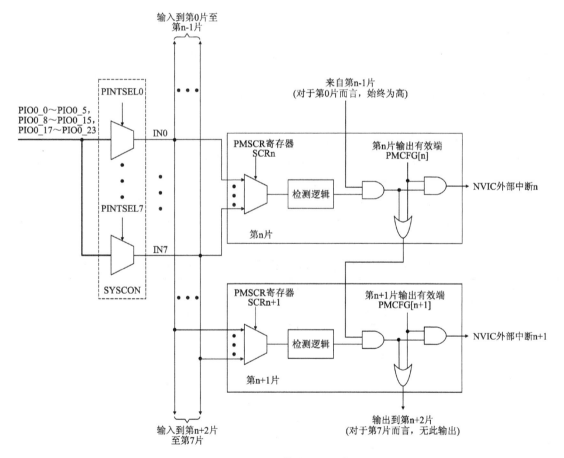

图 4-7　LPC824 模式匹配工作原理

由图 4-7 可知，LPC824 模式匹配引擎由 8 个片（或称"位片"）组成，即第 0 片～第 7 片，由 PINTSEL0～PINTSEL7 寄存器选出的外部输入管脚分别记为 IN0～IN7，IN0～

IN7 被送往所有的片，每片内部都有一个"多选一"选择器，由寄存器 PMSCR 控制，每片只能从 IN0～IN7 中选出一个输入，多个片可以选择相同的输入，例如，第 0 片和第 1 片都可以选 IN5。然后，每个片选出的输入被送到"检测逻辑"单元，可以设置无记忆的边沿或电平匹配方式或带记忆功能的边沿匹配方式，匹配成功后，输出高电平。每个片都有一个"输出有效端"，用于控制该片是否送出中断控制信号，由寄存器 PMCFG 管理，第 n 片由 PMCFG 寄存器的第 n 位管理，当该位为 1 时，则送出中断信号；否则，不送出中断信号。这里的"输出有效端"在文献[3]中用"endpoint"表示。

　　从图 4-7 还可以看出，LPC824 的模式匹配引擎的各个片是级联在一起的，每个片可以影响它的下一片，或受它的上一片的影响。如果第 n 片"输出有效端"关闭了，并且该片没有达到匹配条件，那么第 n+1 片被关闭。如果第 n 片"输出有效端"有效，那么第 n+1 片可以单独使用。通过这种方式，每个片扮演着数字逻辑中的"乘积项"的角色。

　　前文提到的图 4-7 中的"检测逻辑"可检测"无记忆的边沿或电平匹配"或"有记忆的边沿匹配"，这里的"无记忆"是指当匹配了某个边沿后（例如上升沿后），在一个工作时钟周期后，该匹配自动清除；"有记忆"是指当匹配了某个边沿后，匹配输出一直保持直到手动清除。电平匹配始终是无记忆的。在文献[3]中称这种"有记忆"的匹配为"sticky"，"无记忆"的匹配为"non-sticky"，直译为"带黏性的"和"不带黏性的"。通过 LPC824 模式匹配引擎，可以创建复杂的匹配逻辑事件。例如，组合一个有记忆的匹配和一个无记忆的匹配可以用双边沿逻辑产生一个事件，即一个上升沿和一个下降沿、两个上升沿或两个下降沿触发一次匹配事件；又如可以设定一个时间窗口，在这个时间窗口中的边沿可以触发匹配事件等。

　　LPC824 在模式匹配情况下，如果某个模式匹配成功，可以向 LPC824 内核发送一个 RXEV 通知，该信号（GPIO_INT_BMAT）可以通过开关矩阵寄存器连接到一个外部管脚上（参考表 2-3 的 PINASSIGN11 寄存器）。

　　下面将首先介绍 LPC824 外部中断和模式匹配相关的寄存器，然后，再回到图 4-7 进一步阐述模式匹配的工作原理。LPC824 外部中断与模式匹配相关的寄存器有 13 个，如表 4-9 所示。

表 4-9　LPC824 外部中断与模式匹配引擎寄存器（基地址为 0xA000 4000）

寄存器名	偏移地址	类型	复位值	含　义
ISEL	0x00	R/W	0	管脚中断模式寄存器
IENR	0x04	R/W	0	管脚电平或上升沿中断有效寄存器
SIENR	0x08	WO	—	管脚电平或上升沿中断设置寄存器
CIENR	0x0C	WO	—	管脚电平或上升沿中断清除寄存器
IENF	0x10	R/W	0	管脚活跃电平或下降沿中断有效寄存器
SIENF	0x14	WO	—	管脚活跃电平或下降沿中断设置寄存器
CIENF	0x18	WO	—	管脚活跃电平或下降沿中断清除寄存器
RISE	0x1C	R/W	0	管脚中断上升沿寄存器
FALL	0x20	R/W	0	管脚中断下降沿寄存器

寄存器名	偏移地址	类型	复位值	含 义
IST	0x24	R/W	0	管脚中断状态寄存器
PMCTRL	0x28	R/W	0	匹配模式中断控制寄存器
PMSRC	0x2C	R/W	0	匹配模式中断位片源寄存器
PMCFG	0x30	R/W	0	匹配模式中断位片配置寄存器

表 4-9 中各个寄存器的具体含义如下所示：

1）管脚中断模式寄存器 ISEL

ISEL 寄存器只有第[7:0]位有效，用符号 PMODE 表示，如果第 n 位为 0，表示外部中断 n 工作在边沿触发中断模式下；如果第 n 位为 1，表示外部中断 n 工作在电平触发模式下，这里 n＝0～7，如表 4-10 所示。

表 4-10　ISEL 寄存器各位的含义

位号	符号	复位值	含 义
7:0	PMODE	0	第 n 位对应着 PINTSELn（即外部中断 n），当第 n 位为 0 时，外部中断 n 为边沿触发；当第 n 位为 1 时，外部中断 n 为电平触发。n＝0～7
31:8	—		保留

2）管脚电平或上升沿中断有效寄存器 IENR

IENR 寄存器只有第[7:0]位有效，用符号 ENRL 表示。如果第 n 位为 0，表示关闭上升沿或电平触发外部中断 n，如表 4-11 所示。如果第 n 位为 1，表示开放上升沿或电平触发外部中断 n，这时，如果 ISEL 寄存器的第 n 位为 0，则上升沿触发外部中断 n；如果 ISEL 寄存器的第 n 位为 1，则进一步根据 IENF 寄存器的第 n 位决定电平触发中断的方式：如果 IENF 的第 n 位为 0，则低电平触发外部中断 n；如果 IENF 的第 n 位为 1，则高电平触发外部中断 n。

表 4-11　IENR 寄存器各位的含义

位号	符号	复位值	含 义
7:0	ENRL	0	第 n 位对应着 PINTSELn（即外部中断 n），当第 n 位为 0 时，关闭上升沿或电平触发外部中断 n；当第 n 位为 1 时，开放上升沿或电平触发外部中断 n。n＝0～7
31:8	—		保留

3）管脚电平或上升沿中断设置寄存器 SIENR

只写的 SIENR 寄存器只有第[7:0]位有效，向其第 n 位写入 1，则置位 IENR 寄存器的第 n 位，写入 0 无效，这里，n＝0～7，如表 4-12 所示。这样，设置 IENR 寄存器的第 6 位为 1，可以通过下述两种方式：

```
    IENR |= (1uL<<6);          //"读出—取或—回写"方式
```
或者
```
    SIENR = (1uL<<6);          //"不读只写"方式
```

显然，后者更快速方便。

表 4 - 12　SIENR 寄存器各位的含义

位号	符号	复位值	含义
7:0	SETENRL	—	第 n 位写入 0 无效；写入 1 时将置位 IENR 寄存器的第 n 位。n=0~7
31:8	—	—	保留

4）管脚电平或上升沿中断清除寄存器 CIENR

CIENR 寄存器各位的含义如表 4 - 13 所示。

只写的 CIENR 寄存器只有第[7:0]位有效，在其第 n 位写入 1，则清零 IENR 寄存器的第 n 位，写入 0 无效。这里，n=0~7。这样，清零 IENR 寄存器的第 6 位，可以有下述两种方式：

　　　　IENR &= ~(1uL<<6)；　　//"读出—取与—回写"方式

或者

　　　　CIENR = (1uL<<6)；　　　//"不读只写"方式

显然，后者更快速方便。

表 4 - 13　CIENR 寄存器各位的含义

位号	符号	复位值	含义
7:0	CLRENRL	—	第 n 位写入 0 无效；写入 1 时将清零 IENR 寄存器的第 n 位。n=0~7
31:8	—	—	保留

5）管脚活跃电平或下降沿中断有效寄存器 IENF

IENF 寄存器只有第[7:0]位有效，如表 4 - 14 所示，当第 n 位为 0 时，如果 ISEL 的第 n 位为 0，则关闭下降沿触发外部中断 n 模式；如果 ISEL 的第 n 位为 1，则设置低电平触发外部中断 n 模式。当 IENF 的第 n 位为 1 时，如果 ISEL 的第 n 位为 0，则开放下降沿触发外部中断 n 模式；如果 ISEL 的第 n 位为 1，则设置高电平触发外部中断 n 模式。

表 4 - 14　IENF 寄存器各位的含义

位号	符号	复位值	含义
7:0	ENAF	0	第 n 位对应着 PINTSELn（即外部中断 n），当第 n 位为 0 时，关闭外部中断 n 下降沿触发方式或设置外部中断 n 为低电平触发方式；当第 n 位为 1 时，打开外部中断 n 下降沿触发方式或设置外部中断 n 为高电平触发方式。该寄存器与 ISEL 寄存器联合使用。n=0~7
31:8	—	—	保留

6）管脚活跃电平或下降沿中断设置寄存器 SIENF

只写的 SIENF 寄存器只有第[7:0]位有效，如表 4 - 15 所示，向其第 n 位写入 0 无效；向第 n 位写入 1 则置位 IENF 寄存器的第 n 位。因此，置位 IENF 寄存器第 n 位的方式有两种，即

　　　　IENF |= (1uL<<n)；　//"读出—取或—写回"方式

或者

  SIENF = (1uL<<n); //"不读只写"方式

显然，后者更快速方便。

表 4 - 15   SIENF 寄存器各位的含义

位号	符号	复位值	含 义
7:0	SETENAF	—	第 n 位写入 0 无效；写入 1 时将置位 IENF 寄存器的第 n 位。n=0～7
31:8	—	—	保留

  7）管脚活跃电平或下降沿中断清除寄存器 CIENF

  只写的 CIENF 寄存器只有第[7:0]位有效，如表 4 - 16 所示，向其第 n 位写入 0 无效；向第 n 位写入 1 则清零 IENF 寄存器的第 n 位。因此，清零 IENF 寄存器第 n 位的方式有两种，即

  IENF &= ~(1uL<<n); //"读出—取与—写回"方式

或者

  CIENF = (1uL<<n); //"不读只写"方式

显然，后者更快速方便。

表 4 - 16   CIENF 寄存器各位的含义

位号	符号	复位值	含 义
7:0	CLRENAF	—	第 n 位写入 0 无效；写入 1 时将清零 IENF 寄存器的第 n 位。n=0～7
31:8	—	—	保留

  8）管脚中断上升沿寄存器 RISE

  管脚中断上升沿寄存器 RISE 即上升沿中断标志寄存器，只有第[7:0]位有效，如表 4 - 17 所示，第 n 位对应着外部中断 n，n=0～7。当外部中断 n 出现上升沿时，无论该中断是否有效，RISE 寄存器的第 n 位都将被置 1，如果外部中断 n 有效，则将发出外部中断 n 请求。向 RISE 寄存器第 n 位写入 1 清零该寄存器第 n 位（即"写 1 清 0"）。

表 4 - 17   RISE 寄存器各位的含义

位号	符号	复位值	含 义
7:0	RDET	0	第 n 位对应着 PINTSELn（即外部中断 n）。第 n 位读出 0，表示外部中断 n 无上升沿输入；读出 1 表示外部中断 n 有上升沿。第 n 位写入 0 无效；写入 1 清零该位。n=0～7
31:8	—	—	保留

  9）管脚中断下降沿寄存器 FALL

  管脚中断下降沿寄存器 FALL，即下降沿中断标志寄存器，只有第[7:0]位有效，如表 4 - 18所示，第 n 位对应着外部中断 n，n=0～7。当外部中断 n 出现下降沿时，无论该中断是否使能，FALL 寄存器的第 n 位都将被置 1，如果外部中断 n 有效，则将发出外部中断 n 请求。向 FALL 寄存器第 n 位写入 1 清零该寄存器第 n 位（即"写 1 清 0"）。

表 4 - 18　FALL 寄存器各位的含义

位号	符号	复位值	含　义
7:0	FDET	0	第 n 位对应着 PINTSELn(即外部中断 n)。第 n 位读出 0,表示外部中断 n 无下降沿输入;读出 1 表示外部中断 n 有下降沿。第 n 位写入 0 无效;写入 1 清零该位。n=0~7
31:8	—	—	保留

10) 管脚中断状态寄存器 IST

IST 只有第[7:0]位有效,如表 4 - 19 所示,第 n 位对应着外部中断 n,当外部中断 n 被触发后,IST 的第 n 位自动置 1,通过向其写入 1 清零该位,写入 0 无效。在电平触发外部中断 n 模式下,写入 1 清零 IST 的第 n 位,同时还将使得 IENF 寄存器的第 n 位取反,如果原来是低电平触发中断,则会转变为高电平触发中断;如果原来是高电平触发中断,则会转变为低电平触发中断。

表 4 - 19　IST 寄存器各位的含义

位号	符号	复位值	含　义
7:0	PSTAT	0	第 n 位对应着 PINTSELn(即外部中断 n)。第 n 位读出 0,表示没有发生外部中断 n 请求;读出 1 表示外部中断 n 被请求。第 n 位写入 0 无效;写入 1 清零该位,如果为电平触发外部中断 n 模式,写入 1 还将使得 IENF 寄存器的第 n 位取反。n=0~7
31:8	—	—	保留

11) 匹配模式中断控制寄存器 PMCTRL

PMCTRL 寄存器的第 0 位为 0 表示 PINTSEL0~PINTSEL7 选出的 8 个通用 I/O 口工作在外部中断输入模式下;第 0 位为 1 表示选出的 8 个通用 I/O 口工作在模式匹配下。PMCTRL 寄存器的第 1 位为 1 时,表示当某个片发生匹配成功时向 ARM 内核发送 RXEV 信号;为 0 时,关闭 RXEV 信号。PMCTRL 寄存器的第[31:24]位为 PMAT 位域,每位对应着一片寄存器(第 24 位对应片 0,第 25 位对应片 1,依次类推,第 31 位对应片 7),如果该片匹配成功,则相应的位置 1。PMCTRL 寄存器如表 4 - 20 所示。

表 4 - 20　PMCTRL 寄存器各位的含义

位号	符号	复位值	含　义
0	SEL_PMATCH	0	为 0 表示 PINTSEL0~PINTSEL7 选出的通用 I/O 口用作外部中断;为 1 表示选出的 I/O 口用作模式匹配
1	ENA_RXEV	0	为 1 表示当某片发生匹配成功事件时,向 LPC824 内核发送 RXEV 信号(该信号与功能引脚 GPIO_INT_BMAT 相连接,可通过端口配置矩阵的寄存器 PINASSIGN8 映射到 LPC824 某个 I/O 口管脚上);为 0 表示关闭 RXEV 匹配信号
23:2	—	0	保留
31:24	PMAT	0	PMAT 的各位依次对应着模式匹配引擎的片 0~片 7,如果片 n 发生匹配成功事件,则 PMAT 的第 n 位(即本寄存器的第 24+n 位)自动置 1;如果不匹配,则自动清 0

12）匹配模式中断位片源寄存器 PMSRC

向 PMSRC 寄存器写入配置字前，需要先将 PMCTRL 寄存器的第 0 位清 0，即关闭模式匹配引擎，然后写入 PMSRC 配置字，之后，置位 PMCTRL 寄存器的第 0 位，打开模式匹配引擎。PMSRC 寄存器各位的含义如表 4-21 所示，其中，SRCn 用于为片 n 选择外部输入管脚，n＝0～7。

表 4-21 PMSRC 寄存器各位的含义

位号	符号	复位值	含　义
7：0		0	保留，仅能写 0
10：8	SRC0	0	为片 0 选择输入源。为 0 表示选择 PINTSEL0 指定的管脚，为 1 表示选择 PINTSEL1 指定的管脚，依次类推，为 7 表示选择 PINTSEL7 指定的管脚
13：11	SRC1	0	为片 1 选择输入源。为 0 表示选择 PINTSEL0 指定的管脚，为 1 表示选择 PINTSEL1 指定的管脚，依次类推，为 7 表示选择 PINTSEL7 指定的管脚
16：14	SRC2	0	为片 2 选择输入源。为 0 表示选择 PINTSEL0 指定的管脚，为 1 表示选择 PINTSEL1 指定的管脚，依次类推，为 7 表示选择 PINTSEL7 指定的管脚
19：17	SRC3	0	为片 3 选择输入源。为 0 表示选择 PINTSEL0 指定的管脚，为 1 表示选择 PINTSEL1 指定的管脚，依次类推，为 7 表示选择 PINTSEL7 指定的管脚
22：20	SRC4	0	为片 4 选择输入源。为 0 表示选择 PINTSEL0 指定的管脚，为 1 表示选择 PINTSEL1 指定的管脚，依次类推，为 7 表示选择 PINTSEL7 指定的管脚
25：23	SRC5	0	为片 5 选择输入源。为 0 表示选择 PINTSEL0 指定的管脚，为 1 表示选择 PINTSEL1 指定的管脚，依次类推，为 7 表示选择 PINTSEL7 指定的管脚
28：26	SRC6	0	为片 6 选择输入源。为 0 表示选择 PINTSEL0 指定的管脚，为 1 表示选择 PINTSEL1 指定的管脚，依次类推，为 7 表示选择 PINTSEL7 指定的管脚
31：29	SRC7	0	为片 7 选择输入源。为 0 表示选择 PINTSEL0 指定的管脚，为 1 表示选择 PINTSEL1 指定的管脚，依次类推，为 7 表示选择 PINTSEL7 指定的管脚

13）匹配模式中断位片配置寄存器 PMCFG

向 PMCFG 寄存器写入配置字前，需要先将 PMCTRL 寄存器的第 0 位清 0，即关闭模式匹配引擎，然后写入 PMCFG 配置字，之后，置位 PMCTRL 寄存器的第 0 位，打开模式匹配引擎。PMCFG 寄存器各位的含义如表 4-22 所示。表 4-22 中将要提到的“发生匹配事件时触发外部中断”的意思是指，当片 n 的输入与其设定的匹配逻辑相符合时，将会产生外部中断 n，这里的“外部中断 n”不是工作在外部中断模式下的外部中断 n，两者产生的机理不同，但是两者的中断号相同，中断服务函数名都是 PININTn_IRQHandler。表 4-22 中将要提到的“乘积项”是指多个片可以通过“与”操作联合起来实现复杂的逻辑表达式（或称布尔表达式），每个片的逻辑在这个表达式中扮演了“乘积项”的角色。

表 4 - 22　　PMCFG 寄存器各位的含义

位号	符号	含　义
0	PROD_ENDPTS0	片 0 输出有效控制位。为 0 时片 0 发生匹配事件时不触发外部中断 0；为 1 时片 0 是乘积项，发生匹配事件时触发外部中断 0
1	PROD_ENDPTS1	片 1 输出有效控制位。为 0 时片 1 发生匹配事件时不触发外部中断 1；为 1 时片 1 是乘积项，发生匹配事件时触发外部中断 1
2	PROD_ENDPTS2	片 2 输出有效控制位。为 0 时片 2 发生匹配事件时不触发外部中断 2；为 1 时片 2 是乘积项，发生匹配事件时触发外部中断 2
3	PROD_ENDPTS3	片 3 输出有效控制位。为 0 时片 3 发生匹配事件时不触发外部中断 3；为 1 时片 3 是乘积项，发生匹配事件时触发外部中断 3
4	PROD_ENDPTS4	片 4 输出有效控制位。为 0 时片 4 发生匹配事件时不触发外部中断 4；为 1 时片 4 是乘积项，发生匹配事件时触发外部中断 4
5	PROD_ENDPTS5	片 5 输出有效控制位。为 0 时片 5 发生匹配事件时不触发外部中断 5；为 1 时片 5 是乘积项，发生匹配事件时触发外部中断 5
6	PROD_ENDPTS6	片 6 输出有效控制位。为 0 时片 6 发生匹配事件时不触发外部中断 6；为 1 时片 6 是乘积项，发生匹配事件时触发外部中断 6
7	—	保留。片 7 输出始终是有效的。即片 7 是乘积项，发生匹配事件时触发外部中断 7
10:8	CFG0	片 0 匹配条件位域。为 0 时，片 0 始终为乘积项（即片 0 始终为 1）；为 1 时，匹配条件为带记忆的上升沿，当片 0 选定的输入端信号出现上升沿时，匹配成功，匹配器输出高电平，直到通过软件方式写 PMCFG 或 PMSRC 寄存器时才自动清零；为 2 时，匹配条件为带记忆的下降沿，当片 0 选定的输入端信号出现下降沿时，匹配成功，匹配器输出高电平，直到通过软件方式写 PMCFG 或 PMSRC 寄存器时才自动清零；为 3 时，匹配条件为带记忆的上升沿或下降沿，当片 0 选定的输入端信号出现上升沿或下降沿时，匹配成功，匹配器输出高电平，直到通过软件方式写 PMCFG 或 PMSRC 寄存器时才自动清零；为 4 时，匹配条件为高电平，当片 0 选定的输入端信号出现高电平时，匹配成功，匹配器输出高电平；为 5 时，匹配条件为低电平，当片 0 选定的输入端信号出现低电平时，匹配成功，匹配器输出高电平；为 6 时，片 0 终始不为乘积项（即片 0 始终为 0），可用于关闭片 0；为 7 时，匹配条件为非记忆的上升沿或下降沿，当片 0 选定的输入端信号出现上升沿或下降沿时，匹配成功，匹配器输出高电平，一个工作时钟后自动清零
13:11	CFG1	片 1 匹配条件位域。取值含义与 CFG0 位域相同（将"片 0"改为"片 1"）
16:14	CFG2	片 2 匹配条件位域。取值含义与 CFG0 位域相同（将"片 0"改为"片 2"）
19:17	CFG3	片 3 匹配条件位域。取值含义与 CFG0 位域相同（将"片 0"改为"片 3"）

位号	符号	含　义
22:20	CFG4	片 4 匹配条件位域。取值含义与 CFG0 位域相同（将"片 0"改为"片 4"）
25:23	CFG5	片 5 匹配条件位域。取值含义与 CFG0 位域相同（将"片 0"改为"片 5"）
28:26	CFG6	片 6 匹配条件位域。取值含义与 CFG0 位域相同（将"片 0"改为"片 6"）
31:29	CFG7	片 7 匹配条件位域。取值含义与 CFG0 位域相同（将"片 0"改为"片 7"）

由表 4-10 至表 4-15 可知，当工作在外部中断模式下时，通过设置这些表中的寄存器可设定中断触发的条件，如表 4-23 所示。

表 4-23　中断触发条件相关的寄存器

寄存器名	边沿触发条件	电平触发条件
IENR	打开或关闭上升沿中断	打开或关闭电平中断
SIENR	打开上升沿中断	打开电平中断
CIENR	关闭上升沿中断	关闭电平中断
IENF	打开下降沿中断	设置活跃电平
SIENF	打开下降沿中断	设置高电平活跃（即高电平触发中断）
CIENF	关闭下降沿中断	设置低电平活跃

例如，设置外部中断 6 为下降沿触发中断，参考表 4-10 至表 4-16，可知其语句如下：

ISEL &= ~（1uL<<6）；　//PINTSEL6 选择的管脚（即外部中断 6）为边沿触发

CIENR = （1uL<<6）；　//关闭外部中断 6 上升沿触发

SIENF = （1uL<<6）；　//开启外部中断 6 下降沿触发

现在，回到图 4-7，讨论 LPC824 工作在模式匹配下实现复杂逻辑表达式的方法。例如，要实现的逻辑表达式为：IN1 ＋ IN1 * IN2 ＋（～IN2）*（～IN3）*（IN6fe）＋（IN5 * IN7ev）。这里"*"号表示"与"，"＋"号表示"或"，"～"号表示取反，"fe"表示有记忆的下降沿（falling edge），"ev"表示无记忆的上升或下降沿匹配事件。该表达式选自文献[3]，其含义为：如果 IN1 为高，或者 IN1 和 IN2 均为高，或者 IN2 与 IN3 均为低且 IN6 出现有记忆的下降沿匹配，或者 IN5 为高且 IN7 出现无记忆的上升沿或下降沿匹配时，则表达式的输出为高。下面介绍其设计过程：

（1）由于逻辑表达式中出现了有记忆的匹配 IN6fe，所以需要向 PMCFG 寄存器写入值，清除各片的记忆。

（2）通过设置 PMCFG 寄存器，使片 0 选 IN1，片 1 选 IN1，片 2 选 IN2，片 3 选 IN2，片 4 选 IN3，片 5 选 IN6，片 6 选 IN5，片 7 选 IN7。

（3）设置 PMCFG 寄存器，使得片 0、片 1 和片 2 均为高电平匹配，参考表 4-22，CFG0、CFG1 和 CFG2 均设为 4；片 3 和片 4 设为低电平匹配，即 CFG3 和 CFG4 均设为

5；片 5 设为带记忆的下降沿匹配，即 CFG5 设为 2；片 6 设为高电平匹配，即 CFG6 设为 4；片 7 设为无记忆的上升沿或下降沿匹配，即 CFG7 设为 7。然后，将片 0、片 2、片 5 和片 7 设为乘积项输出端，即 PROD_ENDPTS0、PROD_ENDPTS2 和 PROD_ENDPTS5 为 1，片 7 始终为乘积项输出端。

（4）设置 PMCTRL 寄存器，使得片 0、片 2、片 5 和片 7 的匹配将分别触发外部中断 0、外部中断 2、外部中断 5 和外部中断 7。

通过上述配置，如果外部中断 0、2、5 或 7 中的任一个被请求了，说明前述的逻辑表达式为真。

4.3.2　LPC824 外部中断实例

结合图 3-6 和图 3-4，下面的实例实现的功能为：当用户按下按键 S18（见图 3-6）时，LPC824 学习板的 LED 灯 D9（见图 3-4）状态切换，即原来是点亮的，则熄灭；原来是熄灭的，则点亮。

在项目 ZLX01 的基础上，新建项目 ZLX04，保存在目录 D:\ZLXLPC824\ZLX04 下，此时的项目 ZLX04 与项目 ZLX01 完全相同。然后，添加文件 iokey.c 和 iokey.h，这两个文件保存到目录 D:\ZLXLPC824\ZLX04\BSP 下，并将 iokey.c 文件添加到工程 LPC824PRJ 管理器的"BSP"分组下。接着，修改文件 main.c、includes.h 和 bsp.c。最后，完成的项目 ZLX04 工作界面如图 4-8 所示，项目 ZLX04 的执行流程如图 4-9 所示。

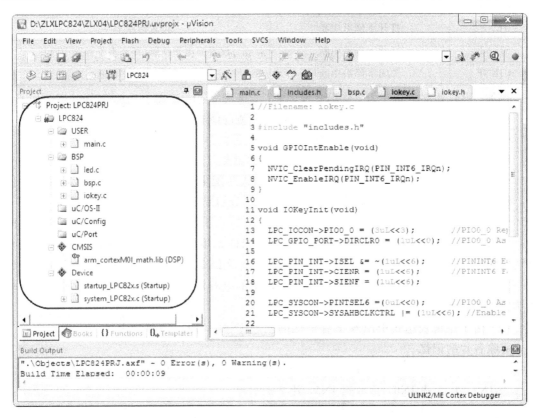

图 4-8　项目 ZLX04 工作界面

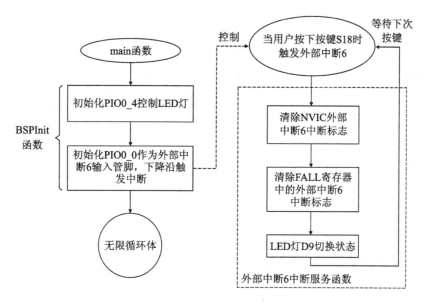

图 4-9　项目 ZLX09 执行流程框图

项目 ZLX04 中，main. c 文件与程序段 4-3 相同，新添加的文件 iokey. c 和 iokey. h 以及修改的文件 includes. h 和 bsp. c 分别如程序段 4-10 至程序段 4-13 所示。

程序段 4-10　iokey. c 文件

```
1    //Filename：iokey. c
2
3    # include "includes. h"
4
5    void GPIOIntEnable(void)
6    {
7      NVIC_ClearPendingIRQ(PIN_INT6_IRQn);
8      NVIC_EnableIRQ(PIN_INT6_IRQn);
9    }
10
```

第 5~9 行的 GPIOIntEnable 函数用于清除外部中断 6 的 NVIC 中断标志并开放外部中断 6。第 7~8 行调用了 CMSIS 库中的中断管理函数，这些中断管理函数位于 core_cm0plus. h 文件中，常用的函数如表 4-24 所示。

表 4-24　常用中断管理函数

序号	函　数　名	含　义
1	NVIC_EnableIRQ(IRQn_Type IRQn)	开放中断号为 IRQn 的 NVIC 中断
2	NVIC_DisableIRQ(IRQn_Type IRQn)	关闭中断号为 IRQn 的 NVIC 中断
3	NVIC_GetPendingIRQ(IRQn_Type IRQn)	读取中断号为 IRQn 的 NVIC 中断的中断请求标志

序号	函数名	含　义
4	NVIC_SetPendingIRQ(IRQn_Type IRQn)	设置中断号为 IRQn 的 NVIC 中断的中断请求标志
5	NVIC_ClearPendingIRQ(IRQn_Type IRQn)	清除中断号为 IRQn 的 NVIC 中断的中断请求标志
6	NVIC_SetPriority(IRQn_Type IRQn, uint32_t priority)	设置中断号为 IRQn 的 NVIC 中断的中断优先级为 priority
7	NVIC_GetPriority(IRQn_Type IRQn)	读取中断号为 IRQn 的 NVIC 中断的中断优先级

表 4 - 24 中 IRQn_Type 是 LPC82x. h 中自定义的枚举变量定型。由 LPC82x. h 中可查得外部中断 6 的枚举常量为 PIN_INT6_IRQn，如果只知道外部中断 6 的中断号为 30，可以将第 7 ～ 8 行写作：" NVIC _ ClearPendingIRQ（（ IRQn _ Type）30uL）；NVIC _ EnableIRQ（（IRQn_Type）30uL）；"，这样不需要从 LPC82x. h 文件中查找各个 NVIC 中断的枚举常量值。注意，表 4 - 24 中，序号 6 对应的函数 NVIC_SetPriority 中的 priority 参数只能取值为 0、1、2 和 3，这是因为 LPC824 中 NVIC 中断仅有 4 级优先级，且优先级号越小，优先级别越高。

```
11    void IOKeyInit(void)
12    {
13        LPC_IOCON->PIO0_0 = (3uL<<3);          //PIO0_0 Repeat mode
14        LPC_GPIO_PORT->DIRCLR0 = (1uL<<0);     //PIO0_0 As Input
15
16        LPC_PIN_INT->ISEL &= ~(1uL<<6);        //PININT6 Edge
17        LPC_PIN_INT->CIENR = (1uL<<6);         //PININT6 Falling
18        LPC_PIN_INT->SIENF = (1uL<<6);
19
20        LPC_SYSCON->PINTSEL6 =(0uL<<0);        //PIO0_0 As PININT6
21        LPC_SYSCON->SYSAHBCLKCTRL |= (1uL<<6); //Enable GPIO Clock
22
23        GPIOIntEnable();
24    }
25
```

第 11～24 行的 IOKeyInit 函数用于初始化 PIO0_0 端口，使其作为外部中断 6 输入口。第 13～14 行将 PIO0_0 设为输入口，且工作在上拉电阻和下拉电阻都有效的模式下，此时，输入高电平时，上拉电阻有效；输入低电平时，下拉电阻有效。第 16～18 行将外部中断 6 设置为下降沿触发。第 20 行将 PIO0_0 用作外部中断 6 输入口，第 21 行给 GPIO 口模块提供工作时钟（见表 2 - 18）。

```
26    void PIN_INT6_IRQHandler(void)
27    {
```

```
28      NVIC_ClearPendingIRQ(PIN_INT6_IRQn);
29
30      LPC_PIN_INT->FALL = (1uL<<6);
31
32      LEDBlink();
33    }
```

第 26～33 行的函数为外部中断 6 的中断服务函数，函数名必须为 PIN_INT6_ IRQHandler(见表 4-1)。第 28 行清除外部中断 6 的 NVIC 中断请求标志，第 30 行清除外部中断 6 的 FALL 寄存器中的中断请求标志，第 32 行调用 LEDBlink 函数使 LED 灯 D9 切换工作状态。

程序段 4-11　iokey. h 文件

```
1    //Filename：iokey. h
2
3    #ifndef _IOKEY_H
4    #define _IOKEY_H
5
6    void IOKeyInit(void);
7
8    #endif
```

文件 iokey. h 中给出了 iokey. c 文件中的函数声明，文件 iokey. c 中有三个函数，由于只有 IOKeyInit 函数会被外部文件使用，所以，文件 iokey. h 中仅给出了 IOKeyInit 函数的声明。

程序段 4-12　includes. h 文件

```
1    //Filename：includes. h
2
3    #include "LPC82x. h"
4
5    #include "datatype. h"
6    #include "bsp. h"
7    #include "led. h"
8    #include "iokey. h"
```

对比程序 3-2，这里的 includes. h 文件中添加了第 8 行，即包括了头文件 iokey. h。

程序段 4-13　bsp. c 文件

```
1    //Filename：bsp. c
2
3    #include "includes. h"
4
5    void   BSPInit(void)
6    {
7      LEDInit();
8      IOKeyInit();
```

9　　｝

对比程序段 3 - 6，这里的 bsp.c 文件添加了第 8 行，即调用了 IOKeyInit 函数初始化 PIO0_0 端口，使其作为外部中断 6 的输入端口，并且开放外部中断 6。

在图 4 - 8 的基础上，编译链接并运行项目 ZLX04，当按下 LPC824 学习板上的 S18 按键时，可以看到 LED 灯 D9 切换状态，每按下 S18 按键一次，LED 灯 D9 就切换一次状态。

4.3.3　LPC824 模式匹配实例

LPC824 模式匹配引擎支持具有 8 个最小项的复杂逻辑关系式，这里结合 LPC824 学习板，实现一种简单的逻辑关系式，即($\sim$IN6) * IN6ev，IN6ev 表示 IN6 输入的匹配条件为无记忆的上升沿或下降沿，所以($\sim$IN6) * IN6ev 表示 IN6 出现下降沿且 IN6 为低电平时，($\sim$IN6) * IN6ev 为真，实际上就是用这种模式匹配表达式模拟 IN6 输入端出现下降沿事件。

对于逻辑关系式($\sim$IN6) * IN6ev，根据图 4 - 7，可配置片 4 输出有效；片 5 选择 IN6 输入端(通过 PINTSEL6 选择 PIO0_0)，匹配条件为低电平，配置片 5 输出关闭；片 6 选择 IN6 输入端，匹配条件为无记忆的上升沿或下降沿，配置片 6 输出有效。这样，逻辑关系式 ($\sim$IN6) * IN6ev 匹配后，将触发外部中断 6。参考表 4 - 20 至表 4 - 22 可知相应的配置语句如下：

PMCTRL &= $\sim$(1uL<<0)；//关闭模式匹配

PMSRC = (6uL<<23) | (6uL<<26)；　//片 5 和片 6 均选择 IN6 为输入源

PMCFG = (1uL<<4) | (1uL<<6) | (5uL<<23) | (7uL<<26)；

//片 4 和片 6 设为输出使能，片 5 低电平匹配，片 6 无记忆边沿事件匹配

PMCTRL |= (1uL<<0)；　//开启模式匹配引擎

下面在项目 ZLX04 的基础上，新建项目 ZLX05，保存在目录 D:\ZLXLPC824\ZLX05 下，此时的项目 ZLX05 与 ZLX04 完全相同。只需要修改 iokey.c 文件，如程序段 4 - 14 所示。

程序段 4 - 14　iokey.c 文件

```
1      //Filename: iokey.c
2
3      #include "includes.h"
4
5      void GPIOIntEnable(void)
6      {
7        NVIC_ClearPendingIRQ(PIN_INT6_IRQn);
8        NVIC_EnableIRQ(PIN_INT6_IRQn);
9      }
10
11     void IOKeyInit(void)
12     {
13       LPC_IOCON->PIO0_0 = (3uL<<3);          //PIO0_0 Repeat mode
14       LPC_GPIO_PORT->DIRCLR0 = (1uL<<0);   //PIO0_0 As Input
15
16       LPC_SYSCON->PINTSEL6 =(0uL<<0);       //PIO0_0 As PININT6
```

```
17    LPC_SYSCON->SYSAHBCLKCTRL |= (1uL<<6); //Enable GPIO Clock
18
19    LPC_PIN_INT->PMCTRL &= ~(1uL<<0);
20    LPC_PIN_INT->PMSRC = (6uL<<23) | (6uL<<26);
21    LPC_PIN_INT->PMCFG = (1uL<<4) | (1uL<<6) | (5uL<<23) | (7uL<<26);
22    LPC_PIN_INT->PMCTRL |= (1uL<<0);
23
24    GPIOIntEnable();
25  }
26
```

对比程序段 4 - 10，可知这里删除了对外部中断控制寄存器的配置语句（程序段 4 - 10 中第 16～18 行），添加了第 19～22 行的语句。其中，第 19 行关闭模式匹配引擎；第 20 行配置片 5 和片 6 的输入均选择 IN6；第 21 行配置片 4 和片 6 输出有效，片 5 为低电平匹配条件，片 6 为事件匹配条件，即匹配条件为无记忆的上升沿或下降沿匹配；第 22 行开启模式匹配引擎。这里片 4 被配置成输出有效但并没有使用，根据图 4 - 7，配置片 4 输出有效是为了向片 5 中的"与门"输入端提供高电平，这样，片 5 匹配成功后，其输出的高电平才能通过"与门"，并进一步通过"或门"作为乘积项送给片 6。片 5 必须设置为输出关闭，否则，片 5 就不能做为乘积项。这里使用了片 5 和片 6，是因为片 6 输出将请求外部中断 6，这样，从项目 ZLX04 演变到项目 ZLX05 时，不需要修改第 5～9 行的开放外部中断 6 函数。当然也可以使用其他的位片来实现该功能。

```
27    void PIN_INT6_IRQHandler(void)
28    {
29      NVIC_ClearPendingIRQ(PIN_INT6_IRQn);
30
31      LEDBlink();
32    }
```

当匹配条件(~IN6) * IN6ev 满足时，将请求第 27～32 行的中断服务函数。对比程序段 4 - 10 中的同名函数，可知这里删除了清除外部中断 6 在 FALL 寄存器中的中断标志位语句（程序段 4 - 10 第 30 行），当 LPC824 工作在模式匹配下时，不使用 FALL 寄存器。第 31 行调用 LEDBlink 函数使 LED 灯 D9 处于切换状态。

根据上述解释，可知项目 ZLX05 与 ZLX04 的执行结果完全相同，即每按下按键 S18 一次，LED 灯 D9 切换一次工作状态，如果原来 D9 处于点亮态，则切换为熄灭态；如果原来 D9 为熄灭态，则切换为点亮态。

本 章 小 结

本章先介绍了 LPC824 的异常管理方法，以 SysTick 定时器异常为例，介绍了异常的响应和程序设计方法；然后，介绍了 LPC824 的 NVIC 中断管理方法，以多速率定时器 MRT 为例，介绍了 NVIC 中断的响应和程序设计方法；最后，介绍了 LPC824 的外部中断管理方法。外部中断是微控制器外部的异步事件输入源，也隶属于 NVIC 中断，LPC824 具有多达 8 个外部中断，可工作在外部中断模式或模式匹配模式下，这里通过介绍 LPC824 外部中断和模式匹配引擎的工作原理及其相关的寄存器，详细阐述了外部中断的程序设计方法。在本章学习的基础上，建议读者设计外部中断的触发方式为上升沿、双边沿和电平触发时的项目，以及设计在模式匹配工作模式下，工作在上升沿、双边沿和更复杂的布尔表达式下的项目。

　　截至本章，Cortex-M0＋内核和 LPC824 学习板硬件知识以及基于 Cortex-M0＋内核 LPC824 微控制器的函数级别的程序设计方法，都介绍完毕。这些内容是本书的硬件基础和程序设计基础，在学习这些内容的同时，建议读者详细阅读参考文献[1-6]，进一步加强对 Cortex-M0＋内核和 LPC82x 微控制器的认识。自下一章起，将介绍嵌入式实时操作系统 μC/OS－Ⅱ的应用程序设计方法，仍然基于 LPC824 学习板，并将进一步介绍 LPC824 学习板上的其他外设资源。

第 二 篇

嵌入式实时操作系统
μC/OS－Ⅱ的应用

本篇包括第五至九章，详细介绍基于嵌入式实时操作系统 μC/OS-Ⅱ 的任务级别的应用程序设计方法，依次讲述 μC/OS-Ⅱ 工作原理及其移植、μC/OS-Ⅱ 任务、μC/OS-Ⅱ 信号量与互斥信号量、μC/OS-Ⅱ 消息邮箱与队列以及 μC/OS-Ⅱ 高级系统组件。这部分内容结合了具体的工程实例进行介绍，重点在于用户任务、信号量和消息邮箱的学习。

LPC824 学习板上有 4 个跳线接头 P1～P4，其中，P1 的第 1－2 脚相连，PIO0_12 用于在系统编程 ISP；P1 的第 2－3 脚相连，PIO0_12 用于控制温度传感器 DS18B20（如图 3－13所示）。P2 的第 2－3 脚相连时，如果 P3 的第 1－2 脚相连，则 PIO0_4 控制蜂鸣器；如果 P3 的第 2－3 脚相连，则 PIO0_4 控制 LED 灯 D9。P2 的第 1－2 脚相连时，PIO0_4 用作串口 TXD 端口（如图 3－4 所示）。P4 的第 2－3 脚相连时，PIO0_0 控制按键 S18；P4 的第 1－2 脚相连时，PIO0_0 控制串口 RXD 端口（如图 3－6 所示）。

本书中，从第三章至第六章的 6.2 节，P2 的第 2－3 脚相连，P3 的第 2－3 脚相连，P4 的第 2－3 脚相连，P1 的第 1－2 脚相连，这样，LED 灯 D9 和按钮 S18 处于工作状态。从 6.4 节至第十章，P1 的第 2－3 脚相连，P2 的第 1－2 脚相连，P4 的第 1－2 脚相连（P3 连接不起作用），这样，PIO0_12 用于控制 DS18B20 温度传感器，PIO0_0 和 PIO0_4 用作串口通信。

第五章　μC/OS-Ⅱ 工作原理及其移植

　　本章介绍了嵌入式实时操作系统 μC/OS-Ⅱ 的工作原理和其在 LPC824 上的移植方法，还将阐述 μC/OS-Ⅱ 各个系统组件的概念和用法。μC/OS-Ⅱ 是美国 Micrium 公司推出的开源的嵌入式实时操作系统，具有体积小、实时性强和移植能力强的特点。μC/OS-Ⅱ 可以移植到几乎所有的 ARM 微控制器上，那些具有一定 RAM 空间（最好是 4 KB 以上）且具有堆栈操作的微控制器均可成功移植。LPC824 片上 RAM 空间为 8 KB，可以很好地支持 μC/OS-Ⅱ 系统。

5.1　μC/OS-Ⅱ 系统任务

　　μC/OS-Ⅱ 是面向任务的嵌入式实时操作系统，μC/OS-Ⅱ 具有 3 个系统任务，最多可创建 255 个任务，除了系统任务外，其余任务称为用户任务，在用户任务中实现所需要的功能。本节介绍 μC/OS-Ⅱ 的系统文件与系统任务，下一章介绍用户任务的创建和管理方法。

5.1.1　μC/OS-Ⅱ 系统文件与配置

　　d 从 www.micrium.com 上下载到最新的 μC/OS-Ⅱ 嵌入式实时操作系统，最新版本号为 V2.91，μC/OS-Ⅱ 共有 14 个系统文件，如表 5-1 所示。

表 5-1　μC/OS-Ⅱ 系统文件

序号	文件作用	文 件 名
1	头文件	μcos_Ⅱ.c、μcos_Ⅱ.h（注：ucos_Ⅱ.c 为头文件）
2	内核文件	os_core.c
3	信号量管理	os_sem.c
4	互斥信号量管理	os_mutex.c
5	消息邮箱管理	os_mbox.c
6	消息队列管理	os_q.c
7	事件标志组管理	os_flag.c
8	任务管理	os_task.c
9	定时器管理	os_tmr.c
10	延时管理	os_time.c
11	存储管理	os_mem.c
12	编译调试信息	os_dbg_r.c（该文件可配置，把"_r"去掉）
13	系统配置文件	os_cfg_r.h（该文件可配置，把"_r"去掉）

如果对 μC/OS-Ⅱ系统内核工作原理感兴趣,需要认真阅读表 5-1 中的全部文件,大约有 11000 多行源代码。如果重点关注 μC/OS-Ⅱ系统的应用程序设计,可以只关心系统配置文件 os_cfg. h,通过该文件对 μC/OS-Ⅱ系统进行裁剪,该文件内容如下:

程序段 5-1　　os_cfg. h 文件

```
1      //Filename:os_cfg. h, Owned by J. J. Labrosse, Micrium
2
3      # ifndef OS_CFG_H
4      # define OS_CFG_H
5
6      # define OS_APP_HOOKS_EN            1u
7      # define OS_ARG_CHK_EN              0u
8      # define OS_CPU_HOOKS_EN            1u
9
```

第 6 行 OS_APP_HOOKS_EN 为 1 表示 μC/OS-Ⅱ支持用户定义的应用程序钩子函数,缺省为支持。第 7 行 OS_ARG_CHK_EN 为 1 表示系统函数进行参数合法性检查,为 0 表示不做合法性检查,缺省为 0,建议设为 1。第 8 行 OS_CPU_HOOKS_EN 为 1 表示支持系统钩子函数,为 0 表示不支持,缺省为 1。

```
10     # define OS_DEBUG_EN                1u
11
12     # define OS_EVENT_MULTI_EN          1u
13     # define OS_EVENT_NAME_EN           1u
14
```

第 10 行 OS_DEBUG_EN 为 1,使调试变量有效,缺省为 1。第 12 行 OS_EVENT_MULTI_EN 为 1 表示支持多事件请求系统函数,缺省为 1,建议设为 0。第 13 行 OS_EVENT_NAME_EN为 1 表示可为各个组件指定名称,缺省为 1,建议为 1。

```
15     # define OS_LOWEST_PRIO             63u
16
```

第 15 行 OS_LOWEST_PRIO 表示用户任务的最大优先级号值,缺省为 63,μC/OS-Ⅱ最多可支持 255 个任务,因此,这里 OS_LOWEST_PRIO 的值最大不要超过 254(因为优先级号从 0 开始,计数到第 254 时,共有 255 个任务;255(即 0xFF)专用于表示当前正在执行任务的任务优先级号)。

```
17     # define OS_MAX_EVENTS              10u
18     # define OS_MAX_FLAGS               5u
19     # define OS_MAX_MEM_PART            5u
20     # define OS_MAX_QS                  4u
21     # define OS_MAX_TASKS               20u
22
```

第 17 行 OS_MAX_EVENTS 指定系统中事件控制块的最大数量,缺省值为 10;第 18 行 OS_MAX_FLAGS 指定事件标志组的最大个数,缺省值为 5;第 19 行 OS_MAX_MEM_PART 指定内存分区的最大个数,缺省值为 5;第 20 行 OS_MAX_QS 指定消息队列的最大个数,缺省值为 4;第 21 行 OS_MAX_TASKS 指定最多可创建的任务个数,缺省值为

20，最小值为 2，因为 μC/OS-Ⅱ 系统要求必须创建空闲任务（系统任务）和至少要有一个用户任务。

```
23      # define OS_SCHED_LOCK_EN              1u
24
25      # define OS_TICK_STEP_EN               1u
26      # define OS_TICKS_PER_SEC              100u
27
```

第 23 行 OS_SCHED_LOCK_EN 为 1 表示用于任务上锁和解锁的函数 OSSchedLock 和 OSSchedUnLock 可用，为 0 表示不可用；第 25 行 OS_TICK_STEP_EN 为 1 表示 μC/OS-View 可观测时钟节拍；第 26 行为时钟节拍频率，默认值为 100 Hz。

```
28      # define OS_TASK_TMR_STK_SIZE          128u
29      # define OS_TASK_STAT_STK_SIZE         128u
30      # define OS_TASK_IDLE_STK_SIZE         128u
31
```

第 28～30 行规定了 3 个系统任务，即定时器任务、统计任务和空闲任务的堆栈大小，均设为 128，单位为 OS_STK，对于 LPC824 而言，OS_STK 为无符号 32 位整型，即 128 相当于 512 字节。

```
32      # define OS_TASK_CHANGE_PRIO_EN        1u
33      # define OS_TASK_CREATE_EN             1u
34      # define OS_TASK_CREATE_EXT_EN         1u
35      # define OS_TASK_DEL_EN                1u
36      # define OS_TASK_NAME_EN               1u
37      # define OS_TASK_PROFILE_EN            1u
38      # define OS_TASK_QUERY_EN              1u
39      # define OS_TASK_REG_TBL_SIZE          1u
40      # define OS_TASK_STAT_EN               1u
41      # define OS_TASK_STAT_STK_CHK_EN       1u
42      # define OS_TASK_SUSPEND_EN            1u
43      # define OS_TASK_SW_HOOK_EN            1u
44
```

第 32～43 行为任务管理相关的宏定义，各行的宏定义值均为 1，依次表示函数 OSTaskChangePrio 可用、OSTaskCreate 函数可用、OSTaskCreateExt 函数可用、OSTaskDel 函数可用、任务可命名、OS_TCB 任务控制块中包括测试信息、OSTaskQuery 函数可用、任务寄存器变量数组长度为 1、统计任务可用、统计任务可统计各个任务的堆栈使用情况、函数 OSTaskSuspend 和 OSTaskResume 可用以及 OSTaskSwHook 函数可用。除了第 39 行的 OS_TASK_REG_TBL_SIZE 外，其余行宏定义的值为 0 时，含义刚好与上述相反。

```
45      # define OS_FLAG_EN                    1u
46      # define OS_FLAG_ACCEPT_EN             1u
47      # define OS_FLAG_DEL_EN                1u
48      # define OS_FLAG_NAME_EN               1u
49      # define OS_FLAG_QUERY_EN              1u
```

```
50      # define OS_FLAG_WAIT_CLR_EN              1u
51      # define OS_FLAGS_NBITS                   16u
52
```

第 45～51 行为事件标志组相关的宏定义，第 45～50 行的宏定义值均为 1，各行的含义依次为事件标志组可用、函数 OSFlagAccept 可用、函数 OSFlagDel 可用、可为事件标志组命名、函数 OSFlagQuery 可用、等待清除事件标志的代码有效；上述各行的宏定义值为 0 时，其含义刚好相反。第 51 行将事件标志 OS_FLAGS 类型宏定义为 16 位无符号整型。如果第 45 行的宏定义改为 0，则事件标志组被裁剪掉了，于是第 46～51 行无效。

```
53      # define OS_MBOX_EN                       1u
54      # define OS_MBOX_ACCEPT_EN                1u
55      # define OS_MBOX_DEL_EN                   1u
56      # define OS_MBOX_PEND_ABORT_EN            1u
57      # define OS_MBOX_POST_EN                  1u
58      # define OS_MBOX_POST_OPT_EN              1u
59      # define OS_MBOX_QUERY_EN                 1u
60
```

第 53～59 行为消息邮箱相关的宏定义，各行的宏定义值均为 1，其含义依次为：消息邮箱可用、函数 OSMboxAccept 可用、函数 OSMboxDel 可用、函数 OSMboxPendAbort 可用、函数 OSMboxPost 可用以及函数 OSMboxQuery 可用；如果各行的宏定义值为 0，则含义刚好相反。如果第 53 行的宏定义值为 0，则消息邮箱被裁剪掉了，于是第 54～59 行无效。

```
61      # define OS_MEM_EN                        1u
62      # define OS_MEM_NAME_EN                   1u
63      # define OS_MEM_QUERY_EN                  1u
64
```

第 61～63 行为存储管理相关的宏定义，各行的宏定义值均为 1，依次表示：存储管理组件可用、可为内存分区命名以及函数 OSMemQuery 可用；如果各行的宏定义值为 0，含义刚好相反。如果第 61 行的宏定义值为 0，则存储管理组件被裁剪掉了，则第 62～63 行无效。

```
65      # define OS_MUTEX_EN                      1u
66      # define OS_MUTEX_ACCEPT_EN               1u
67      # define OS_MUTEX_DEL_EN                  1u
68      # define OS_MUTEX_QUERY_EN                1u
69
```

第 65～68 行为互斥信号量相关的宏定义，各行的宏定义值均为 1，依次为：互斥信号量组件可用、函数 OSMutexAccept 可用、函数 OSMutexDel 可用以及函数 OSMutexQuery 可用；如果各行的宏定义值为 0，则含义刚好相反。如果第 65 行的宏定义值为 0，则互斥信号量被从系统中裁剪掉了，于是第 66～68 行无效。

```
70      # define OS_Q_EN                          1u
71      # define OS_Q_ACCEPT_EN                   1u
72      # define OS_Q_DEL_EN                      1u
```

```
73      # define OS_Q_FLUSH_EN                    1u
74      # define OS_Q_PEND_ABORT_EN               1u
75      # define OS_Q_POST_EN                     1u
76      # define OS_Q_POST_FRONT_EN               1u
77      # define OS_Q_POST_OPT_EN                · 1u
78      # define OS_Q_QUERY_EN                    1u
79
```

第 70～78 行为消息队列相关的宏定义，各行的宏定义值均为 1，依次表示：消息队列组件可用、函数 OSQAccept 可用、函数 OSQDel 可用、函数 OSQFlush 可用、函数 OSQPendAbort 可用、函数 OSQPost 可用、函数 QPostFront 可用、函数 OSQPostOpt 可用以及函数 OSQQuery 可用；当各行的宏定义值为 0 时，含义刚好与上述相反。当第 70 行的宏定义值为 0 时，消息队列组件被从系统中裁剪掉，则第 71～78 行无效。

```
80      # define OS_SEM_EN                        1u
81      # define OS_SEM_ACCEPT_EN                 1u
82      # define OS_SEM_DEL_EN                    1u
83      # define OS_SEM_PEND_ABORT_EN             1u
84      # define OS_SEM_QUERY_EN                  1u
85      # define OS_SEM_SET_EN                    1u
86
```

第 80～85 行为信号量相关的宏定义，各行的宏定义值均为 1，依次表示：信号量组件可用、函数 OSSemAccept 可用、函数 OSSemDel 可用、函数 OSSemPendAbort 可用、函数 OSSemQuery 可用以及函数 OSSemSet 可用；如果各行的宏定义值为 0，则含义刚好相反。如果第 80 行的宏定义值为 0，则信号量被从系统中裁剪掉了，于是第 81～85 行均无效。

```
87      # define OS_TIME_DLY_HMSM_EN              1u
88      # define OS_TIME_DLY_RESUME_EN            1u
89      # define OS_TIME_GET_SET_EN               1u
90      # define OS_TIME_TICK_HOOK_EN             1u
91
```

第 87～90 行为延时管理相关的宏定义，各行的宏定义值为 1，依次表示：函数 OSTimeDlyHMSM 可用、函数 OSTimeDlyResume 可用、函数 OSTimeGet 和 OSTimeSet 可用以及函数 OSTimeTickHook 可用；如果各行的宏定义值为 0，则其含义刚好相反。

```
92      # define OS_TMR_EN                        1u
93      # define OS_TMR_CFG_MAX                   16u
94      # define OS_TMR_CFG_NAME_EN               1u
95      # define OS_TMR_CFG_WHEEL_SIZE            8u
96      # define OS_TMR_CFG_TICKS_PER_SEC         10u
97
98      # endif
```

第 92～96 行为定时器管理相关的宏定义，第 92 行 OS_TMR_EN 为 1 表示使用定时器任务；为 0 表示关闭定时器任务。第 93 行 OS_TMR_CFG_MAX 用于设置最大可创建的定时器个数，缺省值为 16。第 94 行 OS_TMR_CFG_NAME_EN 为 1 表示可为定时器命名。第 95 行 OS_TMR_CFG_WHEEL_SIZE 表示定时器盘的个数，默认值为 8。第 96 行 OS_TMR_CFG_TICKS_PER_SEC 表示定时器的频率，默认值为 10 Hz。

下面将 os_cfg.h 文件中常用的配置宏列在表 5-2 中。

表 5-2　针对 LPC824 的 μC/OS-Ⅱ系统常用配置

序号	宏常量名	默认值	建议值	建议值含义
1	OS_EVENT_MULTI_EN	1	1	当不使用多事件请求时，该值建议设为 0。这里由于第 9 章介绍了多事件请求组件，故将该值设为 1
2	OS_LOWEST_PRIO	63	26	空闲任务优先级号为 26，统计任务优先级号为 25，定时器任务优先级号为 24，用户任务优先级号为 0~23
3	OS_MAX_TASKS	20	20	最多可创建 20 个用户任务，用户任务数和优先级号不需要一一对应，但需要满足每个任务必须有独一无二的优先级号，且满足 OS_MAX_TASKS≤OS_LOWERST_PRIO-1
4	OS_MAX_EVENTS	10	10	事件个数最多为 10 个
5	OS_MAX_FLAGS	5	2	事件标志组个数最多为 2 个
6	OS_MAX_QS	4	2	消息队列个数最多为 2 个
7	OS_MAX_MEM_PART	5	2	内存分区个数最多为 2 个
8	OS_TICKS_PER_SEC	100	100	系统节拍时钟频率为 100 Hz
9	OS_TASK_TMR_STK_SIZE	128	80	定时器任务堆栈大小为 80(320 B)
10	OS_TASK_STAT_STK_SIZE	128	80	统计任务堆栈大小为 80(320 B)
11	OS_TASK_IDLE_STK_SIZE	128	128	空闲任务堆栈大小为 128(512 B)
12	OS_TASK_CREATE_EXT_EN	1	1	允许使用 OSTaskCreateExt 创建任务
13	OS_FLAG_EN	1	1	事件标志组可用
14	OS_MBOX_EN	1	1	消息邮箱组件可用
15	OS_MEM_EN	1	1	存储管理组件可用
16	OS_MUTEX_EN	1	1	互斥信号量组件可用
17	OS_Q_EN	1	1	消息队列组件可用
18	OS_SEM_EN	1	1	信号量组件可用
19	OS_TIME_DLY_HMSM_EN	1	1	函数 OSTimeDlyHMSM 可用
20	OS_TMR_EN	1	1	定时器任务可用
21	OS_TMR_CFG_MAX	16	6	软定时器的最大个数为 6 个
22	OS_DEBUG_EN	1	0	关闭调试信息
23	OS_TICK_STEP_EN	1	0	关闭 μC/OS-View 的系统节拍步进观测
24	OS_TMR_CFG_TICKS_PER_SEC	10	10	软定时器频率为 10 Hz

按表 5-2 中的配置，工程中最多可创建的用户任务数为 20 个，优先级号取值为 4~23(优先级号 0~3 预留给优先级继承优先级号)，μC/OS-Ⅱ自动把 OS_LOWEST_PRIO(这里为 26)设置为空闲任务的优先级号，把 OS_LOWEST_PRIO-1(这里为 25)设置为统

计任务的优先级号(如果统计任务有效)。在工程中,把定时器任务的优先级号定义为 24,其他用户任务的优先级号为 4~23。在 μC/OS-Ⅱ 中要求每个任务有独一无二的优先级号,且满足 OS_MAX_TASKS ≤ OS_LOWEST_PRIO-1,优先级号的最大值为 254,可见,表 5-2 中的定义满足这些要求。

在 μC/OS-Ⅱ 中,优先级号值越小,优先级越高,因此,优先级号为 0 的任务优先级最高,优先级号为 OS_LOWEST_PRIO 的空闲任务优先级最低,而由于统计任务的优先级号固定为 OS_LOWEST_PRIO-1,因此统计任务的优先级只比空闲任务高。μC/OS-Ⅱ 要求每个任务具有独立的堆栈空间,由于 LPC824 片上 RAM 空间为 8 KB,而每个任务的堆栈一般要在 200 B 以上,且 μC/OS-Ⅱ 系统占用了一定数量的 RAM 空间(3 KB 左右),因此,LPC824 最大可容纳 20 个用户任务。

5.1.2　空闲任务

μC/OS-Ⅱ 具有 3 个系统任务,即空闲任务、统计任务和定时器任务,统计任务用于统计 CPU 的使用率和各个任务的堆栈使用情况,定时器任务用于创建系统定时器,而空闲任务是当所有其他任务均没有使用 CPU 时,空闲任务占用 CPU,因此,空闲任务是 μC/OS-Ⅱ 中优先级最低的任务,该任务实现的工作为:每执行一次空闲任务,系统全局变量 OSIdleCtr 自增 1;每次空闲任务的执行都将调用一次钩子函数 OSTaskIdleHook,用户可以通过该钩子函数扩展功能。

5.1.3　统计任务

统计任务的优先级号固定为 OS_LOWEST_PRIO-1,仅比空闲任务的优先级高,对于 μC/OS-Ⅱ V2.91 而言,每 0.1 秒执行统计任务一次,将统计这段时间内空闲任务运行的时间,用 OSIdleCtr 表示,用该数值与 0.1 秒时间内只有空闲任务运行时的 OSIdleCtr 的值(用 OSIdleCtrMax 表示,在 OSStatInit 函数中统计到该值)相比,即得到这 0.1 秒时间内的 CPU 空闲率,1 减去 CPU 空闲率的差为 CPU 使用率。

当需要查询某个任务的堆栈使用情况时,必须在创建这个任务时把它的堆栈内容全部清零,这样,统计任务在统计每个任务的堆栈使用情况时,统计其堆栈中不为 0 的元素个数,该值为其堆栈使用的长度,堆栈总长度减去前者即得到该任务的空闲空间长度。

当程序段 5-1 的第 40 行 OS_TASK_STAT_EN 为 1 时,则开启 μC/OS-Ⅱ 统计任务功能。此时需要在第一个用户任务的无限循环体前面插入语句"OSStatInit();"以初始化统计任务,并且要求使用函数 OSTaskCreateExt 创建用户任务,最后一个参数使用"OS_TASK_OPT_STK_CHK| OS_TASK_OPT_STK_CLR"。统计任务可以统计用户任务的 CPU 占用率以及各个用户任务的堆栈占用情况。

一般地,在第一个用户任务中显示 CPU 使用率和用户任务堆栈占用情况,CPU 使用率保存在一个系统全局变量 OSCPUUsage 中,其值为 0~100 的整数,如果为 5,则表示 CPU 使用率为 5%。

当查询某个任务的堆栈使用情况时,需要定义结构体变量类型 OS_STK_DATA 的变量,然后调用函数 OSTaskStkChk,该函数有两个参数,第一个为任务优先级号,第二个为指向 OS_STK_DATA 变量的指针。例如,

```
OS_STK_DATA    StkData;
OSTaskStkChk(2,&StkData);
```

则将优先级号为 2 的任务的堆栈使用情况保存在 StkData 变量中,其中,StkData.OSFree
为该任务空闲的堆栈大小,StkData.OSUsed 为该任务使用的堆栈大小,单位为字节。

5.1.4　定时器任务

根据表 5-2 所示的配置方式,在后续的工程中将定时器任务的优先级号配置为 24。
定时器任务属于系统任务,由 μC/OS-Ⅱ系统提供,它的主要作用在于创建软定时器(或称
系统定时器)。程序段 5-1 中第 93 行宏定义了常量 OS_TMR_CFG_MAX 为 16,表示最
多可以创建 16 个软定时器,因为软定时器占用 RAM 空间较多,所以本书建议仅创建6 个
软定时器。但是,μC/OS-Ⅱ定时器任务可创建的软定时器数量仅受软定时器数据类型的
限制,对于 16 位无符号整型而言,可创建多达 65 536 个软定时器。

创建软定时器的步骤为:

(1) 定义一个软定时器,例如:"OS_TMR * Timer01;";然后定义该软定时器的回
调函数,例如:"void Timer01Func(void * ptmr, void * callback_arg);",回调函数是指
软定时器定时完成后将自动调用的函数,一般地在该函数中释放信号量或消息邮箱,激活
某个用户任务去执行特定的功能。

(2) 调用 OSTmrCreate 函数创建该软定时器,例如:

```
Timer01=OSTmrCreate(10,10,OS_TMR_OPT_PERIODIC,
                    Timer01Func,(void *)0,"User Timer 01",&err);
```

OSTmrCreate 函数有 7 个参数,依次为:初次定时延时值、定时周期值、定时方式、
回调函数、回调函数参数、定时器名称和出错信息码。初次定时延时值,表示第一次定时
结束时要经历的时间;定时周期值表示周期性定时器的定时周期。这里都为 10,由于定时
器的频率为 10 Hz,因此,10 表示 1 秒。定时方式有两种,即周期型定时 OS_TMR_OPT_
PERIODIC 和单拍型定时 OS_TMR_OPT_ONE_SHOT,后者定时器仅执行一次,延时时
间为其第一个参数,此时,第二个参数无效,所以,回调函数将仅被执行一次。

(3) 软定时器的动作主要有:启动软定时器,如"OSTmrStart(Timer01,&err);";停
止定时器,停止定时器函数原型为:

```
OSTmrStop(OS_TMR * ptmr, INT8U opt, void * callback_arg, INT8U * perr);
```

上述函数的四个参数依次为:定时器、定时器停止后是否调用回调函数的选项、传递
给回调函数的参数和出错信息码。当 opt 为 OS_TMR_OPT_NONE 时,不调用回调函数;
当为 OS_TMR_OPT_CALLBACK,定时器停止时调用回调函数,使用原回调函数的参数;当为
OS_TMR_OPT_CALLBACK_ARG 时,定时器停止时调用回调函数,但使用OSTmrStop 函数中
指定的参数 callback_arg。

(4) 可获得软定时器的状态,例如,

```
INT8U   Timer01State;
Timer01State=OSTmrStateGet(Timer01,&err);
```

上述代码将返回定时器 Timer01 当前的状态,如果定时器没有创建,则返回常量 OS_TMR
_STATE_UNUSED;如果定时器处于运行态,返回常量 OS_TMR_STATE_RUNNING;

如果定时器处于停止状态,则返回常量 OS_TMR_STATE_STOPPED。

(5) 当定时到期时,将自动调用定时器的回调函数,一般地,不允许在回调函数中放置耗时较多的数据处理代码,通常回调函数只有几行代码,用于释放信号量或消息邮箱。

5.2 信号量与互斥信号量

当任务 A 控制任务 X 的执行,或者说,任务 X 同步任务 A 的执行,称为一对一的同步请求,常常用到信号量和互斥信号量。当任务 A 控制多个任务 X、Y 和 Z 等的执行,即多个任务 X、Y 和 Z 等同步任务 A 的执行,称为多对一的同步请求,此时为避免死锁,常使用互斥信号量。下面介绍信号量和互斥信号量的基本用法。

5.2.1 信号量

信号量的工作原理如图 5-1 所示。

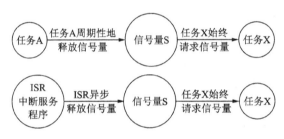

图 5-1 信号量工作原理

由图 5-1 可知,借助于信号量,任务 X 可以同步另一个任务 A 的执行,也可同步中断服务程序的执行。信号量本质上是一个全局的计数器变量,当任务 A 释放该信号量时,信号量 S 的值自增 1,任务 A 周期性地释放信号量 S,则 S 的值周期性地自增 1;任务 X 始终请求信号量 S,如果 S 的值大于 0,表示信号量有效,任务 X 将请求成功,之后信号量 S 的值自减 1,当信号量 S 的值为 0 时,表示无信号量,则任务 X 需等待,直到某个任务 A 释放信号量 S,使 S 的值大于 0。

中断服务程序可以释放信号量。当某一个中断到来后,其中断服务程序得到执行,一般地,中断服务程序不应包括太多的处理代码,而应该通过释放信号量,使请求该信号量的任务就绪去执行与该中断相关的操作。

信号量相关的主要操作有:创建信号量 OSSemCreate、请求信号量 OSSemPend 和释放信号量 OSSemPost。使用信号量的步骤为:

(1) 定义事件,如:"OS_EVENT *Sem01;"。

(2) 创建信号量,如"Sem01=OSSemCreate(0);",此时,创建了信号量 Sem01,信号量的初始值为 0。

(3) 在任务 A 中周期性地释放该信号量,调用"OSSemPost(Sem01);"实现。

(4) 在任务 X 中请求该信号量,用"OSSemPend(Sem01,0,&err);"实现,该函数的第二个参数表示等待超时,如果为 0,表示请求不到信号量时永久等待;如果为大于 0 的整数,则任务 X 等待该整数值的时钟节拍后,仍然没有请求到信号量时,则不再等待而继续执行。

信号量还支持多对一的同步,如图 5-2 所示。

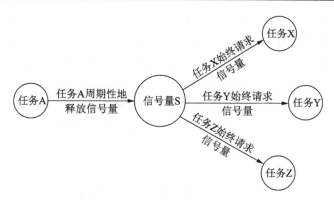

图 5-2　多个任务同步一个任务的情况

图 5-2 所示情况下，任务 X、Y、Z 的执行将受任务 A 的控制，每个任务请求到信号量后，应延时一段时间再继续请求，否则，将只有任务优先级最高的任务与任务 A 同步。当任务 X、Y 和 Z 请求到信号量后，需要访问共享资源，则有可能导致死锁。这种情况下需要使用互斥信号量。

5.2.2　互斥信号量

当有多个任务因为使用同一个共享资源而请求同一个信号量时，可能会造成死锁（参考文献[10]），互斥信号量可以有效地解决死锁问题，保证某个任务对共享资源的独占式访问，即当某个任务访问共享资源时，其他要访问共享资源的任务（无论其优先级比当前任务高还是低）需要等到该任务使用完共享资源后再进行访问。其工作原理为：当低优先级的任务请求到互斥信号量而使用共享资源时将临时提升该任务的优先级，使其略高于全部要请求互斥信号量的任务的优先级，这种现象称为优先级提升或优先级反转，提升后的优先级称为优先级继承优先级（PIP）。当该任务使用完共享资源后，其优先级将还原为原来的优先级。

互斥信号量的工作情况如图 5-3 所示。

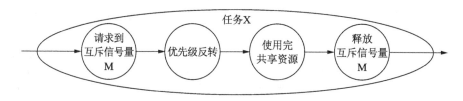

图 5-3　互斥信号量使用情况

互斥信号量只有 0 和 1 两个值，表示两种状态，即互斥信号量被占用和未被占用。如图 5-3 所示，某一任务 X 需要使用共享资源时，首先需要请求互斥信号量 M，如果没有请求到，说明共享资源被其他任务正在使用；如果请求到 M，则优先级反转到比其他要请求该共享资源的所有任务的优先级略高的优先级继承优先级，任务 X 使用完共享资源后，释放互斥信号量 M。可见，互斥信号量的请求和释放是在同一个任务中实现的。

使用互斥信号量的步骤如下：

（1）定义事件，如"OS_EVENT ＊Mutex01;"。

（2）定义优先级继承优先级（PIP）的值 PIP_Prio，PIP 的数值应比所有请求同一共享资源的任务的优先级号数值要小。

（3）创建互斥信号量，如"Mutex01＝OSMutexCreate(PIP_Prio，&err);"。

（4）如果某一任务 X 要使用共享资源，应先调用 OSMutexPend 函数请求互斥信号量，如"OSMutexPend(Mutex01，0，&err);"；请求到互斥信号量之后，开始使用共享资源，使用完后再调用 OSMutexPost 函数释放互斥信号量，如"OSMutexPost(Mutex01);"。函数 OSMutexPend 的第 2 个参数为等待超时参数，如果为 0，表示请求不到互斥信号量时，一直等待；如果为大于 0 的整数，表示等待该整数值的时钟节拍后，仍然请求不到互斥信号量时，则放弃等待。

5.3　消息邮箱与消息队列

信号量仅能实现任务间的同步，如果任务间要进行数据通信，则只能借助于消息邮箱或消息队列，数据以消息的形式在任务间传送。消息邮箱可以视为消息队列的特殊情况，即只包含一个消息的消息队列可视为消息邮箱。下面介绍消息邮箱和消息队列的用法。

5.3.1　消息邮箱

共享资源可以实现任务间的数据通信，共享资源是指所有任务均可以访问但是某一时刻仅能有一个任务访问和使用的资源。使用共享资源进行任务间的通信，容易造成数据混乱和死锁。消息邮箱是一种借助共享资源的访问机制，使用消息邮箱可以安全地实现任务间的数据通信。消息邮箱的基本原理为：借助全局的一维数组变量 V，在某一任务 A 中，将消息释放到该数组 V 中，V 即所谓的消息邮箱，另一任务 X 始终在请求消息邮箱 V，当发现邮箱中有消息时，将消息接收到任务 X 中。消息邮箱常用的函数如表 5-3 所示。

表 5-3　消息邮箱的常用函数

序号	函数原型	含　义
1	OS_EVENT 　＊OSMboxCreate(void ＊msg);	创建并初始化一个消息邮箱。如果参数不为空，则新建的邮箱将包含消息
2	void ＊OSMboxPend(OS_EVENT ＊pevent, 　　　　　　　INT16U　timeout, 　　　　　　　INT8U　＊perr);	向邮箱请求消息，如果邮箱中有消息，则消息传递到任务中，邮箱清空；如果邮箱中没有消息，当前任务等待，直到邮箱中有消息或等待超时。timeout 为 0 时表示一直等待，直到有消息到来；为大于 0 的整数值时，等待 timeout 时钟节拍后，如果没有消息到来，则不再等待
3	INT8U　OSMboxPost (OS_EVENT ＊pevent, 　　　　　　　void　＊pmsg);	向邮箱中释放消息
4	INT8U OSMboxPostOpt (OS_EVENT ＊pevent, 　　　　　　　void ＊pmsg, 　　　　　　　INT8U opt);	向邮箱中释放消息。opt 可取： （1）OS_POST_OPT_BROADCAST，消息将广播给所有请求该消息邮箱的任务； （2）OS_POST_OPT_NONE，此时与 OS-MboxPost 含义相同； （3）OS_POST_OPT_NO_SCHED，释放消息后不进行任务调度，可用于一次性地释放多个消息后，再进行任务调度

消息邮箱的工作情况如图 5-4 所示。

由图 5-4 可知，任务和中断服务程序可以释放消息，只有任务才能请求消息，邮箱中仅能存放一条消息，如果释放消息的速度比请求消息的速度快，则原来的消息将丢失。可以通过广播的方式，使得释放的消息传递给所有请求该消息邮箱的任务。如果当前邮箱为空，且有某一任务 X 正在请求邮箱，则当另一任务 A 向邮箱中释放消息时，释放的消息将直接送给任务 X，而不用经过

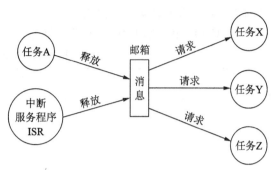

图 5-4 消息邮箱的工作情况

邮箱中转。如果使用哑元消息(如(void ∗)1)，可以实现一对一或多对一的同步，此时消息邮箱与信号量的作用相同。但是，用作同步，消息邮箱比信号量的速度慢。

消息邮箱的用法如下：

(1) 定义事件，如"OS_EVENT ∗ Mbox01;"。

(2) 定义全局一维数组保存消息，如"INT8U Message[80];"。

(3) 创建消息邮箱，如"Mbox01＝OSMboxCreate(NULL);"，NULL 参数表示创建的邮箱中没有消息。

(4) 在某一个任务 A 中释放消息，如："OSMboxPost(Mbox01,(void ∗)Message);"，如果发送的消息为"Msg:A-X"，则需要事先将该消息存在 Message 中，可以使用"strcpy((char ∗)Message,"Msg:A-X");"。

(5) 在另一个任务 X 中请求消息，如"pmsg＝OSMboxPend(Mbox01,0,&err);"，这里的 pmsg 为"void ∗"类型的任务局部变量，这样，消息"Msg:A-X"就从任务 A 传递到任务 X 中来。

5.3.2 消息队列

消息队列可以视为消息邮箱的数组形式，消息邮箱一次只能传递一则消息，而消息队列可以一次传递多则消息。因此，消息邮箱是消息队列的一种特例。消息队列的工作情况如图 5-5 所示。

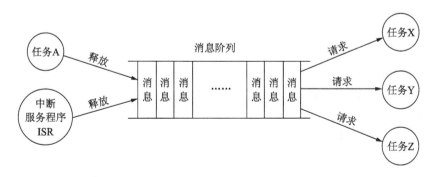

图 5-5 消息队列的工作情况

由图 5-5 可知，任务和中断服务程序可以向消息队列中释放消息，只有任务才能从消息队列中请求消息，任务可以始终请求消息，也可周期性地请求消息。消息队列具有一定

的长度，其长度为可包含的消息个数，如果向队列中释放消息的速度大于从队列中请求消息的速度，那么消息队列将溢出。

在 μC/OS-Ⅱ V2.91 中，消息队列相关的管理函数约有 10 个，常用的 5 个列于表 5-4 中。

表 5-4　常用的消息队列管理函数

序号	函数原型	含　义
1	OS_EVENT * OSQCreate(void ** start, 　　　　　　　　　　INT16U　size)	创建一个消息队列。size 表示消息队列的长度
2	void * OSQPend(OS_EVENT * pevent, 　　　　　　INT16U timeout, 　　　　　　INT8U * perr)	向队列请求消息。timeout 表示请求延时值，如果为 0，表示请求不到消息时一直等待；当 timeout 为某个大于 0 的整数时，请求消息的任务在等待 timeout 后，还没有请求到消息时，则不再等待
3	INT8U OSQPost(OS_EVENT * pevent, 　　　　　　void * pmsg)	向队列中释放消息。消息队列为首尾相连的圆周型队列，满足先进先出（FIFO）规则，释放的消息放在队列末尾
4	INT8U OSQPostFront(OS_EVENT * pevent, 　　　　　　　void * pmsg)	向队列中释放消息。与 OSQPost 不同的是，该函数向队列的头部放置消息，从而形成后进先出（LIFO）的请求规则
5	INT8U OSQPostOpt (OS_EVENT * pevent, 　　　　　　　void * pmsg, 　　　　　　　INT8U opt)	向队列中释放消息。opt 可取以下值： （1）OS_POST_OPT_NONE，与 OSQPost 相同 （2）OS_POST_OPT_FRONT，与 OSQPostFront 相同 （3）OS_POST_OPT_BROADCAST，每个消息均广播给所有请求队列的任务 （4）OS_POST_OPT_NO_SCHED，释放消息后不进行任务调度，借助该参数可以一次性向队列中释放多个消息，在释放完最后一个消息后，不使用该参数，进行任务调度

消息队列的使用方法如下：

（1）定义事件，如"OS_EVENT　* Queue01;"。

（2）定义一维指针数组，如"void * QMessage[10];"；定义全局二维数组存放队列中的消息，如"INT8U QMsg[10][80];"。

（3）创建消息队列，如"Queue01＝OSQCreate(&QMessage[0]，10);"，这里创建了一个长度为 10 的消息队列。

（4）在某一任务 A 中，向队列中释放消息，如"OSQPost(Queue01，(void *)&QMsg[0][0];"。

（5）在另一任务 X 中，向队列请求消息，如"pmsg＝OSQPend(Queue01，0，&err);"，这里 pmsg 为"void *"类型的局部变量，指向请求到的消息。

消息队列和消息邮箱一样，是一种任务间的通信机制，需要借助于全局变量实现。

5.4　事件标志组

事件标志组是一种比信号量更加灵活的任务间同步方式,可以实现多个任务间的同步控制。事件标志是 OS_FLAGS 类型的变量(默认为 16 位无符号整型)。事件标志组的事件释放就是使事件标志中的某些位为 1、某些位为 0,而请求事件标志组,按一定的规则,查询某些位为 1 或某些位为 0,如果满足特定的条件,则请求成功;否则等待。事件标志组的工作原理如图 5-6 所示。

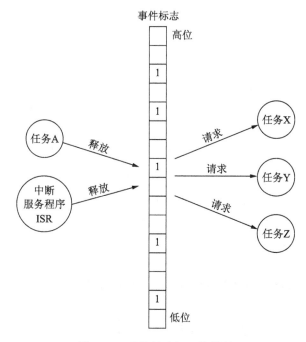

图 5-6　事件标志组工作情况

从图 5-6 可知,任务和中断服务程序可以向事件标志组中释放事件标志,只有任务才能请求事件标志组。如果图 5-6 所示的为一种事件标志的模式,则该请求规则为 0x2912,即标注为 1 的位置的位的值为 1。只考虑其各位为 1 或其组合情况下的事件标志,就可以有 $2^{16}-1$ 种规则(有些规则不互斥,例如,0x000B 包含 0x000A 等),这相当于 $2^{16}-1$ 个信号量。常用的事件标志组函数如表 5-5 所示。

事件标志组的用法如下:

(1)定义事件标志组,如"OS_FLAG_GRP　＊FlagGrp01;"。在 μC/OS‐Ⅱ 中,信号量、消息邮箱和消息队列共用事件类型 OS_EVENT,在程序段 5-1 中第 17 行规定了最大事件数为 10,表示信号量、消息邮箱和消息队列的个数之和不能超过 10 个(而第 20 行还规定了消息队列不能超过 4 个);而事件标志组使用类型 OS_FLAG_GRP。第 18 行规定了事件标志组的个数不能超过 5 个。

(2)调用 OSFlagCreate 函数创建事件标志组,如"FlagGrp01＝OSFlagCreate(0x0000,&err);",这里将事件标志的全部位清零。

(3)在某一任务 A 中释放该事件标志组,如"OSFlagPost(FlagGrp01,0x00AA,OS_

FLAG_SET，&err）”将事件标志的第 1、3、5 和 7 位设为 1。

表 5-5　常用的事件标志组函数

序号	函数原型	含　义
1	OS_FLAG_GRP * OSFlagCreate(OS_FLAGS flags, INT8U * perr)；	创建并初始化事件标志组
2	OS_FLAGS OSFlagPend(OS_FLAG_GRP * pgrp, OS_FLAGS flags, INT8U wait_type, INT16U timeout, INT8U * perr)；	请求事件标志组，wait_type 为请求规则，常用规则为 OS_FLAG_WAIT_SET_ALL + OS_FLAG_CONSUME，表示请求的位全部置 1，且请求完后全部清 0；请求的位由 flags 中为 1 的位指定。timeout 为请求延时值，单位为时钟节拍，当为 0 时表示请求不到时永久等待
3	OS_FLAGS OSFlagPost(OS_FLAG_GRP * pgrp, OS_FLAGS flags, INT8U opt, INT8U * perr)；	释放事件标志组。常用的 opt 参数为 OS_FLAG_SET，即将 flags 中位为 1 的位全部置为 1

（4）在另一个任务 X 中按设定的规则请求事件标志组，如“flags＝OSFlagPend(Flag-Grp01，0x000A，OS_FLAG_WAIT_SET_ALL + OS_FLAG_CONSUME，0，&err)；”这里，0x000A 表示请求规则为事件标志的第 1 位和第 3 位为 1，因此，OS_FLAG_WAIT_SET_ALL + OS_FLAG_CONSUME 表示当事件标志的第 1 位和第 3 位为 1 时请求成功，请求成功后清零第 1 位和第 3 位。

事件标志组的请求规则和释放规则很灵活，可以实现多对多任务的同步。

5.5　μC/OS-Ⅱ 在 Cortex-M0＋微控制器上的移植

将 μC/OS-Ⅱ 中不使用的组件从系统中移除，称为 μC/OS-Ⅱ 的裁剪；把 μC/OS-Ⅱ 运行到特定的硬件平台上，称为移植。移植分为广义的移植和狭义的移植，前者针对某类处理器的移植，例如，针对 Cortex-M0＋微控制器的移植；后者针对某一个特定的微处理器型号进行移植，例如，针对 LPC824 微控制器的移植。在这两类移植中，均有三个移植文件，即 os_cpu.h、os_cpu_c.c 和 os_cpu_a.s，依次包含自定义数据类型、堆栈管理和任度切换管理等。这些移植文件都可以从 Micrium 网站上下载到，不需要用户编写，关于这些文件的详细情况请参考文献[9，10]和“μC/OS-Ⅱ and ARM Processors Application Note”第 56 页（来自网站 http://www.micrium.com）。

下面将介绍一下 os_cpu.h 中自定义的数据类型，这些类型直观简单，也被用户应用程序采用，如程序段 5-2 所示。

程序段 5-2　os_cpu.h 中的自定义类型

```
1    typedef unsigned char      BOOLEAN；
2    typedef unsigned char      INT8U；
3    typedef signed char        INT8S；
```

4	typedef unsigned short	INT16U；
5	typedef signed short	INT16S；
6	typedef unsigned int	INT32U；
7	typedef signed int	INT32S；
8	typedef float	FP32；
9	typedef double	FP64；
10		
11	typedef unsigned int	OS_STK；
12	typedef unsigned int	OS_CPU_SR；

上述类型中，最常用的类型有：无符号 8 位整型 INT8U、无符号 16 位整型 INT16U、无符号 32 位整型 INT32U、堆栈类型 OS_STK(本质上为无符号 32 位整型)和用于保存寄存器变量值的类型 OS_CPU_SR(本质上为无符号 32 位整型)。其中，OS_CPU_SR 类型只有在用到临界段处理宏函数 OS_ENTER_CRITICAL()和 OS_EXIT_CRITICAL()时才使用，因为这两个函数中用到了局部变量 cpu_sr，因此，需要在调用临界段处理函数的函数中，添加代码"OS_CPU_SR　cpu_sr；"，注意变量名只能为 cpu_sr。

本 章 小 结

本章详细介绍了 μC/OS‑Ⅱ 的配置文件、系统任务和各个组件，重点在于统计任务和定时器任务的使用方法，以及信号量、互斥信号量、消息邮箱、消息队列和事件标志组等系统组件的概念和使用方法等。一般地，一对一或多对一的同步请求使用信号量；有共享资源使用的同步请求，为避免死锁，使用互斥信号量；一对一或多对一的通信请求，使用消息邮箱；多对一或多对多的通信请求，使用消息队列；多对多的同步事件请求使用事件标志组，这里的"多对多"是多个独立的一对一的组合，请求无重叠。此外，μC/OS‑Ⅱ支持一对多的请求处理，可用于一个任务同时请求多个信号量、消息邮箱和消息队列，称为多事件请求组件，将在第 9 章介绍。

第六章　μC/OS - Ⅱ 任务

本章介绍嵌入式实时操作系统 μC/OS - Ⅱ 的用户任务管理方法和基于 μC/OS - Ⅱ 的 Keil MDK 工程程序框架，然后，基于 LPC824 学习板介绍串口通信方法，最后，将讨论统计任务的使用方法。本章的工程程序框架实现了 LED 灯闪烁和串口通信的功能，后续章节的工程均在这个程序框架的基础上，添加新的任务，扩展新的功能。

6.1　μC/OS - Ⅱ 用户任务

相对于系统任务而言，μC/OS - Ⅱ 应用程序中用户创建的任务称为用户任务，每个用户任务都在周期性执行着某项工作，或请求到事件后执行相应的功能。用户任务的特点为：

(1) 用户任务对应的函数体是一个带有无限循环的函数，由于具有无限循环，故该类函数没有返回值。

(2) 用户任务对应的函数具有一个"void ＊"类型的指针参数，该指针可以指向任何类型的数据，通过该指针在任务创建时向任务传递一些数据，这种传递只能发生一次，即创建任务的时候，一旦任务开始工作，就无法再通过该函数参数向任务传递数据了。

(3) 每个用户任务具有唯一的优先级号，取值范围为 0～OS_LOWEST_PRIO - 3(OS_LOWEST_PRIO 为 os_cfg.h 中宏定义的常量，最大值为 254)，一般地，系统的空闲任务优先级号为 OS_LOWEST_PRIO，统计任务的优先级号为 OS_LOWEST_PRIO - 1，定时器任务的优先级号被设定为 OS_LOWEST_PRIO - 2。此外，需要为优先级继承优先级留出优先级号，所以，用户任务的优先级号一般为 4～OS_LOWEST_PRIO - 3。在本书基于 LPC824 的工程中，OS_LOWEST_PRIO 被宏定义为 26(参考表 5 - 2)，用户任务的优先级号取值为 4～23。

(4) 每个用户任务具有独立的堆栈，使用 OS_STK 类型定义堆栈，堆栈数组的大小一般要在 50(即 200 字节)以上。

在 μC/OS - Ⅱ V2.91 中，用户任务管理相关的函数有 11 个，这里列出最常用的 6 个，如表 6 - 1 所示，其余函数请参考文献[7]。

表 6 - 1　常用的用户任务管理函数

序号	函数原型	含　义
1	INT8U　OSTaskCreate(void (＊ task)(void ＊ p_arg), void ＊ p_arg, OS_STK ＊ ptos, INT8U prio);	创建一个用户任务。四个参数的含义依次为：用户任务对应的函数名、函数参数、任务堆栈、任务优先级号

序号	函数原型	含义
2	INT8U OSTaskCreateExt(void (∗ task)(void ∗ p_arg), 　　　　void ∗ p_arg, 　　　　OS_STK ∗ ptos, 　　　　INT8U prio, 　　　　INT16U id, 　　　　OS_STK ∗ pbos, 　　　　INT32U stk_size, 　　　　void ∗ pext, 　　　　INT16U opt);	创建一个用户任务。九个参数的含义依次为：用户任务对应的函数名、函数参数、任务堆栈栈顶、任务优先级号、任务身份 ID 号(在 μC/OS-Ⅱ 中保留)、任务堆栈栈底、任务堆栈大小、用户定义的任务外部空间指针和任务创建选项。如果要对任务的堆栈进行检查，必须使用该函数创建任务，且 opt 应设置为"OS_TASK_OPT_STK_CHK ｜ OS_TASK_OPT_STK_CLR"，本书中实例全部使用该函数创建用户任务
3	INT8U OSTaskDel(INT8U prio);	删除一个任务。参数为任务的优先级号，如果为 OS_PRIO_SELF，则删除正在运行的任务本身。被删除的任务进入休眠态，必须再调用 OSTaskCreate 或 OSTaskCreateExt 才能再次激活它
4	INT8U OSTaskStkChk(INT8U prio, 　　　　OS_STK_DATA ∗ p_stk_data);	检查任务堆栈信息，即任务堆栈使用的空间和未占用的空间的大小
5	INT8U OSTaskNameSet(INT8U prio, 　　　　INT8U ∗ pname, 　　　　INT8U ∗ perr);	为任务命名，名称为 ASCⅡ 字符串，3 个参数的含义为：任务优先级号、任务名、出错信息码
6	INT8U OSTaskNameGet(INT8U prio, 　　　　INT8U ∗ pname, 　　　　INT8U ∗ perr);	获得任务的任务名，3 个参数的含义为：任务优先级号、任务名、出错信息码

创建用户任务的过程如下：

(1) 根据任务要实现的功能，编写带有无限循环体的函数，如下：

程序段 6-1　带有无限循环体的函数体

```
1    void UserTask01(void ∗ data)
2    {
3      INT8U  err;
4      OSTaskNameSet(OS_PRIO_SELF，"User Task 01"，&err);
5
6      while(1)
7      {
8          //To do
9          OSTimeDlyHMSM(0，0，1，0);
10         //To do
```

```
11          }
12      }
```

上述代码中，第 1 行表明函数的返回值为空，带有一个 void * 类型的参数。第 4 行将该任务命名为"User Task 01"。第 6～12 行为无限循环体。用户要实现的功能代码放在第 8 行或第 10 行的位置上；无限循环体中必须有类似于第 9 行的延时函数或事件请求函数。

（2）为任务指定唯一的优先级号。

（3）为任务创建独立的堆栈。

（4）调用 OSTaskCreateExt 函数创建任务，如

程序段 6 - 2　OSTaskCreateExt 函数

```
1       OSTaskCreateExt(UserTask01,
2                       (void * )0,
3                       &UserTask01Stk[79],
4                       18,
5                       0,
6                       &UserTask01Stk[0],
7                       80,
8                       (void * )0,
9                       OS_TASK_OPT_STK_CHK | OS_TASK_OPT_STK_CLR);
```

上述代码中，第 1～9 行共 9 个参数的含义为：任务对应的函数名为 UserTask01、任务对应的函数参数为空、任务堆栈栈顶为 UserTask01Stk[79]、任务优先级号为 18、任务身份号为 0（无实质意义）、任务堆栈栈底为 UserTask01Stk[0]、任务堆栈长度为 80、扩展的任务外部空间访问指针为空、要进行堆栈检查且全部堆栈元素清零。

在 μC/OS-Ⅱ 中，用户任务共有五种状态，如图 6 - 1 所示。

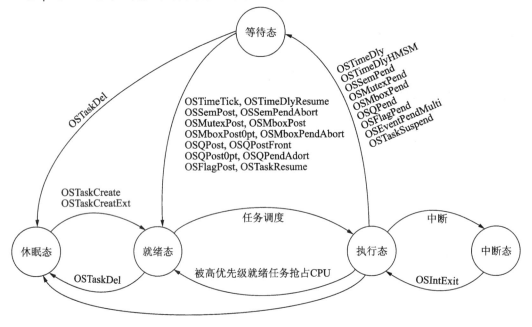

图 6 - 1　用户任务状态

图 6-1 中出现的函数可参考文献[7]，这里重点介绍本书用到的函数。一个用户任务调用 OSTaskCreate 或 OSTaskCreateExt 函数创建好后，直接处于就绪态。当调用 OSTaskDel 函数后，将使用户任务进入到休眠态，只能通过再次调用 OSTaskCreate 或 OSTaskCreateExt 函数创建任务，任务才能使用。多个任务同时就绪时，任务调试器将使优先级最高的任务优先得到 CPU 使用权而去执行，被剥夺了 CPU 使用权但没有执行完的任务将进入就绪态。处于执行态的任务被中断服务函数中断后，将进入中断态，当中断服务程序完成后，将从中断态返回执行态，此时 μC/OS-Ⅱ 将在从中断返回的任务以及所有就绪的任务中选择优先级最高的任务，使其占用 CPU 而得到执行。处于执行态的任务当执行到延时函数（OSTimeDly 或 OSTimeDlyHMSM）、请求事件函数（OSSemPend、OSMutexPend、OSMboxPend、OSFlagPend 或 OSEventPendMulti）或任务挂起函数（OSTaskSuspend）时，该任务进入等待延时、事件或任务恢复的等待态。当处于等待态的任务等待超时（OSTimeTick）、等待延时取消（OSTimeDlyResume）、事件被释放（OSSemPost、OSMutexPost、OSMboxPost、OSMboxPostOpt、OSMboxPostFront、OSFlagPost）、请求事件取消（OSSemPendAbort、OSMboxPendAbort、OSQPendAbort）或任务恢复（OSTaskResume）时，任务由等待态进入到就绪态中。

6.2 μC/OS-Ⅱ程序框架与 LED 灯闪烁

在项目 ZLX01 的基础上，新建项目 ZLX06，保存在目录 D:\ZLXLPC824\ZLX06 中。将项目 ZLX02 的文件 systick. c 和 systick. h（位于 D:\ZLXLPC824\ZLX02\BSP 目录下）复制到目录 D:\ZLXLPC824\ZLX06\BSP 下。然后，新建文件 task01. c 和 task01. h，保存在目录 D:\ZLXLPC824\ZLX06\User 下。最后，从 www. micrium. com 网站上下载 μC/OS-Ⅱ系统文件和移植文件，保存在目录 D:\ZLXLPC824\ZLX06\uCOS_Ⅱ 中。项目 ZLX06 的目录与文件结构如表 6-2 和图 6-2 所示。

表 6-2 项目 ZLX06 的目录与文件结构

子目录名	目录内文件	文件来源
User	main. c、includes. h、datatype. h、task01. c、task01. h	用户（指程序员）编写
BSP	bsp. c、bsp. c、led. c、led. h、systick. c、systick. h	用户编写
μCOS_Ⅱ	μC/OS-Ⅱ内核文件：os_core. c、os_dbg. c、os_flag. c、os_mbox. c、os_mem. c、os_mutex. c、os_q. c、os_sem. c、os_task. c、os_time. c、os_tmr. c、ucos_Ⅱ. c、ucos_Ⅱ. h μC/OS-Ⅱ移植文件：os_cpu. h、os_cpu_a. s、os_cpu_c. c μC/OS-Ⅱ配置文件：app_cfg. h、app_hooks. c、os_cfg. h	从 Micrium 官网 www. micrium. com 上下载
RTE	system_LPC82x. c、startup_LPC82x. s 等	CMSIS 库文件，Keil MDK 自动生成
Listings	LPC824PRJ. map 等	列表文件，Keil MDK 编译器自动生成
Objects	LPC824PRJ. axf 和 LPC824PRJ. hex 等	目标文件，Keil MDK 编译链接器自动生成

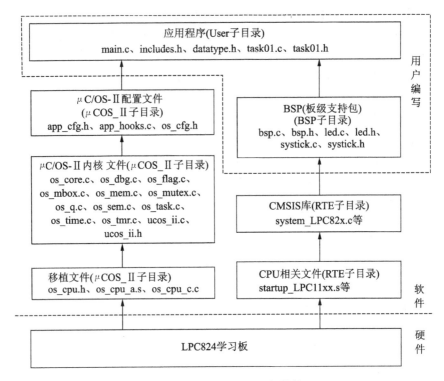

图 6-2　项目 ZLX06 文件结构

　　结合表 6-2 和图 6-2 可知，项目 ZLX06 包括 6 个子目录，依次为 User、BSP、μCOS_Ⅱ、RTE、Listings 和 Objects，分别用于保存用户编写的应用程序、板级支持包、μC/OS-Ⅱ系统相关的文件、CMSIS 库文件、编辑链接生成的列表文件以及编辑链接生成的目标文件。这些文件中，User 和 BSP 子目录下的文件需要用户编写，μCOS_Ⅱ 目录下的文件来自 Micrium 官网，而其余子目录下的文件均由 Keil MDK 自动生成。

　　图 6-2 给出了项目 ZLX06 的文件结构，底层为 LPC824 学习板，核心为 LPC824 微控制器，属于硬件部分；与硬件部分直接关联的为移植文件和 CPU 相关的文件，这里的移植文件为 μC/OS-Ⅱ针对 LPC824 的一些堆栈操作和任务切换操作；CPU 相关的文件包括 LPC824 的异常与中断信息等，此处为 startup_LPC82x.s 等文件。μC/OS-Ⅱ移植文件之上为 μC/OS-Ⅱ系统文件和配置文件，μC/OS-Ⅱ配置文件用于根据用户需要的功能裁剪 μC/OS-Ⅱ系统组件。图 6-2 最上层为应用程序层，应用程序调用 μC/OS-Ⅱ系统的函数创建任务完成特定的功能。CMSIS 库和 BSP 板级支持包提供了应用程序直接访问底层硬件的函数，板级支持包是电路板外设的驱动程序包，对于一些常用的开发板，例如 LPC824 学习板而言，都有工程师专门定制的 BSP 包，也可以从网上下载到，本书为了叙述方便，BSP 包是自己动手制作的。

　　现在，将 task01.c 文件添加到工程 LPC824PRJ 的 USER 分组下，将 systick.c 文件添加到 BSP 分组下，将文件 ucos_Ⅱ.c 和 os_dbg.c 添加到 μC/OS-Ⅱ分组下，将 app_hooks.c 文件添加到 μC/Config 分组下，将文件 os_cpu_c.c 和 os_cpu_a.s 添加到 uC/Port 分组下，完成后的项目 ZLX06 如图 6-3 所示。

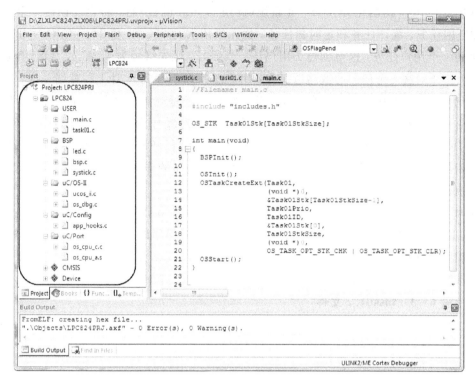

图 6-3　项目 ZLX06 工作界面

项目 ZLX06 实现的功能与 ZLX01 相同,即实现 LED 灯 D9 按 1 Hz 的频率闪烁,工作流程如图 6-4 所示。

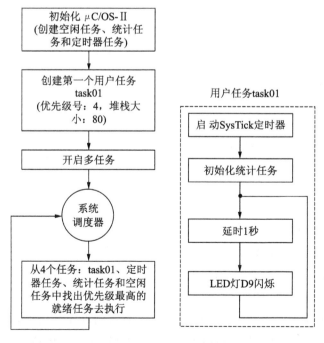

图 6-4　项目 ZLX06 工作流程

在图 6－4 中，初始化 μC/OS－Ⅱ 系统（调用 OSInit 函数）后，将自动创建 3 个系统任务，即空闲任务、统计任务和定时器任务，优先级依次为 26、25 和 24。μC/OS－Ⅱ 要求至少要创建一个用户任务，这里创建了用户任务 task01，优先级号为 4。在 μC/OS－Ⅱ 系统调度器的管理下，这 4 个任务的就绪情况为：用户任务 task01 每延时 1 秒就绪一次、空闲任务始终就绪、定时器任务每 0.1 秒就绪一次、统计任务每 0.1 秒就绪一次。当 4 个任务同时就绪时，μC/OS－Ⅱ 将使优先级最高的任务，即优先级号为 4 的用户任务 task01 得到 CPU 使用权去执行；当任务 task01、定时器任务和统计任务均不就绪时，μC/OS－Ⅱ 系统将使空闲任务占用 CPU 执行。在 μC/OS－Ⅱ 系统调度器的作用下，用户任务 task01 每延时 1 秒执行一次，每次执行时使 LED 灯 D9 闪烁。

相对于项目 ZLX01 和 ZLX02 而言，这里添加了文件 task01.c 和 task01.h，并修改了 main.c、includes.h 和 systick.c 文件，这些文件分别如程序段 6－3 至程序段 6－7 所示。用户工程配置文件 app_cfg.h 和用户钩子文件 app_hooks.c 分别如程序段 6－8 和程序段 6－9 所示。其余文件均可以直接从 Micrium 官网下载。

程序段 6－3　　task01.c 文件

```
1      //Filename：task01.c

2

3      #include "includes.h"

4

5      void Task01(void * data)

6      {

7        data＝data；

8

9        SysTickInit()；

10

11       OSStatInit()；

12       while(1)

13       {

14           OSTimeDlyHMSM(0, 0, 1, 0)；

15           LEDBlink()；

16       }

17     }
```

本书中，用任务函数名作为任务名，第 5～17 行为任务 Task01 的函数体，第 7 行无实质含义，可避免因 data 参量没有使用而产生的编译警告。第 9 行配置 SysTick 定时器定时中断频率为 100 Hz，SysTick 定时器定时中断用作 μC/OS－Ⅱ 的系统节拍。对于 LPC824 而言，系统节拍频率建议为 50 Hz～200 Hz，本书中统一采用 100 Hz。第 11 行初始化统计任务，当使用统计任务统计 CPU 利用率和各个用户任务的堆栈时，此行必不可少。第 12～16 行为任务的无限循环体，第 14 行调用延时函数 OSTimeDlyHMSM 延时 1 秒，该函数的 4 个参数依次为时、分、秒和毫秒；第 15 行使 LED 灯 D9 闪烁。

程序段 6-4 task01.h 文件

```
1    //Filename：task01.h
2
3    #ifndef _TASK01_H
4    #define _TASK01_H
5
6    #define Task01StkSize    80
7    #define Task01ID         1
8    #define Task01Prio       (Task01ID+3)
9
10     void Task01(void * );
11
12    #endif
```

在文件 task01.h 中宏定义任务 Task01 的堆栈大小、任务 ID 号和任务优先级号，这里定义任务 Task01 的堆栈大小为 80，任务 ID 号为 1（无实质含义），任务优先级号为 4（见第 6~8 行）。第 10 行给出了文件 task01.c 中的任务函数 Task01 的声明。

程序段 6-5 main.c 文件

```
1    //Filename：main.c
2
3    #include "includes.h"
4
5    OS_STK   Task01Stk[Task01StkSize];
6
7    int main(void)
8    {
9      BSPInit();
10
11     OSInit();
12     OSTaskCreateExt(Task01,
13                     (void * )0,
14                     &Task01Stk[Task01StkSize-1],
15                     Task01Prio,
16                     Task01ID,
17                     &Task01Stk[0],
18                     Task01StkSize,
19                     (void * )0,
20                     OS_TASK_OPT_STK_CHK | OS_TASK_OPT_STK_CLR);
21     OSStart();
22    }
```

当使用嵌入式实时操作系统 μC/OS-Ⅱ时，main.c 文件的结构非常固定。一般，在文件头部定义第一个用户任务 Task01 的堆栈 Task01Stk（第 5 行），长度为 Task01StkSize（宏常量，80）。然后，第 9 行调用 BSPInit 对 LPC824 及其外设进行初始化。接着，第 11~

21 行为启动 μC/OS-Ⅱ 的三步曲：即初始化 μC/OS-Ⅱ（第 11 行）、创建第一个用户任务（第 12～20 行）、开启多任务（第 21 行），这部分代码格式是固定的。第 12～20 行为一条 C 语句，调用 OSTaskCreateExt 函数创建第一个用户任务 Task01（本书中用任务对应的函数名表示任务），9 个参数依次为：任务函数名 Task01、任务函数参数为空、任务堆栈栈顶指向地址 &Task01Stk[79]、任务优先级号 Task01Prio（宏常量，4）、任务 ID 号（宏常量，1）、任务堆栈栈底指向地址 &Task01Stk[0]、堆栈长度 Task01StkSize（宏常量，80）、任务访问外部空间的指针为空、任务进行堆栈检查且堆栈空间清 0。main.c 文件在后续项目中其代码保持不变，将不再列出。

程序段 6-6　includes.h 文件

```
1      //Filename：includes.h
2
3      #include "LPC82x.h"
4
5      #include "datatype.h"
6      #include "bsp.h"
7      #include "led.h"
8      #include "systick.h"
9
10     #include "ucos_Ⅱ.h"
11
12     #include "task01.h"
```

对比程序段 3-2，这里添加了第 8、10 和 12 行，第 8 行为 SysTick 定时器的头文件，第 10 行为 μC/OS-Ⅱ 操作系统的头文件，第 12 行为用户任务 Task01 的头文件。

程序段 6-7　systick.c 文件

```
1      //Filename：systick.c
2
3      #include "includes.h"
4
5      void SysTickInit(void)
6      {
7        SysTick->LOAD=300000-1；
8        SysTick->VAL=0；
9        SysTick->CTRL=(1uL<<0) | (1uL<<1) | (1uL<<2)；
10     }
```

对比程序段 4-1，这里仅保留了 SysTickInit 函数，用于配置 SysTick 定时器中断的工作频率为 100 Hz，而 SysTick 定时器中断服务函数 SysTick_Handler 位于移植文件 os_cpu_c.c 中，不需要用户编写。

程序段 6-8　app_cfg.h 文件

```
1      //Filename：app_cfg.h
2
3      #include "os_cfg.h"
```

```
4
5     # define   OS_TASK_TMR_PRIO      (OS_LOWEST_PRIO-2)
```

文件 app_cfg. h 在 μC/OS-Ⅱ系统中用于定义用户任务的相关信息，相当于 task01. h 文件的作用，但是，大部分专家，都只是用该文件宏定义定时器任务的优先级号，如第 5 行所示，而自己编写与任务文件同名的头文件来定义用户任务的信息。如果工程中不使用软定时器，则该文件内容为空（但文件必须存在）。

程序段 6-9　app_hooks. c 文件

```
1     //Filename:app_hooks. c
2
3     # include "includes. h"
4
5     void OSTCBInitHook(OS_TCB  * ptcb)
6     {
7       ptcb=ptcb；
8     }
```

在 app_hooks. c 文件中，第 5~8 行定义了钩子函数 OSTCBInitHook。该函数在 ucos_Ⅱ. h 中声明的，这里只需要给出该函数的定义，第 7 行可避免编译器出现 ptcb 没有引用的警告。

现在，回到图 6-3，编译链接并运行项目 ZLX06，可见 LED 灯 D9 每秒闪烁一次，与项目 ZLX01 的功能相同，但是在 ZLX06 中 LED 灯的闪烁周期是准确的 1 秒。

6.3　ISP 下载

项目 ZLX06 编译链接成功后将生成两个目标文件，即 LPC824RPJ. axf 和 LPC824PRJ. hex，这两个目标文件包含相同的可执行代码，只是它们的存储格式不同，它们都位于目录 D:\ZLXLPC824\ZLX06\Objects 下。基于 Keil MDK 集成开发环境在线仿真或直接向 LPC824 芯片下载的目标文件是 LPC824PRJ. axf。本节介绍通过 Flash Magic 软件借助串口向 LPC824 芯片下载目标代码的方法，此时使用的目标文件为 LPC824PRJ. hex。

从 www. flashmagictool. com/网站上下载 Flash Magic 软件，安装完成后，进入如图 6-5 所示界面。此时，在 LPC824 学习板上，将 P2 的第 1-2 脚相连（见图 3-4），P4 的第 1-2 脚

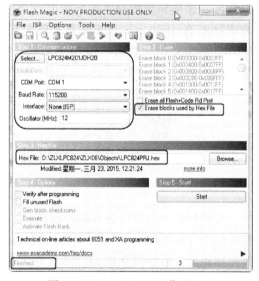

图 6-5　Flash Magic 工作界面

相连（见图 3-6），然后，按下 S20 按键（不松开）的情况下，打开电源开关，然后，再松开按键 S20，此时 LPC824 进入 Boot 模式。在图 6-5 中，选择芯片型号为"LPC824M201JDH20"，然后，选中"Erase blocks used by Hex File"，表示删除 HEX 文件要写入的 Flash 空间，接着，选择目标文件"D:\ZLXLPC824\ZLX06\Objects\LPC824PRJ. hex"，还可选择"Verify after programming”，表示编程完成后进行读出校验，最后，点击“Start”按钮，将 LPC824PRJ. hex 文件下载到 LPC824 芯片中，完成后，图 6-5 的左下角出现“Finished”提示信息。

现在，关闭 LPC824 学习板的电源，将 P2 的第 2-3 脚相连（见图 3-4），然后，给 LPC824 学习板接通电源，则将看到 LED 灯 D9 每秒闪烁一次，表示 ISP 下载成功。

6.4　串 口 通 信

从本节开始至第十章，将 LPC824 学习板上 P2 的第 1-2 脚相连，P4 的第 1-2 脚相连（见图 3-5），P1 的第 2-3 脚相连（见图 3-7），通过 USB 转串口线将 LPC824 学习板的串口与计算机的 USB 口相连。这样，LED 灯 D9 和按键 S18 将不再起作用，PIO0_0 和 PIO0_4 分别用作串口的 RXD 和 TXD，PIO0_12 不再用作 ISP 下载，而用于控制 DS18B20 温度传感器。本节将讨论 LPC824 的串口通信，其内容包括两部分，首先介绍 LPC824 串口工作原理，然后介绍基于串口通信的 μC/OS-Ⅱ工程框架，后续工程均基于该工程框架。

6.4.1　LPC824 串口工作原理

串口通信是指数据的各位按串行的方式沿一根总线进行的通信方式，UART 串口通信是典型的异步双工串行通信，通信方式如图 6-6 所示。

UART 串口通信需要两个管脚，即 TXD 和 RXD，TXD 为串口数据发送端，RXD 为串口数据接收端。LPC824 的串口与计算机的串口按图 6-6 方式相连，串行数据传输没有同步时钟，需要双方按相同的位传输速率异步传输，这个速率称为波特率，常用的波特率有 4800 b/s、9600 b/s 和 115 200 b/s 等。

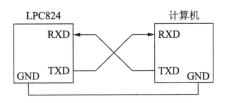

图 6-6　UART 异步串行通信

UART 串口通信的数据包以帧为单位，常用的帧结构为：1 位起始位＋8 位数据位＋1 位奇偶校验位（可选）＋1 位停止位，如图 6-7 所示。

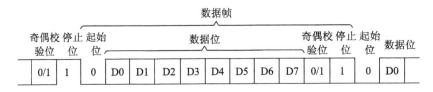

图 6-7　串口通信数据格式

奇偶校验分为奇校验和偶校验两种，是一种简单的数据误码检验方法，奇校验是指每帧数据中，包括数据位和奇偶校验位在内的全部 9 个位中“1”的个数必须为奇数；偶校验为每帧数据中，包括数据位和奇偶校验位在内的全部 9 个位中，“1”的个数必须为偶数。例如，发送数据“00110101b”，采用奇校验时，奇偶校验位必须为 1，这样才能满足奇校验条件。如果对方收到数据位和奇偶校验位后，发现“1”的个数为奇数，则认为数据传输正确；否则认为数据传输出现误码。

LPC824 具有 3 个串口，即 USART0～USART2，均支持 7、8 或 9 位数据位和 1 或 2 个停止位，支持奇偶校验，具有独立的发送缓冲区和接收缓冲区，3 个串口内置了波特率发生器，共用同一个分数阶分频器。由于三个串口在结构和功能上完全相同，这里结合 LPC824 学习板，重点介绍 USART0 的操作。

由第三章图 3-5 和图 3-2 可知，在电路连接上，LPC824 串口接收端 RXD 与 PIO0_0 相连接（将 P4 的第 1-2 脚用跳线短接），而 LPC824 串口发送端 TXD 与 PIO0_4 相连接（将 P2 的第 1-2 脚用跳线短接）。通过第二章表 2-3 和表 2-4 可知，PINASSIGN0 寄存器的第[15:8]位域管理 U0_RXD_I 的管脚映射位置，第[7:0]位域管理 U0_TXD_O 的管脚映射位置，因此，需要配置 PINASSIGN0 寄存器使 U0_RXD_I 映射到 PIO0_0 上，而 U0_TXD_O 映射到 PIO0_4 上，即

PINASSIGN0 = (24uL<<24) | (24uL<<16) | (0uL<<8) | (4uL<<0);

然后，根据第二章表 2-5 设置寄存器 PINENABLE0 的第 0 位，使 PIO0_0 用于通用 I/O 口或其他功能，而不用作 ACMP_I1 功能，如下所示：

PINENABLE0 |= (1uL<<0);

LPC824 在使用 USART0 前，需要配置 SYSAHBCLKCTRL 寄存器（第二章表 2-12 的第 14 号）的第 14 位（参考表 2-16），提供给 USART0 工作时钟，还要配置 PRESETCTRL（表 2-12 的第 2 号）寄存器的第 3 位（参考表 2-14），复位 USART0，如下所示：

SYSAHBCLKCTRL |= (1uL<<14);
PRESETCTRL &= ~(1uL<<3);
PRESETCTRL |= (1uL<<3);

如果是使用 USART1 或 USART2，则需要配置 SYSAHBCLKCTRL 寄存器的第 15 或 16 位，提供给 USART1 或 USART2 工作时钟，还要配置 PRESETCTRL 寄存器的第 4 或 5 位，复位 USART1 或 USART2。后面对于 USART0 的各种操作，当用于 USART1 或 USART2 时，只需要把 USART0 的寄存器改为 USART1 或 USART2 的同名寄存器即可。

上述工作完成后，下面将配置串口 USART0 工作的波特率。USART0 的工作时钟为系统时钟，但是波特率发生器的时钟源来自主时钟的分频值，如图 6-8 所示。

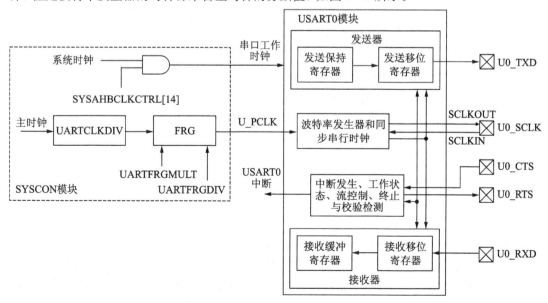

图 6-8 USART0 时钟源与结构框图

　　由图 6-8 可知，主时钟经 UARTCLKDIV 寄存器(表 2-12 第 13 号)分频后，再经分数分频寄存器 UARTFRGMULT(表 2-12 第 20 号)和 UARTFRGDIV(表 2-12 第 19 号)分频后得到波特率发生器的时钟源信号 U_PCLK，再经波特率发生器内部分频器分频后得到波特率。这样产生的波特率控制发送器和接收器的串行数据传输速率。此外，当工作在同步串行模式下时，U_PCLK 也用于产生同步时钟信号。当工作在异步串行模式下时，仅需用到 U0_RXD 和 U0_TXD 管脚，U0_CTS 和 U0_RTS 不使用。USART 模块的工作时钟为系统时钟，通过写"发送保持寄存器"向外部发送串行数据，通过读"接收缓冲寄存器"接收外部输入的串行数据。

　　下面先列出 USART0~2 的寄存器，如表 6-3 所示(USART0、USART1 和 USART2 的寄存器相同，只是基地址不同)；然后，在此基础上接着讨论串口波特率的设定方式。

表 6-3　USART0~2 寄存器(USART0 基地址: 0x4006 4000，USART1 基地址: 0x4006 8000，USART2 基地址: 0x4006 C000)

寄存器名	偏移地址	类型	复位值	含　义
CFG	0x00	R/W	0	USART 配置寄存器
CTL	0x04	R/W	0	USART 控制寄存器
STAT	0x08	R/W	0xE	USART 状态寄存器
INTENSET	0x0C	R/W	0	中断有效读和配置寄存器
INTENCLR	0x10	WO	—	中断清除寄存器
RXDAT	0x14	RO	—	接收数据寄存器
RXDATSTAT	0x18	RO	—	接收数据与状态寄存器
TXDAT	0x1C	R/W	0	发送数据寄存器
BRG	0x20	R/W	0	波特率发生器寄存器
INTSTAT	0x24	RO	0x5	中断状态寄存器

　　表 6-3 中各个寄存器的含义如下所示，这里首先介绍 BRG 寄存器，然后再依次介绍其他的寄存器。

1) 波特率设置方法与 BRG 寄存器

LPC824 串口工作在异步模式下的波特率计算公式为:

$$波特率 \times 16 \times BRG = 主时钟/UARTCLKDIV/(1 + UARTFRGMULT/UARTFRGDIV)$$

这里，式中的"BRG"表示表 6-3 中的寄存器 BRG 的值，"UARTCLKDIV"、"UART-FRGMULT"和"UARTFRGDIV"分别表示第二章表 2-12 中同名的寄存器的值。LPC824 要求，UARTFRGDIV 寄存器必需设为 0xFF，这时式中的"UARTFRGDIV"=(0xFF+1)=256。如果主时钟是 60 MHz，且设定波特率为 115 200 b/s，可依次设置式中的"BRG"、"UARTCLKDIV"和"UARTFRGMULT"分别为 1、18 和 207。因此，UARTCLKDIV 寄存器应设置为 18，UARTFRGMULT 寄存器应设置为 207。BRG 寄存器只有第[16:0]位域有效，用符号 BRGVAL 表示，波特率分频值=BRGVAL+1；第[31:16]位域保留。所以，BRG 寄存器应设为 0。表 6-4 列出了常用的波特率下上述各个寄存器的配置值，假设主时钟为 60 MHz。

表 6-4　常用波特率下 UARTCLKDIV、UARTFRGMULT、UARTFRGDIV 和 BRG 的值

波特率(b/s)	UARTCLKDIV	UARTFRGMULT	UARTFRGDIV	BRG
9600	1	144	255	249
	2	244	255	99
	5	144	255	49
	10	144	255	24
	25	144	255	9
	40	244	255	4
	50	244	255	3
	100	244	255	1
	125	144	255	1
	200	244	255	0
	250	144	255	0
19 200	1	144	255	124
	1	244	255	99
	2	244	255	49
	4	244	255	24
	5	144	255	24
	5	244	255	19
	10	244	255	9
	20	244	255	4
	25	144	255	4
	25	244	255	3
	50	244	255	1
	100	244	255	0
	125	144	255	0
38 400	1	244	255	49
	2	244	255	24
	5	244	255	9
	10	244	255	4
	25	244	255	1
	50	244	255	0
57 600	36	207	255	0
115 200	18	207	255	0

表 6-4 中所列出的针对波特率为 9600 b/s、19 200 b/s 和 38 400 b/s 的寄存器设定值，可以得到相应的准确的波特率；针对 57 600 b/s 和 115 200 b/s 的寄存器设定值，得到的相应的波特率有小于 0.2% 的误差，不影响串行数据的正确传输。

2) CFG 寄存器

CFG 寄存器各位的详细含义如表 6-5，其中第 0 位为 USART 有效位，在配置 USART 波特率发生器寄存器 BRG 前，必需清零该位，即关闭 USART，配置完 BRG 后，再向该位写 1 打开 USART。

表 6 - 5　CFG 寄存器各位的含义

位号	符号	复位值	含　义
0	ENABLE	0	USART 有效位。为 0 时，关闭 USART；为 1 时，打开 US-ART
1	—		保留，仅能写 0
3:2	DATALEN	0	设定 USART 数据长度。为 0 时表示数据长度为 7 位；为 1 时表示数据长度为 8 位；为 2 时表示数据长度为 9 位；为 3 时保留
5:4	PARITYSEL	0	选择 USART 校验类型。为 0 表示无校验；为 1 保留；为 2 表示偶校验；为 3 表示奇校验
6	STOPLEN	0	设定停止位个数。为 0 表示 1 个停止位；为 1 表示 2 个停止位，仅用于异步通信模式下
8:7			保留，仅能写 0
9	CTSEN	0	CTS 有效位。为 0 表示无流控制；为 1 表示打开流控制
10			保留，仅能写 1
11	SYNCEN	0	选择同步或异步工作模式位。为 0 时选择异步工作模式；为 1 选择同步工作模式
12	CLKPOL	0	选择同步工作模式下数据采样时钟沿。为 0 表示下降沿采样数据；为 1 表示上升沿采样数据
13	—		保留，仅能写 0
14	SYNCMST	0	同步模式主从选择位。为 0 表示 USART 为从机；为 1 表示 USART 为主机
15	LOOP	0	为 0 表示 USART 正常工作；为 1 表示内部测试回环模式，USART 内部数据发送端连接到数据接收端
17:16			保留，仅能写 0
18	OETA	0	RS-485 工作模式下，为 0 表示输出有效信号在一帧信号的停止位传输完成后消失；为 1 表示输出有效信号保持一个字符传输时长
19	AUTOADDR	0	自动地址匹配有效位，为 0 表示关闭自动地址匹配；为 1 表示打开自动地址匹配
20	OESEL	0	输出有效选择位。为 0 表示 RTS 为流控制信号；为 1 表示 RTS 被 OETA 取代
21	OEPOL	0	输出有效位极性，为 0 表示 OETA 低有效；为 1 表示 OETA 高有效
22	RXPOL	0	接收数据极性位，为 0 表示接收信号正常；为 1 表示接收信号取反
23	TXPOL	0	传输数据极性位，为 0 表示正常发送信号；为 1 表示发送取反后的信号
31:24	—		保留，仅能写入 0

　　由表 6 - 5 可知，如果设置 USART0 工作在异步串行模式下，数据长度为 8 位，停止位为 1 位时，可使用语句：

CFG = (1uL<<0) | (1uL<<2);

而且，由表 6-5 可知，LPC824 串口内部接收和发送端集成了反相器，可以接收或发送反相后的信号。

3）CTL 寄存器

USART 控制寄存器 CTL 各位的含义如表 6-6 所示。

表 6-6 CTR 寄存器各位的含义

位号	符号	复位值	含　义
0	—		保留，仅能写 0
1	TXBRKEN	0	暂停有效位。为 0 表示正常工作；为 1 表示发送暂停，直到该位被清 0
2	ADDRDET	0	地址检测模式有效位。为 0 时，USART 接收全部数据；为 1 时，USART 检测接收数据的最高位（一般地为第 9 位，其值为 1），如果该位为 1，则接收该数据；否则忽略该数据
5:3	—		保留，仅能写 0
6	TXDIS	0	发送关闭位。为 0 时，正常发送；为 1 时，关闭发送器，如果当前有数据正在发送，则发送完后再关闭发送器
7	—		保留，仅能写 0
8	CC	0	同步时钟控制位。为 0 表示仅当收发字符时才有同步时钟；为 1 表示无论有无串行数据收发，同步时钟总存在
9	CLRCC	0	清除 CC 位，写入 0 无效；写入 1 后，当一个字符数据收或发完成后，CC 自动清 0，该位也自动清零
15:10	—		保留，仅能写 0
16	AUTOBAUD	0	自动波特率有效位。为 0，关闭自动波特率；为 1 打开自动波特率功能
31:17	—		保留，仅能写 0

根据表 6-6，当 USART0 工作在异步串行模式下时，CTL 寄存器保持默认值即可。

4）STAT 寄存器

USART 状态寄存器 STAT 各位的含义如表 6-7 所示。

表 6-7 STAT 寄存器各位的含义

位号	符号	复位值	含　义
0	RXRDY	0	只读的接收就绪标志位，为 1 表示接收到有效数据；读 RXDAT 或 RXDATSTAT 清零该位
1	RXIDLE	1	只读的接收空闲标志位，为 0 表示 USART 正在接收数据；为 1 表示 USART 接收器空闲
2	TXRDY	1	只读的发送就绪标志位，为 1 表示就绪，当数据从发送保持寄存器送给发送移位寄存器时该位自动置 1；当写 TXDAT 寄存器时，该位自动清零
3	TXIDLE	1	只读的发送空闲标志位。为 1 表示发送器空闲；为 0 表示发送器忙
4	CTS		CTS 信号状态位，只读

位号	符号	复位值	含　义
5	DELTACTS	0	当检测到 CTS 信号状态变化时，该位自动置 1，向该位写入 1 清零
6	TXDISINT	0	只读的发送关闭中断标志位，当 CFG 寄存器的 TXDIS 置 1 后，发送器进入空闲态，该位自动置 1
7	—		保留，仅能写 0
8	OVERRUNINT	0	只读的覆盖错误中断标志位，当接收缓冲寄存器中有字符时，一个新的字符被接收，此时新字符将覆盖原有字符，然后该位被自动置 1
9	—		保留，仅能写 0
10	RXBRK	0	只读的接收暂停位，该位反映了接收暂停标志的状态，当 RXD 管脚保持 16 位的低电平时，该位被置 1，同时，FRAMERRINT 也被置 1；当 RXD 管脚进入高电平时，该位自动清 0
11	DELTARXBRK	0	当检测到暂停标志时，该位自动置 1；通过软件写入 1 清零该位
12	START	0	当接收到数据帧的起始位时，该位被自动置 1；通过软件方式写入 1 清零该位。主要用于将 LPC824 从深睡眠和掉电模式下唤醒
13	FRAMERRINT	0	当接收数据帧时丢失了停止位，该位被自动置 1；通过软件方式写入 1 清零该位
14	PARITYERRINT	0	校验错误中断标志位。当接收的字符数据校验错误时，该位自动置 1；写入 1 清零该位
15	RXNOISEINT	0	接收噪声中断标志位。LPC824 对接收的字符数据的每一位进行多次采样，如果各个采样值相同，则该位正确；如果有至少一个采样植与其他值不同，则称为出现了噪声。如果出现了噪声，则该位被自动置 1；写入 1 清零该位
16	ARERR	0	自动波特率出错位，写入 1 清零
31:17	—		保留，仅能写 0

表 6-7 反映了 USART 的工作状态。通过读取 STAT 寄存器的某些位了解 USART 的工作情况，例如，读出 STAT 的第 3 位 TXIDLE，如果该位为 1 表示发送器空闲，可以向发送保持缓冲区写入数据；如果读出 0 表示发送器忙，则可以通过循环读出 TXIDLE 的值，直到其为 1 后，再向发送保持缓冲区写入数据。

5）INTENSET 寄存器

INTENSET 寄存器用于开放 USART 的各种类型中断，向某个寄存器位写入 1 打开相应的中断，写入 0 无效。INTENCLR 寄存器用于清零 INTENSET 寄存器的各位，通过向 INTENCLR 的某位写入 1，则清零 INTENSET 对应位置的位。当读出 INTENSET 某位的值为 1 时，说明相应的中断有效；如果读出 0，表示相应的中断关闭。INTENSET 寄存器如表 6-8 所示。

表 6-8 INTENSET 寄存器各位的含义

位号	符号	复位值	含 义
0	RXRDYEN	0	当为 1 时，RXDAT 寄存器中接收到字符数据后触发中断
1	—		保留，仅能写 0
2	TXRDYEN	0	当为 1 时，TXDAT 寄存器可写入要传输的字符时触发中断
3	TXIDLEEN	0	当为 1 时，发送缓冲区空闲时触发中断
4	—		保留，仅能写 0
5	DELTACTSEN	0	当为 1 时，CTS 输入端状态变化时触发中断
6	TXDISINTEN	0	当为 1 时，发送器完全关闭后(STAT 寄存器的 TX-DISINT 标志位将被置位)触发中断
7			保留，仅能写 0
8	OVERRUNEN	0	当为 1 时，接收数据发生重叠时触发中断
10:9			保留，仅能写 0
11	DELTARXBRKEN	0	当为 1 时，接收到暂停标志状态改变时触发中断
12	STARTEN	0	当为 1 时，接收帧起始位被检测到时触发中断
13	FRAMERREN	0	当为 1 时，当检测到帧错误时触发中断
14	PARITYERREN	0	当为 1 时，检测到校验错误时触发中断
15	RXNOISEEN	0	当为 1 时，检测到接收位噪声时触发中断
16	ARERREN	0	当为 1 时，检测到自动波特率出错时触发中断
31:17	—		保留，仅能写 0

6) INTENCLR 寄存器

INTENCLR 寄存器的各位与 INTENSET 寄存器的各位一一对应，向 INTENCLR 中某一位写入 1，将清零 INTENSET 中对应位置的位。INTENCLR 寄存器如表 6-9 所示。

表 6-9 INTENCLR 寄存器各位的含义

位号	符号	复位值	含 义
0	RXRDYCLR	0	写入 1 清零 INTENSET 寄存器的 RXRDYEN 位
1	—		保留，仅能写 0
2	TXRDYCLR	0	写入 1 清零 INTENSET 寄存器的 TXRDYEN 位
3	TXIDLECLR	0	写入 1 清零 INTENSET 寄存器的 TXIDLEEN 位
4	—		保留，仅能写 0
5	DELTACTSCLR	0	写入 1 清零 INTENSET 寄存器的 DELTACTSEN 位
6	TXDISINTCLR	0	写入 1 清零 INTENSET 寄存器的 TXDISINTEN 位
7	—		保留，仅能写 0

位号	符号	复位值	含　　义
8	OVERRUNCLR	0	写入1清零 INTENSET 寄存器的 OVERRUNEN 位
10:9	—		保留，仅能写 0
11	DELTARXBRKCLR	0	写入1清零 INTENSET 寄存器的 DELTARXBRKEN 位
12	STARTCLR	0	写入1清零 INTENSET 寄存器的 STARTEN 位
13	FRAMERRCLR	0	写入1清零 INTENSET 寄存器的 FRAMERREN 位
14	PARITYERRCLR	0	写入1清零 INTENSET 寄存器的 PARITYERREN 位
15	RXNOISECLR	0	写入1清零 INTENSET 寄存器的 RXNOISEEN 位
16	ABERRCLR	0	写入1清零 INTENSET 寄存器的 ABERREN 位
31:17			保留，仅能写 0

7）RXDAT 和 TXDAT 寄存器

RXDAT 和 TXDAT 寄存器均只有第[8:0]位域有效，分别用于保存新接收到的数据和将要发送的数据。

8）RXDATSTAT 寄存器

RXDATSTAT 寄存器的作用与 RXDAT 寄存器相同，用于保存新接收到的数据，RXDATSTAT寄存器的第[8:0]位相当于 RXDAT 寄存器的第[8:0]位，此外，RXDAT-STAT 还包含了接收器的状态标志位，如表 6-10 所示。

表 6-10　RXDATSTAT 寄存器各位的含义

位号	符号	复位值	含　　义
8:0	RXDAT	0	保存了接收到的数据
12:9	—		保留
13	FRAMERR	0	为1表示接收数据丢失了停止位；为0表示数据正确
14	PARITYERR	0	为1表示接收数据校验错误；为0表示数据正确
15	RXNOISE	0	为1表示接收数据出现噪声；为0表示数据正确
31:16	—		保留

9）INTSTAT 寄存器

INTSTAT 寄存器反映了 USART 中断的情况，如果某一位为1，则相应的中断处于请求状态；如果为0表示相应的中断没有发生。INTSTAT 寄存器各位的含义如表 6-11 所示。

表 6-11　INTSTAT 寄存器各位的含义

位号	符号	复位值	含　　义
0	RXRDY	0	接收就绪中断标志位
1	—		保留
2	TXRDY	1	发送就绪中断标志位
3	TXIDLE	1	发送空闲中断标志位

续表

位号	符号	复位值	含　义
4	—		保留
5	DELTACTS	0	CTS状态变化中断标志位
6	TXDISINT	0	发送关闭中断标志位
7	—		保留
8	OVERRUNINT	0	接收数据覆盖中断标志位
10:9			保留
11	DELTARXBRK	0	接收暂停标志变化中断标志位
12	START	0	接收帧起始位中断标志位
13	FRAMERRINT	0	接收数据帧出错中断标志位
14	PARITYERRINT	0	接收数据校验出错中断标志位
15	RXNOISEINT	0	接收数据出现噪声中断标志位
16	ABERR	0	自动波特率出错标志位
31:17	—		保留

通过表 6-3 及其各个寄存器的介绍可知,如果令 USART0 工作在异步串行模式下,需要做的工作有以下几步:

(1) 清零 CFG 寄存器的第 0 位,关闭串口 0。

(2) 配置 BRG 寄存器,使串口 0 工作在所需要的波特率下。这时可借助于表 6-4。

(3) 设置 CFG 寄存器为(1uL<<0) | (1uL<<2),即使串行数据字长为 8 位,并打开串口。

(4) 读出 STAT 寄存器的第 3 位 TXIDLE,如果该位为 1,则向 TXDAT 寄存器写入要发送的字符数据。

(5) 一般接收串口数据通过串口中断,此时,需要设置 INTENSET 寄存器的第 0 位为 1;在串口中断服务程序中判断 INTSTAT 寄存器的第 0 位 RXRDY 是否为 1,如果为 1,则读 RXDAT 寄存器中的数据。

6.4.2　串口通信工程

在项目 ZLX06 的基础上,新建项目 ZLX07,保存在目录 D:\ZLXLPC824\ZLX07 下,此时的项目 ZLX07 与项目 ZLX06 相同。然后,删除目录 D:\ZLXLPC824\ZLX07\BSP 下的 led.c 和 led.h 文件,并从工程分组 BSP 下移除 led.c 文件。接着,新建文件 uart.c 和 uart.h,保存在目录 D:\ZLXLPC824\ZLX07\BSP 下,并把 uart.c 文件添加到工程分组 BSP 下。最后,修改文件 includes.h、bsp.c 和 task01.c。完成后的项目 ZLX07 如图 6-9 所示。

在计算机中打开串口调试助手软件,然后,在图 6-9 所示界面上,编译链接并运行项目 ZLX07,串口调试助手将显示如图 6-10 所示信息。

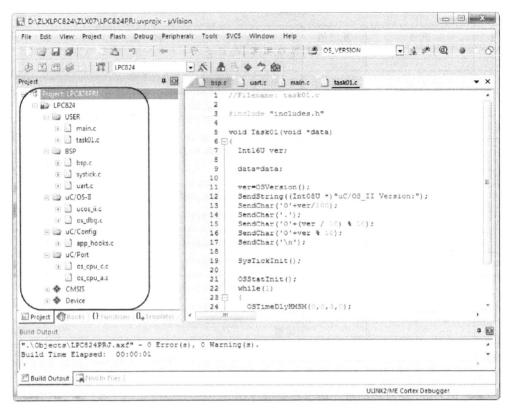

图 6-9 项目 ZLX07 工作界面

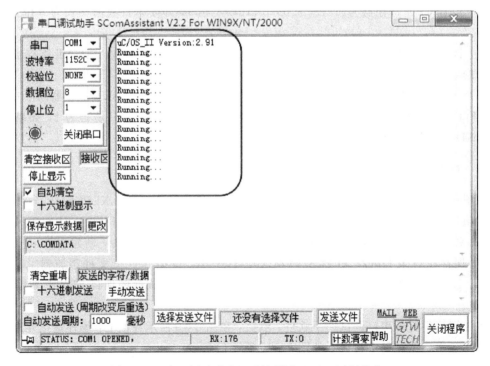

图 6-10 串口调试助手显示的项目 ZLX07 运行信息

项目 ZLX07 的执行流程如图 6-11 所示。

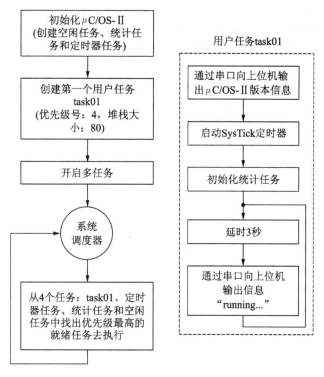

图 6-11　项目 ZLX07 的执行流程

从图 6-11 中可知，项目 ZLX07 中包含 4 个任务，即用户任务 task01（优先级号为 4）、定时器任务（优先级号为 24）、统计任务（优先级号为 25）和空闲任务（优先级号为 26）。任意时刻 μC/OS-Ⅱ 调度器都将从上述 4 个任务中找出优先级最高的就绪的任务去执行。用户任务 task01 每 3 秒就绪一次，由于用户任务 task01 的优先级最高，一旦 task01 就绪，则 μC/OS-Ⅱ 调度器将使得 task01 得到 CPU 使用权。用户任务 task01 执行时首先通过串口向计算机发送 μC/OS-Ⅱ 版本信息，接着，启动 SysTick 定时器，然后进入无限循环体，每延时 3 秒向上位机串口调试助手输出信息"running..."。在用户任务 task01 延时等待的过程中，μC/OS-Ⅱ 调度器将从其他就绪的任务中找出优先级最高的任务去执行。

下面介绍项目 ZLX07 中新添加的文件 uart.c 和 uart.h 以及需要修改的文件 includes.h、bsp.c 和 task01.c，分别如程序段 6-10 至程序段 6-14 所示。

程序段 6-10　uart.c 文件

```
1       //Filename:uart.c
2
3       # include "includes.h"
4
5       void UARTInit(void)
6       {
7         LPC_SWM->PINASSIGN0=(24uL<<24)|(24uL<<16)|(0uL<<8)|(4uL<<0);
8         LPC_SWM->PINENABLE0 |= (1uL<<0);
9
```

第 7～8 行将 PIO0_0 和 PIO0_4 用作串口的 RXD 和 TXD 功能。

```
10      LPC_SYSCON->SYSAHBCLKCTRL |= (1uL<<14);
11      LPC_SYSCON->PRESETCTRL &= ~(1uL<<3);
12      LPC_SYSCON->PRESETCTRL |= (1uL<<3);
13
```

第 10～12 行给串口模块提供工作时钟，并复位串口。

```
14      LPC_SYSCON->UARTFRGDIV=0xFF;
15      LPC_SYSCON->UARTFRGMULT=207;
16      LPC_SYSCON->UARTCLKDIV=18;    //baudrate:115200bps
17
```

第 14～17 行和第 19 行设置串口 0 波特率为 115200bps，见表 6-4。

```
18      LPC_USART0->CFG &= ~(1uL<<0);
19      LPC_USART0->BRG = 0;
20      LPC_USART0->CFG = (1uL<<0) | (1uL<<2);
21    }
22
```

第 18、20 行设置串口数据帧结构为 1 位起始位＋8 位数据位＋1 位停止位，并打开串口。
上述第 5～21 行为串口 0 的初始化函数。

```
23      void SendChar(Int08U c)
24      {
25        while((LPC_USART0->STAT & (1uL<<3))==0){}
26        LPC_USART0->TXDAT=c;
27      }
28
```

第 23～27 行为串口 0 的发送字符函数。第 25 行判断 USART0 状态寄存器的第 3 位是否为 0（见表 6-7），如果为 0，表示串口正在发送数据，则循环等待；如果为 1，则第 26 行执行，向 USART0 发送数据寄存器 TXDAT 写入要发送的字符 c。

```
29      void SendString(Int08U * str)
30      {
31        while( * str)
32        {
33          SendChar( * str++);
34        }
35      }
```

第 29～35 行为 LPC824 向上位机发送字符串的函数 SendString，该函数调用字符发送函数 SendChar 实现。

程序段 6-11　uart. h 文件

```
1      //Filename:uart. h
2
3      # include "datatype. h"
4
5      # ifndef  _UART_H
```

```
6      # define  _UART_H

7

8      void UARTInit(void);
9      void SendChar(Int08U);
10      void SendString(Int08U  *);

11

12      # endif
```

文件 uart.h 中给出了定义在 uart.c 中的 3 个函数的声明。

程序段 6 - 12　includes.h 文件

```
1     //Filename：includes.h

2

3      # include "LPC82x.h"

4

5      # include "datatype.h"
6      # include "bsp.h"
7      # include "systick.h"
8      # include "uart.h"

9

10      # include "ucos_Ⅱ.h"

11

12      # include "task01.h"
```

对比程序段 6 - 6 可知，这里不再包括头文件 led.h，而包括了头文件 uart.h(第 8 行)。

程序段 6 - 13　bsp.c 文件

```
1     //Filename：bsp.c

2

3      # include "includes.h"

4

5      void   BSPInit(void)
6      {
7        UARTInit();
8      }
```

上述 BSPInit 函数调用 UARTInit 函数初始化 LPC824 芯片的串口 0。

程序段 6 - 14　task01.c 文件

```
1     //Filename：task01.c

2

3      # include "includes.h"

4

5      void Task01(void  * data)
6      {
7        Int16U ver;

8

9        data＝data;

10
```

```
11          ver=OSVersion();
12          SendString((Int08U *)"uC/OS_Ⅱ Version:");
13          SendChar('0'+ver/100);
14          SendChar('.');
15          SendChar('0'+(ver / 10) % 10);
16          SendChar('0'+ver % 10);
17          SendChar('\n');
18
```

第 7 行定义 16 位无符号整型变量 ver，第 11 行调用 OSVersion 函数读取 μC/OS-Ⅱ
系统的版本号，第 12～17 行将 μC/OS-Ⅱ 系统的版本号格式化为字符串通过串口发送到
上位机。

```
19          SysTickInit();
20
21          OSStatInit();
22          while(1)
23          {
24              OSTimeDlyHMSM(0, 0, 3, 0);
25              SendString((Int08U *)"Running...\n");
26          }
27      }
```

第 22～26 行表明任务 Task01 每延时 3 秒(第 24 行)执行一次第 25 行，将字符串
"Running..."通过串口发送到上位机，上位机用串口调试助手接收并显示这些字符串，运
行结果如图 6-10 所示。

6.5　统计任务实例

统计任务具有两个作用，其一为统计 CPU 使用率，其二为统计各个任务的堆栈使用
情况，不但可以统计用户任务的堆栈使用情况，也可以统计系统任务(包括统计任务本身)
的堆栈使用情况。本节将通过工程实例介绍统计任务的用法。

在项目 ZLX07 的基础上，新建项目 ZLX08，保存在目录 D:\ZLXLPC824\ZLX08 下，
此时的项目 ZLX08 与 ZLX07 相同，只需要修改文件 task01.c，其代码如程序段 6-15 所示。

程序段 6-15　task01.c 文件

```
1      //Filename：task01.c
2
3      #include "includes.h"
4
5      void Task01(void * data)
6      {
7          Int16U ver;
8          OS_STK_DATA  StkData;
9          INT8U i, u, h;
10         INT32U j, v;
```

```
11
12      data＝data；
13
14      ver＝OSVersion（）；
15      SendString（（Int08U ＊）"uC/OS_Ⅱ Version："）；
16      SendChar（'0'＋ver/100）；
17      SendChar（'.'）；
18      SendChar（'0'＋（ver / 10） % 10）；
19      SendChar（'0'＋ver % 10）；
20      SendChar（'\n'）；
21
22      SysTickInit（）；
23
24      OSStatInit（）；
25
26      OSCtxSwCtr＝0；
27
```

第 26 行的 OSCtxSwCtr 变量是 μC/OS-Ⅱ定义的变量，用于保存任务切换的总次数，这里为了计算每秒任务切换的次数，所以，先将它初始化为 0。

```
28      while（1）
29      {
30          OSTimeDlyHMSM（0，0，3，0）；
31
32          SendString（（INT8U ＊）"Tasks："）；
33          j＝100；
34          h＝0；
35          v＝OSTaskCtr；
36          for（i＝1；i<＝3；i＋＋）
37          {
38              u＝v / j；
39              v＝v-u ＊ j；
40              if（u>0 || h>0）
41              {
42                  h＝1；
43                  SendChar（'0'＋u）；
44              }
45              j＝j / 10；
46          }
47          SendString（（INT8U ＊）".\t"）；
48
```

第 32～47 行向上机位输出工程中的任务总数，第 35 行的变量 OSTaskCtr 为系统变量，保存了工程中总的任务个数。第 36～46 行的代码用于由高位向低位依次得到 OSTaskCtr 变量的各个数位上的数字，并从第一个不为零的数开始，将获得的数字转化为字符输送到上位机串口调试助手显示出来。下面第 49～132 行使用了同样的方法将整数转化为字符，这种方法比调用 sprintf 函数而言占用空间少且运行速度更快。

```
49          SendString((INT8U *)"Tasks Switches:");
50          j=1000;
51          h=0;
52          v=OSCtxSwCtr/3;
53          for(i=1; i<=4; i++)
54          {
55              u=v / j;
56              v=v-u * j;
57              if(u>0 || h>0)
58              {
59                  h=1;
60                  SendChar('0'+u);
61              }
62              j=j / 10;
63          }
64          SendString((INT8U *)".\t");
65          OSCtxSwCtr=0;
66
```

第 49～65 行为向上位机输出工程执行过程中每秒任务的切换次数。第 52 行的 OSCtxSwCtr 为 μC/OS-Ⅱ 系统变量，用于记录任务的总的切换次数，由于第 26 行和第 65 行将其清为零，所以，这里的 OSCtxSwCtr 为 3 秒内的任务切换次数，第 52 行中 OSCtxSwCtr/3 即为每秒的任务切换次数。

```
67          SendString((INT8U *)"CPUUsage:");
68          j=100;
69          h=0;
70          v=OSCPUUsage;
71          for(i=1; i<=3; i++)
72          {
73              u=v / j;
74              v=v-u * j;
75              if(u>0 || h>0)
76              {
77                  h=1;
78                  SendChar('0'+u);
79              }
80              j=j / 10;
81          }
82          SendChar('%');
83          SendChar('\n');
```

84

第 67~83 行用于向上位机输出 CPU 利用率。第 70 行的 OSCPUUsage 为 μC/OS‑Ⅱ
系统变量，用于保存工程中用户任务的执行时间占全部 CPU 时间的百分比，取值为 0~
100。第 71~81 行将 OSCPUUsage 转化字符输出到上位机。

85　　　　　OSTaskStkChk(OS_PRIO_SELF，&.StkData)；

函数 OSTaskStkChk 用于获得任务的堆栈使用信息，有两个参数，第一个参数为任务
的优先级号，如果取为 OS_PRIO_SELF，表示读取当前任务的堆栈信息；第二个参数为
OS_STK_DATA 类型的结构体变量，定义在第 8 行。这样，StkData. OSUsed 表示已使用
的堆栈大小，StkData. OSFree 表示空闲的堆栈大小，以字节为单位。

```
86          SendString((INT8U  *)"Task No.;");
87          j＝100；
88          h＝0；
89          v＝Task01Prio；
90          for(i＝1；i＜＝3；i＋＋)
91          {
92              u＝v / j；
93              v＝v-u * j；
94              if(u＞0 || h＞0)
95              {
96                  h＝1；
97                  SendChar('0'＋u)；
98              }
99              j＝j / 10；
100         }
101         SendString((INT8U  *)".\t")；
```

第 86~101 行向上位机输出任务的优先级号，第 89 行的 Task01Prio 为任务 Task01
的优先级号，宏定义在 task01. h 文件中。

```
102         SendString((INT8U  *)"Stack Used:")；
103         j＝1000；
104         h＝0；
105         v＝StkData. OSUsed；
106         for(i＝1；i＜＝4；i＋＋)
107         {
108             u＝v / j；
109             v＝v-u * j；
110             if(u＞0 || h＞0)
111             {
112                 h＝1；
113                 SendChar('0'＋u)；
114             }
115             j＝j / 10；
116         }
```

```
117          SendString((INT8U *)".\t\t");
```

第 102～117 行向上位机输出任务 Task01 使用的堆栈大小，第 105 行的 StkData
.OSUsed 表示已经使用的堆栈大小，单位为字节。

```
118          SendString((INT8U *)"Stack Free;");
119              j＝1000；
120              h＝0；
121              v＝StkData. OSFree；
122              for(i＝1；i<＝4；i＋＋)
123              {
124                  u＝v / j；
125                  v＝v-u * j；
126                  if(u>0 || h>0)
127                  {
128                      h＝1；
129                      SendChar('0'+u)；
130                  }
131                  j＝j / 10 ；
132              }
133          SendString((INT8U *)"\n\n");
134      }
135  }
```

第 118～133 行向上位机输出任务 Task01 未使用的堆栈大小，第 121 行的 StkData
.OSFree 表示未占用的堆栈大小，单位为字节。

项目 ZLX08 的运行结果如图 6－12 所示。

图 6－12　串口调试助手显示结果

由图 6-12 可知，项目 ZLX08 中共有 4 个任务，即用户任务 Task01、定时器任务、统计任务和空闲任务。任务切换次数为每秒 30 次（只有 4 个任务，用户任务每 3 秒切换 1 次、定时器任务每秒切换 10 次、统计任务每秒切换 10 次，空闲任务每秒切换 10 次，总切换次数约为每秒 30 次），CPU 利用率为 1%，用户任务 Task01（优先级号：4）的堆栈用了 144B，空闲 176B。

项目 ZLX08 的用户任务 Task01 的运行流程如图 6-13 所示。

由图 6-13 可知，每 3 秒用户任务通过串口向上位机串口调试助手输出工程中的任务总数、每秒任务切换次数、CPU 利用率以及任务 Task01 的堆栈使用情况等信息。

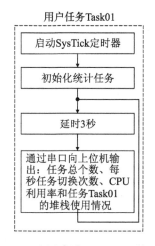

图 6-13　用户任务 Task01 运行流程

本 章 小 结

本章详细介绍了创建用户任务的方法以及设计基于 μC/OS-Ⅱ 嵌入式实时操作系统的应用程序的工作流程，阐述了串行通信工作原理和基于 LPC824 串行口的系统级别的工程框架，最后讨论了借助统计任务统计 CPU 利用率和用户任务的堆栈使用情况的程序设计方法。建议读者在学习本章内容的基础上，编写借助统计任务统计系统任务的堆栈使用情况的项目，以加深对统计任务的理解。本章项目中，仅创建了一个用户任务，优先级号为 4，而 μC/OS-Ⅱ 系统创建了 3 个系统任务，即空闲任务（必须创建）、统计任务（可选创建）和定时器任务（可选创建），本章项目中共有 4 个任务。后续章节中，为实现更多的功能，将扩展用户任务的个数，并将使用信号量、消息邮箱和事件标志组等系统组件。

第七章　μC/OS-Ⅱ信号量与互斥信号量

本章介绍了嵌入式实时操作系统 μC/OS-Ⅱ 最重要的两个组件，即信号量与互斥信号量的用法。信号量主要用于两个任务之间或任务与中断服务函数之间的同步执行，用户任务或中断服务程序通过释放信号量，使接收该信号量的任务同步它们的执行。互斥信号量主要用于保护共享资源，当某个共享资源被多个任务共享使用时，借助于互斥信号量可避免死锁。本章还介绍了 μC/OS-Ⅱ 系统的中断管理方法，以及 LPC824 学习板上 ZLG 7289B 模块（见第 3.7 节）的应用方法，借助于 ZLG7289B 的中断处理说明中断服务函数释放信号量的程序设计方法。

7.1　信号量实例

在项目 ZLX08 的基础上新建项目 ZLX09，保存在目录 D:\ZLXLPC824\ZLX09 下，此时的项目 ZLX09 与 ZLX08 相同。新建文件 task02.c、task02.h、task03.c 和 task03.h，保存在目录 D:\ZLXLPC824\ZLX09\User 目录下，然后修改文件 includes.h、task01.c 和 task01.h。将 task02.c 和 task03.c 添加到工程的 USER 分组下，完成后的项目工作界面如图 7-1 所示。

图 7-1　项目 ZLX09 工作界面

由图7-1可知，项目ZLX09包括3个用户任务，即Task01、Task02和Task03，以及3个系统任务，即空闲任务、统计任务和定时器任务，各个任务的信息如表7-1所示。

表7-1 项目ZLX09包含的任务的信息

序号	任务名	任务函数名	ID号	优先级号	堆栈名	堆栈大小
1	Task01	Task01	1	4	Task01Stk	80
2	Task02	Task02	2	5	Task02Stk	80
3	Task03	Task03	3	6	Task03Stk	80
4	空闲任务	OS_TaskIdle	65535	26	OSTaskIdleStk	128
5	统计任务	OS_TaskStat	65524	25	OSTaskStatStk	80
6	定时器任务	OSTmr_Task	65533	24	OSTmrTaskStk	80

表7-1中，3个系统任务的任务函数名、ID号和堆栈名是由μC/OS-Ⅱ指定的，而优先级号和堆栈大小由用户配置的，表中堆栈的大小以字为单位，每个字等于4个字节。这里，用户任务Task01通过串口向上位机发送一些项目执行信息，即反馈给用户项目的执行情况。用户任务Task02用于周期性地释放信号量Sem01，用户任务Task03始终请求信号量Sem01，从而同步Task02的执行。

项目ZLX09的执行流程如图7-2所示。

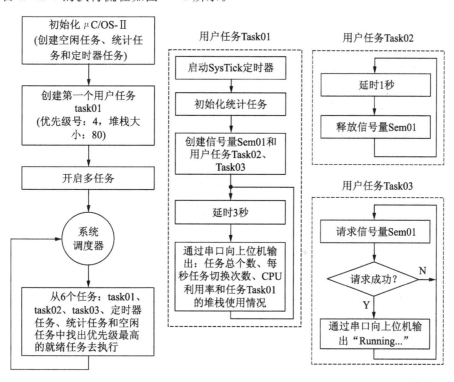

图7-2 项目ZLX09的执行流程

由图7-2可知，项目ZLX09共有6个任务，其中用户任务3个，即Task01、Task02和Task03，系统任务3个，即空闲任务、统计任务和定时器任务。在main函数中创建第一个用户任务Task01，然后开启多任务。在用户任务Task01中创建信号量Sem01和用户任务 Task02 和 Task03，一般地，在基于 μC/OS-Ⅱ系统的多任务应用程序中，在第一个用户任务中创建工程中用到的事件和其他的用户任务。在启动多任务后，用户任务 Task01 每 3 秒执行一次，通过串口向上位机输出工程中的任务总个数、每秒任务切换数和 CPU 利用率等信息；用户任务 Task02 每 1 秒执行一次，释放信号量 Sem01；用户任务 Task03 始终请求信号量 Sem01，当信号量 Sem01 的值为 0 时，处于等待态，如果信号量 Sem01 的值大于 0 或有任务正在释放信号量 Sem01，则用户任务 Task03 进入就绪态，如果 Task03 是工程中就绪的最高优先级任务，则 Task03 将获得 CPU 使用权而进入执行态，通过串口向上位机发送信息"Running..."。由于信号量 Sem01 是由任务 Task02 每 1 秒释放一次的，因此，Task03 每 1 秒执行一次，即通过信号量 Sem01 任务 Task03 的运行与 Task02 同步。

　　回到图 7-1 所示界面，编译链接并运行项目 ZLX09，计算机串口调试助手的显示信息如图 7-3 所示。

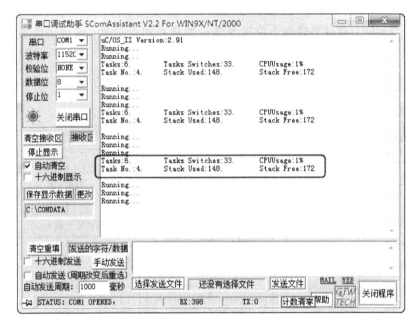

图 7-3　计算机串口调试助手显示信息

　　图 7-3 显示的项目 ZLX09 中共有 6 个任务，每秒任务的切换次数为 33 次（用户任务 Task01 每 3 秒切换一次，Task02 和 Task03 均为每 1 秒切换 1 次，统计任务每 1 秒切换 10 次，定时器任务每 1 秒切换 10 次，空闲任务每 1 秒约切换 10 次，共计约 33 次），CPU 使用率为 1%，优先级号为 4 的用户任务 Task01 的堆栈使用了 148 字节，空闲 172 字节。

　　下面介绍项目 ZLX09 中新添加的文件 task02.c、task02.h、task03.c 和 task03.h 以及修改的文件 includes.h、task01.c 和 task01.h，分别如程序段 7-1 至程序段 7-7 所示。

程序段 7-1　task02.c 文件

```
1    //Filename：task02.c
2
3    # include "includes.h"
4
```

```
5      extern OS_EVENT * Sem01;

6

7      void Task02(void * data)

8      {

9        data=data;

10

11       while(1)

12       {

13           OSTimeDlyHMSM(0, 0, 1, 0);

14           OSSemPost(Sem01);

15       }

16     }
```

在 task02. c 文件中,第 5 行声明外部定义的信号量事件 Sem01,它定义在 task01. c 文件中。第 7~16 行为任务函数 Task02,第 11~15 行为无限循环体,每延时 1 秒(第 13 行),释放一次信号量 Sem01(第 14 行)。

程序段 7－2 task02. h 文件

```
1      //Filename:task02. h

2

3      #ifndef _TASK02_H

4      #define _TASK02_H

5

6      #define Task02StkSize   80

7      #define Task02ID        2

8      #define Task02Prio      (Task02ID+3)

9

10      void Task02(void * );

11

12     #endif
```

文件 task02. h 中宏定义了任务 Task02 的堆栈大小为 80 字、任务 ID 号为 2 以及优先级号为 5,然后,第 10 行给出了任务函数 Task02 的声明。

程序段 7－3 task03. c 文件

```
1      //Filename:task03. c

2

3      #include "includes. h"

4

5      extern OS_EVENT * Sem01;

6

7      void Task03(void * data)

8      {

9        INT8U err;

10

11       data=data;
```

```
12
13      while(1)
14      {
15          OSSemPend(Sem01, 0, &err);
16          SendString((INT8U *)"Running...\n");
17      }
18  }
```

文件 task03.c 中，第 5 行声明了外部定义的信号量事件 Sem01，第 7～18 行为任务函数 Task03，第 13～17 行为无限循环体，第 15 行请求信号量 Sem01，如果请求成功，第 16 行得到执行，通过串口向上位机发送字符串信息"Running..."。

程序段 7-4　task03.h 文件

```
1   //Filename：task03.h
2
3   #ifndef _TASK03_H
4   #define _TASK03_H
5
6   #define Task03StkSize    80
7   #define Task03ID         3
8   #define Task03Prio       (Task03ID+3)
9
10   void Task03(void *);
11
12   #endif
```

文件 task03.h 中宏定义了任务 Task03 的堆栈大小为 80 字、任务 ID 号为 3 以及优先级号为 6，然后，第 10 行给出了任务函数 Task03 的声明。

程序段 7-5　includes.h 文件

```
1    //Filename：includes.h
2
3    #include "LPC82x.h"
4
5    #include "datatype.h"
6    #include "bsp.h"
7    #include "systick.h"
8    #include "uart.h"
9
10    #include "ucos_ii.h"
11
12    #include "task01.h"
13    #include "task02.h"
14    #include "task03.h"
```

对比程序段 6-12 可知，这里添加了第 13、14 行，即包括了头文件 task02.h 和 task03.h。

程序段 7-6　task01.c 文件

```
1    //Filename: task01.c
2
3    # include "includes.h"
4
5    OS_EVENT * Sem01;
6
7    OS_STK Task02Stk[Task02StkSize];
8    OS_STK Task03Stk[Task03StkSize];
9
```

第 5 行定义事件 Sem01，结合下面的第 147 行可知该事件被创建成为信号量，且初始计数值为 0。第 7、8 行定义两个数组分别用作任务 Task02 和 Task03 的堆栈。

```
10   void Task01(void * data)
11   {
12     Int16U ver;
13     OS_STK_DATA  StkData;
14     INT8U i, u, h;
15     INT32U j, v;
16
17     data=data;
18
19     ver=OSVersion();
20     SendString((Int08U * )"uC/OS_Ⅱ Version:");
21     SendChar('0'+ver/100);
22     SendChar('.');
23     SendChar('0'+(ver / 10) % 10);
24     SendChar('0'+ver % 10);
25     SendChar('\n');
26
27     SysTickInit();
28
29     OSStatInit();
30
31     UserEventsCreate();   //Create Events
32     UserTasksCreate();    //Create Tasks
33
```

第 31 行调用 UserEventsCreate 函数创建工程中需要的事件，其函数体位于第 145～148 行，仅创建了一个信号量 Sem01。第 32 行调用 UserTasksCreate 函数创建其他的用户任务(除第一个用户任务 Task01 外)，其函数体位于第 150～170 行，创建了用户任务 Task02 和 Task03。

```
34     OSCtxSwCtr=0;
```

```
35
36      while(1)
37      {
```

此外省略的第 38～141 行，即 while 无限循环体与程序段 6-15 中的第 30～133 行相同。用于向上位机发送项目执行信息，如图 7-3 所示。

```
142     }
143   }
144
145   void UserEventsCreate(void)
146   {
147     Sem01＝OSSemCreate(0);
148   }
149
```

第 145～148 行为函数 UserEventsCreate，该函数包括创建事件的语句，这里仅创建了信号量 Sem01，后续项目中将在该函数中添加其他事件的创建语句。

```
150   void UserTasksCreate(void)
151   {
152     OSTaskCreateExt(Task02,
153                 (void * )0,
154                 &Task02Stk[Task02StkSize-1],
155                 Task02Prio,
156                 Task02ID,
157                 &Task02Stk[0],
158                 Task02StkSize,
159                 (void * )0,
160                 OS_TASK_OPT_STK_CHK | OS_TASK_OPT_STK_CLR);
161     OSTaskCreateExt(Task03,
162                 (void * )0,
163                 &Task03Stk[Task03StkSize-1],
164                 Task03Prio,
165                 Task03ID,
166                 &Task03Stk[0],
167                 Task03StkSize,
168                 (void * )0,
169                 OS_TASK_OPT_STK_CHK | OS_TASK_OPT_STK_CLR);
170   }
```

第 150～170 行的函数 UserTasksCreate 用于创建第一个用户任务外的其他全部用户任务，这里第 152～160 行调用系统函数 OSTaskCreateExt 创建了用户任务 Task02，第 161～169 行调用系统函数 OSTaskCreateExt 创建了用户任务 Task03。后续项目中，将在函数 UserTasksCreate 中添加新添加到项目中的用户任务的创建语句。

由程序段 7-6 可知，在 task01.c 中创建了信号量 Sem01 和用户任务 Task02、Task03。

程序段 7 - 7　task01. h 文件

```
1     //Filename：task01. h
2
3     # ifndef _TASK01_H
4     # define _TASK01_H
5
6     # define Task01StkSize   80
7     # define Task01ID         1
8     # define Task01Prio      (Task01ID＋3)
9
10    void Task01(void * );
11    void UserEventsCreate(void);
12    void UserTasksCreate(void);
13
14    # endif
```

文件 task01. h 中宏定义了任务 Task01 的堆栈大小为 80 字、任务 ID 号为 1 以及优先级号为 4，然后，第 10～12 行给出了函数 Task01、UserEventsCreate 和 UserTasksCreate 的声明。

7.2　ZLG7289B 工作原理

嵌入式控制系统中最常用的部件是按键和七段数码管，用作系统的输入设备和输出设备，ZLG7289B 为专用于驱动按键和数码管的芯片。一片 ZLG7289B 可同时驱动 64 个按键和 8 个七段数码管（即 64 个 LED 灯）。LPC824 学习板上集成了一片 ZLG7289B 芯片，驱动了 16 个按键、8 个 LED 灯和一个四合一七段数码管，电路原理图参考第 3.7 节。

ZLG7289B 芯片管脚布局如图 7 - 4 所示。

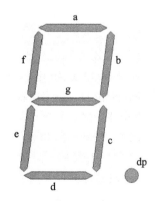

1	RTCC	$\overline{\text{RST}}$	28
2	V_cc	OSC1	27
3	NC	OSC2	26
4	GND	KC7/DIG7	25
5	NC	KC6/DIG6	24
6	CS	KC5/DIG5	23
7	CLK	KC4/DIG4	22
8	DIO	KC3/DIG3	21
9	INT	KC2/DIG2	20
10	SG/KR0	KC1/DIG1	19
11	SF/KR1	KC0/DIG0	18
12	SE/KR2	KR7/DP	17
13	SD/KR3	KR6/SA	16
14	SC/KR4	KR5/SB	15

图 7 - 4　ZLG7289B 芯片管脚布局　　　　图 7 - 5　七段数码管各个段的显示位置

图 7 - 4 中各个管脚的作用如表 7 - 2 所示。

表 7-2　ZLG7289B 芯片各个管脚的含义

管脚号	管脚名	作　用
1	RTCC	电源，一般直接与 V_{cc} 相连
2	V_{cc}	电源，2.7 V～6 V
3	NC	悬空
4	GND	接地
5	NC	悬空
6	CS	片选信号，低电平有效，输入
7	CLK	串行数据位时钟信号，下降沿有效，输入
8	DIO	串行数据输入输出口，双向
9	INT	按键中断请求信号，下降沿有效，输出
10～17	KR0～KR7	键盘行信号 0～7，同时也用作数码管段选信号，依次为 g、f、e、d、c、b、a 和 dp
18～25	KC0～KC7	键盘列信号 0～7，同时也用作数码管字选信号 0～7
26	OSC2	晶振输出信号
27	OSC1	晶振输入信号
28	RST	复位信号，低有效

表 7-2 中的"数码管段选信号"是指用于驱动七段数码管中的某个段的控制信号，一般连接到数码管的 8 个段控制管脚的某一脚上（8 个段控制管脚为 a、b、c、d、e、f、g 和小数点 dp）；"数码管字选信号"也常被称为"数码管位选信号"，是指用于驱动单个数码管的控制信号，一般连接到数码管的公共有效端，由于 ZLG7289B 只能驱动共阴式数码管，所以数码管字选信号连接到单个数码管的阴极公共端。图 7-5 示意了七段数码管各个段的位置。

结合第三章 3.1 节和 3.7 节可知在 LPC824 学习板上，ZLG7289B 通过四根总线与 LPC824 微控制器相连接，这四根总线的连接方式为：ZLG7289B 的管脚 CLK、CS、DIO 和 INT 通过网标 7289CLK、7289CS、7289DIO 和 7289INT 分别连接到 LPC824 芯片的端口 PIO0_8、PIO0_9、PIO0_10 和 PIO0_1，根据表 7-1，CS 为 ZLG7289B 的片选输入信号，低有效；CLK 为 ZLG7289B 的时钟输入信号，下降沿有效（芯片手册上注明上升沿有效，使用时发现下降沿起作用）；DIO 为 ZLG7289B 串口数据输入输出口；INT 为 ZLG7289B 中断输出信号，当 ZLG7289B 驱动按键时，有按键按下后，INT 脚的输出将由高电平下降为低电平，之后，自动拉高。

LPC824 与 ZLG7289B 间的通信方式只有 3 种：其一，LPC824 向 ZLG7289B 写一个字节长的命令字；其二，LPC824 向 ZLG7289B 写一个字节长的命令字和一个字节长的数据；其三，LPC824 向 ZLG7289B 发送 0x15 命令，然后从 ZLG7289B 读出一个字节长的数据（指按键编码信息）。这三种通信方式的时序如图 7-6 所示。

LPC824 对 ZLG7289B 的操作有两种：其一为控制 ZLG7289B 驱动的 64 个 LED 灯（或 8 个七段数码管）；其二为读出 ZLG7289B 驱动的按键值。第一种操作方式只考虑 LPC824 向 ZLG7289B 写指令或数据，参考图 7-3(a) 和 (b) 的工作时序，各条指令如表 7-3 所示。

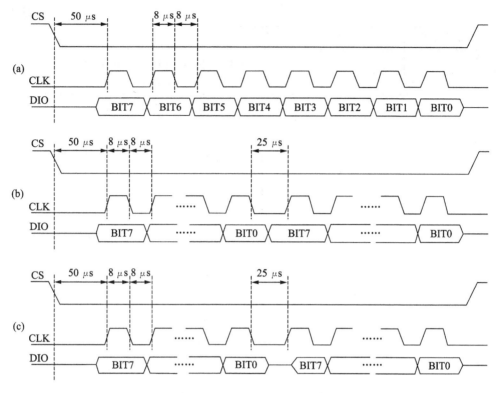

图 7-6 ZLG7289B 访问时序

（a）为 LPC824 向 ZLG7289B 写入单字节指令；（b）为 LPC824 向 ZLG7289B 写入单字节指令＋单字节数据；（c）为 LPC824 向 ZLG7289B 写入单字节指令（0x15），然后读出单字节按键值，这里第一个指令字节必须为 0x15。

表 7-3 LPC824 控制 ZLG7289B 驱动 LED 显示的指令

序号	指令字节	数据字节	含 义
1	0xA4	无	清除显示内容
2	0xBF	无	使全部 LED 灯闪烁
3	0xA0	无	数码管显示左移
4	0xA1	无	数码管显示右移
5	0xA2	无	数码管显示循环左移
6	0xA3	无	数码管显示循环右移
7	0x80＋k	(dp<<7) | ($d_3 d_2 d_1 d_0$)	k 为数码管位置号，取 0～7(在图 3-9 中仅有 4 个数码管，即网标 DIG0 对应着 0，DIG1 对应着 1，DIG2 对应着 2，DIG3 对应 3)；dp＝0 表示小数点点亮，dp＝1 表示小数点熄灭；$d_3 d_2 d_1 d_0$ 四位为 0000b～1001b 对应着显示 0～9，为 1010b 显示"-"为 1011b～1110b 分别显示 E、H、L 和 P，为 1111b 无显示
8	0xC8＋k	(dp<<7) | ($d_3 d_2 d_1 d_0$)	k 和 dp 的含义同上，d3d2d1d0 为 0000b～1111b 时分别对应着显示 0～9、A、B、C、D、E 和 F

序号	指令字节	数据字节	含　义
9	0x90＋k	(dp<<7)|(abcdefg)	k 和 dp 的含义同上，a、b、c、d、e、f、g 对应着数码管的各段，为 1 时亮，为 0 时灭
10	0x88	$d_7 d_6 d_5 d_4 d_3 d_2 d_1 d_0$	d_i 对应着第 i 个数码管，为 0 时闪烁，为 1 时不闪烁
11	0x98	$d_7 d_6 d_5 d_4 d_3 d_2 d_1 d_0$	d_i 对应着第 i 个数码管，为 1 时正常显示，为 0 时消隐
12	0xE0	00 $d_5 d_4 d_3 d_2 d_1 d_0$	将数码管视为 64 个 LED 灯，$d_5 d_4 d_3 d_2 d_1 d_0$ 表示 6 位地址，从 000000b～111111b，表示 64 个 LED 灯的地址，每个数码管内，点亮顺度为"g、f、e、d、c、b、a、dp"，地址 000000b 对应着 KR0 和 KC0 相交的 LED 灯，000001b 对应着 KR1 和 KC0 相交的 LED 灯，依此类推
13	0xC0	00 $d_5 d_4 d_3 d_2 d_1 d_0$	第 12 条指令为段点亮指令，这里为段熄灭指令，数据字节的含义同上
14	0x15	读出单字节数据	读出的单字节数据包含按键值，键码从 0～63（0x00～0x3F），无效值为 0xFF，键码 0 对应着 KC0 与 KR0 相交的按键，键码 1 对应着 KC0 与 KR1 相交的按键，依此类推

表 7-3 中，除第 14 条之外，其余均为显示操作，如果没有数据字节，说明该条为单指令操作，否则为指令＋数据操作，其中，第 7～9 条依次被称为显示模式 0、1 和 2。

LPC824 对 ZLG7289B 的第二种操作为读 ZLG7289B 驱动的按键值，如表 7-3 第 14 条指令所示，当某个按键被按下时，ZLG7289B 的 INT 管脚将向 LPC824 的 PIO0_1 管脚发送中断请求信号（下降沿信号），然后，LPC824 向 ZLG7289B 输出 0x15，等待 25 μs 后，读 ZLG7289B 得到按键的键码，ZLG7289B 内部带有按键去抖功能。

7.3　秒表实例

在项目 ZLX09 的基础上新建项目 ZLX10，保存在目录 D:\ZLXLPC824\ZLX10 下，此时的项目 ZLX10 与 ZLX09 相同。新建文件 zlg7289b.c、zlg7289b.h、task04.c、task04.h、task05.c 和 task05.h，保存目录 D:\ZLXLPC824\ZLX10\User 目录下，然后修改文件 includes.h 和 task01.c。将 task04.c 和 task05.c 添加到工程的 USER 分组下，将 zlg7289b.c 添加到工程的 BSP 分组下，完成后的项目工作界面如图 7-7 所示。

由图 7-7 可知，项目 ZLX10 包括 5 个用户任务，即 Task01、Task02、Task03、Task04 和 Task05，以及 3 个系统任务，即空闲任务、统计任务和定时器任务，各个任务的信息如表 7-4 所示。

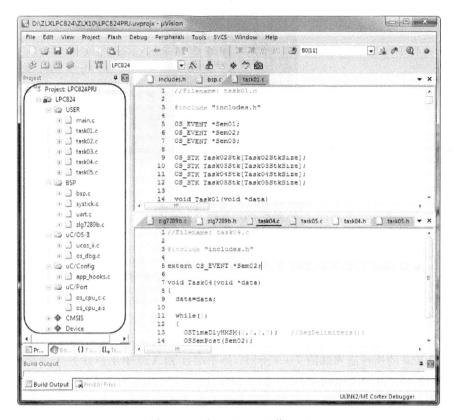

图 7-7　项目 ZLX10 工作界面

表 7-4　项目 ZLX10 包含的任务的信息

序号	任务名	任务函数名	ID 号	优先级号	堆栈名	堆栈大小
1	Task01	Task01	1	4	Task01Stk	80
2	Task02	Task02	2	5	Task02Stk	80
3	Task03	Task03	3	6	Task03Stk	80
4	Task04	Task04	4	7	Task04Stk	80
5	Task05	Task05	5	8	Task05Stk	80
6	空闲任务	OS_TaskIdle	65535	26	OSTaskIdleStk	128
7	统计任务	OS_TaskStat	65524	25	OSTaskStatStk	80
8	定时器任务	OSTmr_Task	65533	24	OSTmrTaskStk	80

　　表 7-4 中，堆栈的大小以字为单位，每个字等于 4 个字节。这里，用户任务 Task01 通过串口向上位机发送一些项目执行信息，即反馈给用户项目的执行情况。用户任务 Task02 用于周期性地释放信号量 Sem01，用户任务 Task03 始终请求信号量 Sem01，从而同步 Task02 的执行。用户任务 Task04 每 1 秒释放一次信号量 Sem02，用户任务 Task05 始终请求信号量 Sem02 从而同步任务 Task04 的执行，当 Task05 请求到信号量后，在四合一七段数码管(见图 3-9)的右侧 2 位上以十进制数显示秒计数值，同时在 8 个 LED 灯(见图 3-10)上以十六进制数显示秒计数值，如图 7-8 所示。

图 7-8 秒表显示结果示例

在图 7-8 中，8 个 LED 灯的左边 4 个，即 D1～D4，用于显示秒计数值的十位数字，用 BCD 码格式显示；8 个 LED 灯的右边 4 个，即 D5～D8，用于显示秒计数值的个位数字，用 BCD 码格式显示。8 个 LED 灯的显示结果与数码管的显示结果相一致，图 7-8 中，将点亮的 LED 灯用方框框住了，并给出 4 组结果供对比分析。

项目 ZLX10 的执行流程如图 7-9 所示，由于项目 ZLX10 中用户任务 Task02 和 Task03 的执行情况和项目 ZLX09 相同，所以，图 7-9 中没有给出这两个任务的执行情况。

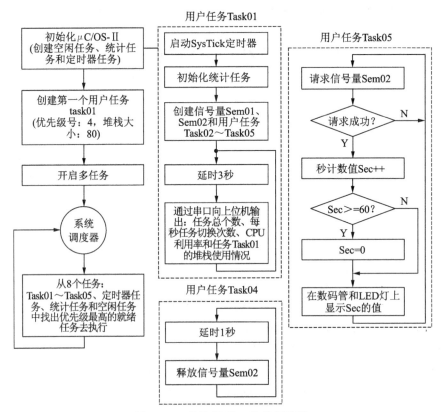

图 7-9 项目 ZLX10 的执行流程

由图 7-9 可知，项目 ZLX10 共有 8 个任务，其中用户任务 5 个，即 Task01、Task02、Task03、Task04 和 Task05，系统任务 3 个，即空闲任务、统计任务和定时器任务。在 main 函数中创建第一个用户任务 Task01，然后开启多任务。在用户任务 Task01 中创建信号量 Sem01、Sem02 和用户任务 Task02～Task05。用户任务 Task04 每 1 秒执行一次，释放信号量 Sem02；用户任务 Task05 始终请求信号量 Sem02，当信号量 Sem02 的值为 0 时，处于等待态，如果信号量 Sem02 的值大于 0 或有任务正在释放信号量 Sem02，则用户任务 Task05 进入就绪态，如果此时 Task05 是工程中就绪的最高优先级任务，则 Task05 将获得 CPU 使用权而进入执行态，将秒计数变量 Sec 的值自增 1，然后在数码管和 LED 灯上显示秒计数值。

回到图 7-7 所示界面，编译链接并运行项目 ZLX10，计算机串口调试助手的显示信息如图 7-10 所示。

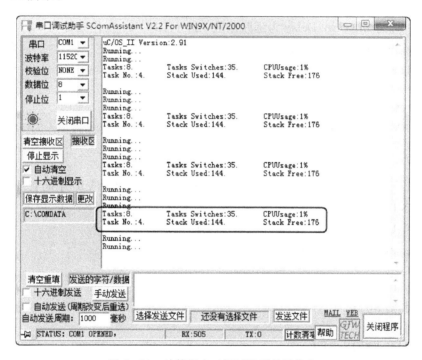

图 7-10 计算机串口调试助手显示信息

图 7-10 显示项目 ZLX10 中共有 8 个任务，每秒任务的切换次数为 35 次，CPU 使用率为 1%，优先级号为 4 的用户任务 Task01 的堆栈使用了 144 字节，空闲 176 字节。

下面介绍的项目 ZLX10 中新添加的文件 zlg7289b.c、zlg7289b.h、task04.c、task04.h、task05.c 和 task05.h 以及修改的文件 includes.h、bsp.c 和 task01.c，分别如程序段 7-8 至程序段 7-16 所示。

程序段 7-8 zlg7289b.c 文件

```
1    //Filename: zlg7289b.c
2
3    #include "includes.h"
4
5    Int08U keyCode;
```

6   extern OS_EVENT ＊ Sem03;

7

第 5 行的全局变量用于保存 ZLG7289B 驱动的 16 个按键的键码,当某个按键被按下后,将触发外部中断(这里使用了 PININT2 中断),在中断服务函数中读取按下的按键的键码,保存在 keyCode 中。第 6 行声明外部定义的信号量事件 Sem03,在 PININT2 中断服务程序中,将读到按键的键码 keyCode 后,释放信号量 Sem03,该信号量在 task01.c 文件中创建,用于第 7.4 节的项目 ZLX11 中,本项目 ZLX10 中没有使用。

8   void   ZLG7289Delay(Int32U t)

9   {

10   while((－t)＞0);

11   }

12

第 8~11 行的 ZLG7289Delay 为延时函数,由于 LPC824 工作时钟为 30 MHz,所以,估计 12 条 C 语句约延时 1 μs,即 t＝12 时,约延时 1 μs。

13   void PININT2IRQEnable(void)

14   {

15   NVIC_ClearPendingIRQ(PIN_INT2_IRQn);

16   NVIC_EnableIRQ(PIN_INT2_IRQn);

17   }

18

第 13~17 行的函数 PININT2IRQEnable 调用了 CMSIS 库 NVIC 中断管理库函数,用于清除 PININT2 外部中断的 NVIC 中断标志(第 15 行)和开放 PININT2 中断(第 16 行)。

下面的第 19~49 行为 ZLG7289B 芯片的初始化函数。

19   void ZLG7289Init(void)

20   {

21   //PIO0_8~PIO_11, PIO0_1 as GPIOs

22   LPC_SWM->PINENABLE0 |= (1uL<<1) | (1uL<<6) | (1uL<<7) | (1uL<<11)
        | (1uL<<10);

23   LPC_IOCON->PIO0_8 = (2uL<<3) | (1uL<<7);   //7289CLK as GPIO

24   LPC_IOCON->PIO0_9 = (2uL<<3) | (1uL<<7);   //7289CS as GPIO

25   LPC_IOCON->PIO0_10 = (1uL<<7);   //7289DIO as GPIO

26   LPC_IOCON->PIO0_11 = (1uL<<7);   //7289D3D4 as GPIO

27

第 22~26 行配置 PIO0_8~PIO0_11 和 PIO0_1 为通用数字输入输出口(见表 2-5 和表 2-8)配合下面的第 28~30 行,PIO0_8、PIO0_9 和 PIO0_11 为通用数字输出口,PIO0_10 为通用数字输入口。

28   //7289CS, CLK, D3D4 as Outputs, DIO as in

29   LPC_GPIO_PORT->DIR0 |= (1uL<<8) | (1uL<<9) | (1uL<<11);

30   LPC_GPIO_PORT->DIR0 &= ~(1uL<<10);

31

32   LPC_SYSCON->PINTSEL2 = (1uL<<0);   //PIO0_1 as PININT2

```
33    LPC_SYSCON->SYSAHBCLKCTRL |= (1uL<<6);   //Enable clk for GPIO Interrupt Regs
34
```

第 32 行配置 PIO0_1 作 PININT2 外部中断输入口，第 33 行给 GPIO 口模块提供工作时钟。

```
35    LPC_IOCON->PIO0_1=(3uL<<3) | (1uL<<7);   //PIO0_1 in Repeat, 7289INT as GPIO
36    LPC_GPIO_PORT->DIR0 &= ~(1uL<<1);        //PIO0_1 as Input
37    LPC_PIN_INT->ISEL &= ~(1uL<<2);          //PININT2 Edge
38    LPC_PIN_INT->CIENR = (1uL<<2);
39    LPC_PIN_INT->SIENF = (1uL<<2);           //PININT2 Falling Edge
40
```

第 35 行设置 PIO0_1 工作在上拉和下拉均有效的工作模式下(见表 2-9)，第 36 行将 PIO0_1 配置为通用目的数字输入口。第 37～39 行配置外部中断 PININT2 为下降沿触发中断工作模式(见表 4-10、表 4-13 和表 4-15)。

```
41    PININT2IRQEnable();
42
43    ZLG7289Disp(2, 5, 1, (0u<<0));   //MUST WRITE TO ENABLE ZLG7289B
44    ZLG7289SEG(0, 0, 0);
45    ZLG7289SEG(1, 0, 0);
46    ZLG7289SEG(2, 0, 0);
47    ZLG7289SEG(3, 0, 0);
48    LPC_GPIO_PORT->B11=1;
49    }
50
```

第 41 行调用 PININT2IRQEnable 函数打开 PININT2 外部中断。第 43～47 行调用下面出现的函数 ZLG7289Disp 和 ZLG7289SEG 关闭 LPC824 学习板上的数码管和 LED 灯显示。第 48 行关闭数码管上的时间分隔符":"的显示(图 3-12 上的网标 USER_D3D4 连接到 PIO0_11，用于控制数码管上的时间分隔符":")。

```
51    void   PIN_INT2_IRQHandler(void)
52    {
53    OSIntEnter();
54    NVIC_ClearPendingIRQ(PIN_INT2_IRQn);
55    if((LPC_PIN_INT->FALL & (1uL<<2))==(1uL<<2))
56        {
57        LPC_PIN_INT->FALL = (1uL<<2);
58        keyCode=ZLG7289Key();
59        OSSemPost(Sem03);
60        }
61    OSIntExit();
62    }
63
```

第 51～62 行为 PININT2 的中断服务函数，函数名必须为 PIN_INT2_IRQHandler(见

表 4‑1），第 53 行的 OSIntEnter 和第 61 行的 OSIntExit 函数是 μC/OS‑Ⅱ 操作系统下处理用户中断的两个系统函数，用于保护 μC/OS‑Ⅱ 操作系统的工作环境，分别位于用户中断服务函数的头部和尾部。第 54 行清除 PININT2 的 NVIC 中断标志，第 55 行判断是否是下降沿信号触发了外部中断 PININT2，如果为真，则第 57 行清除 FALL 寄存器（见表 4‑18）中的下降沿中断标志。第 58 行调用下面的 ZLG7289Key 函数获得按键码，第 59 行释放信号量 Sem03。这些工作用在第 7.4 节的项目 ZLX11 中，在本项目 ZLX10 中没有使用。

```
64      void   ZLG7289SPIWrite(Int08U dat)
65      {
66          Int08U i;
67          LPC_GPIO_PORT->DIR0 |= (1u<<10);    //7289DIO Output
68          for(i=0;i<8;i++)
69          {
70              if((dat & 0x80)==0x80)
71              {
72                  LPC_GPIO_PORT->B10=1u;
73              }
74              else
75              {
76                  LPC_GPIO_PORT->B10=0u;
77              }
78              dat<<=1;
79              LPC_GPIO_PORT->B8=1u;       //7289CLK=1
80              ZLG7289Delay(96);            //8us:8*(12)
81              LPC_GPIO_PORT->B8=0u;       //7289CLK=0
82              ZLG7289Delay(96);           //8us:8*(12)
83          }
84      }
85
```

第 64～84 行的函数 ZLG7289SPIWrite 为向 ZLG7289B 写入控制数据的函数。参考图 7‑6(b)可知，首先将 PIO0_10 设为输出管脚（第 67 行）；然后，第 68～83 行循环 8 次，每循环一次，向 ZLG7289B 写入 1 位数据，写入方式为先写最高位；第 70～77 行判断最高位是否为 1，如果是则 PIO0_10 输出 1，否则输出 0；第 78 行 dat 的次高位左移一位成为最高位；第 79～82 行为配合图 7‑6(b)的时序要求向 ZLG7289B 写入 1 位数据，CLK 下降沿写入。

```
86      Int08U ZLG7289SPIRead(void)
87      {
88          Int08U i;
89          Int08U dat;
90          LPC_GPIO_PORT->DIR0 &= ~(1u<<10);  //7289DIO As Input
91          for(i=0;i<8;i++)
92          {
```

```
93          LPC_GPIO_PORT->B8=1u;        //7289CLK=1
94          ZLG7289Delay(96);           //8us
95          dat<<=1;
96          if((LPC_GPIO_PORT->B10 & 1u)==1u)
97              dat++;                   //ZLG7289DIO=1
98          LPC_GPIO_PORT->B8=0u;        //7289CLK=0
99          ZLG7289Delay(96);
100     }
101     return dat;
102  }
103
```

第 86～102 行为读 ZLG7289B 的函数 ZLG7289SPIRead。第 90 行将 PIO0_10 设为输入管脚，以便从 ZLG7289B 的 DIO 口读出数据；第 91～100 行循环 8 次，每次循环读出 1 位数据，根据图 7-6(c)可知，在 CLK 的上升沿延时 8 μs 后读出数据（相当于下降沿读出数据，如第 93～98 行所示）；第 101 行返回读出的字节数据。

```
104  void   ZLG7289Cmd(Int08U cmd)
105  {
106     LPC_GPIO_PORT->B9=0u;           //ZLG7289CS=0
107     LPC_GPIO_PORT->B8=0u;           //7289CLK=0
108
109     ZLG7289Delay(600);              //50us：50 * 12
110     ZLG7289SPIWrite(cmd);
111
112     LPC_GPIO_PORT->B9=1u;           //ZLG7289CS=1
113  }
114
```

第 104～113 行为 ZLG7289Cmd 函数，该函数实现了图 7-6(a)所示的向 ZLG7289B 写入单字节指令的功能，形参 cmd 为写入的单字节指令。结合图 7-6(a)，首先令 CS 为低（第 106 行），然后令 CLK 为低（第 107 行），接着延时 50 μs（第 109 行），第 110 行调用 ZLG7289SPIWrite 函数写入命令字 cmd，第 112 行令 CS 为高。

```
115  void   ZLG7289CmdDat(Int08U cmd, Int08U dat)
116  {
117     LPC_GPIO_PORT->B9=0u;           //ZLG7289CS=0
118     LPC_GPIO_PORT->B8=0u;           //7289CLK=0
119
120     ZLG7289Delay(600);   //50us
121     ZLG7289SPIWrite(cmd);
122     ZLG7289Delay(300);   //25us
123     ZLG7289SPIWrite(dat);
124
125     LPC_GPIO_PORT->B9=1u;           //ZLG7289CS=1
126  }
```

127

第 115～126 行的函数 ZLG7289CmdDat 实现了图 7-6(b)所示的向 ZLG7289B 写入单字节指令＋单字节数据的功能，形参 cmd 和 dat 分别表示要写入的单字节指令和单字节数据。结合图 7-6(b)，第 117 行令 CS 为低，第 118 行令 CLK 为低，第 120 行延时 50 μs，第 121 行调用 ZLG7289SPIWrite 函数写入指令；再延时 25 μs（第 122 行）；第 123 行调用函数 ZLG7289SPIWrite 写入单字节数据；第 125 行令 CS 为高，关闭 ZLG7289B。

```
128    void   ZLG7289Disp(Int08U mod, Int08U x, Int08U dp, Int08U dat)
129    {   //dp＝1：Digital Point Off；dp＝0：Digital Point On；mod：0，1，2；x：0－7
130        Int08U ModDat[3]＝{0x80，0xC8，0x90}；
131        Int08U d1，d2；
132
```

第 128 行的函数 ZLG7289Download 为 ZLG7289B 的驱动显示函数，具有 4 个参数：

（1）第一个参数 mod 为显示模式控制，对应于表 7-3 中的第 7～9 行，结合第 130 行可知，mod 的取值为 0、1 或 2，mod 作为数组 ModDat 的索引项（或称下标），依次选择显示模式值为 0x80、0xC8 或 0x90。

（2）第二个参数 x 表示显示数码管的位置，取值为 0～7，LPC824 学习板上，0～3 的位置上依次连接了四合一七段数码管的 4 个数码管，位置 5 上连接了 8 个 LED 灯。

（3）第三个参数 dp 为小数点控制参数，当 dp 为 0 时，小数点点亮；当 dp 为 1 时，小数点熄灭。

（4）第四个参数 dat 表示显示数据的第[7:0]位，即不包含 dp 位。

第 131 行的局部变量 d1 和 d2 分别用于保存控制 ZLG7289B 的单字节指令和单字节数据。

```
133        if(mod＞2)mod＝2；
134        d1＝ModDat[mod]；
135        x ＆＝0x07；
136        d1|＝x；
137        d2＝dat ＆ 0x7F；
138        if(！dp)
139            d2|＝0x80；
140        ZLG7289CmdDat(d1，d2)；
141    }
142
```

结合表 7-3 第 7～9 号，第 133～136 行为生成“指令字节”（表 7-3 第二列），第 137～139 行为生成“数据字节”（表 7-3 第三列），第 140 行调用 ZLG7289CmdDat 函数向 ZLG7289B 输出“单字节指令＋单字节数据”。

```
143    Int08U ZLG7289Key(void)
144    {
145        Int08U key；
146
147        LPC_GPIO_PORT->B9＝0u；        //ZLG7289CS＝0
148        LPC_GPIO_PORT->B8＝0u；        //ZLG7289CLK＝0
149
```

```
150        ZLG7289Delay(600);    //50us
151        ZLG7289SPIWrite(0x15);
152        ZLG7289Delay(300);    //25us
153        key=ZLG7289SPIRead();
154
155        LPC_GPIO_PORT->B9=1u;        //ZLG7289CS=1
156        return key;
157    }
158
```

第 143～157 行为读 ZLG7289B 获得按键码的函数 ZLG7289Key。根据图 7-6(c)可知，先使 CS 为低使 ZLG7289B 进入工作状态（第 147 行）；接着令 CLK 为低（第 148 行）；延时约 50 μs（第 150 行）；向 ZLG7289B 写入控制字 0x15（第 151 行调用函数 ZLG7289SPIWrite 实现）；再延时约 25 μs（第 152 行）；调用 ZLG7289SPIRead 函数从 ZLG7289B 读出一个字节数据赋给 key（第 153 行）；第 155 行设置 CS 为 1，关闭 ZLG7289B。

```
159    void  SegDelimiters(void)
160    {
161        LPC_GPIO_PORT->NOT0 = (1uL<<11);
162    }
163
```

根据图 3-2、图 3-9 和图 3-12 可知，四合一七段数码管的时间分隔符“:”是单独由 PIO0_11 控制的，这里第 159～162 行的函数 SegDelimiters 每调用一次将 PIO0_11 的输出反向，使时间分隔符“:”闪烁。

```
164    void ZLG7289LED(Int08U v)
165    {
166        v=(v/10)*16 + (v % 10);
167        ZLG7289Disp(2, 5, ((~v) & 0x01), v>>1);
168    }
169
```

第 164～168 行的 ZLG7289LED 函数是 ZLG7289B 芯片控制 8 个 LED 灯（见图 3-10）的函数，首先将 v 转化为 BCD 码形式（第 166 行），然后，第 167 行调用 ZLG7289Disp 函数输出 v 的值，LED 灯的 D1～D4 输出十位数字，LED 灯的 D5～D8 输出个位数字，如图 7-8 所示。

```
170    void ZLG7289SEG(Int08U Loc, Int08U Val, Int08U Pt)
171    {
172        ZLG7289Disp(0, Loc, ((~Pt) & 0x01), Val);
173    }
174
```

第 170～173 行的 ZLG7289SEG 函数是 ZLG7289B 芯片控制四合一七段数码管的函数，包括 3 个参数，依次为数码管的位置 Loc（取值为 0～3，对应着 4 个数码管从左到右）、显示的数字 Val（取值为 0～9）和小数点显示控制参数 Pt（当 Pt 为 0 时关闭小数点显示，当 Pt 为 1 时小数点点亮）。

```
175    Int08U KeyNumber(Int08U code)      //参数 code 传入按键码
176    {
177        Int08U keyNum;
178        switch(code)          //根据按键码的值选择相应的操作
179        {
180            case 62：//S1
181                keyNum＝1；
182                break；
```

当按键码为 62 时，表示按下了按键 S1，第 181～182 行被执行。即将按键的编号值 1 赋给变量 keyNum。

```
183            case 61：//S2
184                keyNum＝2；
185                break；
186            case 60：//S3
187                keyNum＝3；
188                break；
189            case 59：//S4
190                keyNum＝4；
191                break；
192            case 58：//S5
193                keyNum＝5；
194                break；
195            case 57：//S6
196                keyNum＝6；
197                break；
198            case 56：//S7
199                keyNum＝7；
200                break；
201            case 63：//S8
202                keyNum＝8；
203                break；
204            case 54：//S9
205                keyNum＝9；
206                break；
207            case 53：//S10
208                keyNum＝10；
209                break；
210            case 52：//S11
211                keyNum＝11；
212                break；
213            case 51：//S12
214                keyNum＝12；
```

```
215        break；
216    case 50：//S13
217        keyNum=13；
218        break；
219    case 49：//S14
220        keyNum=14；
221        break；
222    case 48：//S15
223        keyNum=15；
224        break；
225    case 55：//S16
226        keyNum=16；
227        break；
228    default：
229        keyNum=0；
230        break；
231    }
232    return(keyNum)；
233    }
```

第183～230行为按下按键 S2～S16 的情况，依次将各个按键的编号值赋给变量 keyNum。
第 232 行返回 keyNum 的值。

程序段 7 - 9　zlg7289b. h 文件

```
1      //Filename：zlg7289b. h
2
3      # include "datatype. h"
4
5      # ifndef _ZLG7289B_H
6      # define _ZLG7289B_H
7
8      void ZLG7289Init(void)；
9      void ZLG7289Disp(Int08U，Int08U，Int08U，Int08U)；
10     Int08U ZLG7289Key(void)；
11     void ZLG7289LED(Int08U)；
12     void ZLG7289SEG(Int08U，Int08U，Int08U)；
13     Int08U KeyNumber(Int08U)；
14     void SegDelimiters(void)；
15
16     # endif
```

头文件 zlg7289b. h 中给出了文件 zlg7289b. c 中定义的 ZLG7289Init 等函数的声明。

程序段 7 - 10　task04. c 文件

```
1      //Filename：task04. c
2
```

```
3      # include "includes. h"

4

5      extern OS_EVENT  * Sem02;

6

7      void Task04(void  * data)

8      {

9        data＝data;

10

11       while(1)

12       {

13           OSTimeDlyHMSM(0, 0, 1, 0);  //SegDelimiters();

14           OSSemPost(Sem02);

15       }

16     }
```

文件 task04. c 中，第 5 行声明了外部定义的信号量 Sem02，第 7～16 行为用户任务函数 Task04，第 11～15 行为无限循环体，每延时 1 秒(第 13 行)释放一次信号量 Sem02(第 14 行)。

程序段 7-11   task04. h 文件

```
1      //Filename：task04. h

2

3      # ifndef _TASK04_H

4      # define _TASK04_H

5

6      # define Task04StkSize   80

7      # define Task04ID        4

8      # define Task04Prio     (Task04ID＋3)

9

10     void Task04(void  * );

11

12     # endif
```

头文件 task04. h 中宏定义了用户任务 Task04 的堆栈大小为 80 字、任务 ID 号为 4 和优先级号为 7(第 6～8 行)，第 10 行声明了任务函数 Task04。

程序段 7-12   task05. c 文件

```
1      //Filename：task05. c

2

3      # include "includes. h"

4

5      extern OS_EVENT  * Sem02;  //声明外部定义的信号量事件 Sem02

6

7      void Task05(void  * data)

8      {
```

```
9        INT8U err;
10       INT8U Sec=0;      //Sec 为秒计数值变量
11
12       data=data;
13
14       while(1)
15       {
16           OSSemPend(Sem02, 0, &err);
17           Sec++;
18           if(Sec>=60)
19               Sec=0;
20           ZLG7289LED(Sec);
21           ZLG7289SEG(2, Sec/10, 0);
22           ZLG7289SEG(3, Sec % 10, 0);
23       }
24   }
```

在文件 task05. c 中，第 14～23 行为无限循环体，第 16 行始终请求信号量 Sem02，第 17～19 行秒计数变量 Sec 自增 1，如果 Sec 的值大于或等于 60，则令 Sec 为 0。第 20 行在 8 个 LED 灯上显示 Sec 的值；第 21～22 行在四合一七段数码管上显示 Sec 的值。

程序段 7 – 13　task05. h 文件

```
1    //Filename: task05. h
2
3    # ifndef _TASK05_H
4    # define _TASK05_H
5
6    # define Task05StkSize   80
7    # define Task05ID        5
8    # define Task05Prio      (Task05ID+3)
9
10   void Task05(void *);
11
12   # endif
```

头文件 task05. h 中宏定义了用户任务 Task05 的堆栈大小为 80 字、任务 ID 号为 5 和优先级号为 8(第 6～8 行)，第 10 行声明了任务函数 Task05。

程序段 7 – 14　includes. h 文件

```
1    //Filename: includes. h
2
3    # include "LPC82x. h"
4
5    # include "datatype. h"
6    # include "bsp. h"
```

```
7      # include "systick. h"
8      # include "uart. h"
9      # include "zlg7289b. h"
10
11     # include "ucos_ii. h"
12
13     # include "task01. h"
14     # include "task02. h"
15     # include "task03. h"
16     # include "task04. h"
17     # include "task05. h"
```

对于程序段 7-5，这里添加了第 9 行和第 16～17 行，即包括了头文件 zlg7289b. h、task04. h 和 task05. h。

程序段 7-15　bsp. c 文件

```
1      //Filename:bsp. c
2
3      # include "includes. h"
4
5      void   BSPInit(void)
6      {
7        UARTInit();
8        ZLG7289Init();
9      }
```

文件 bsp. c 用于初始化 LPC824 学习板上的片设，这里第 7 行用于初始化串口，第 8 行用于初始化 ZLG7289B 芯片。

程序段 7-16　task01. c 文件

```
1      //Filename：task01. c
2
3      # include "includes. h"
4
5      OS_EVENT * Sem01;
6      OS_EVENT * Sem02;
7      OS_EVENT * Sem03;
8
```

对比程序段 7-6，这里添加了第 6、7 行，分别定义了信号量 Sem02 和 Sem03。信号量 Sem03 用于第 7.4 节的项目 ZLX11 中。

```
9      OS_STK Task02Stk[Task02StkSize];
10     OS_STK Task03Stk[Task03StkSize];
11     OS_STK Task04Stk[Task04StkSize];
12     OS_STK Task05Stk[Task05StkSize];
13
```

对比程序段 7-6，这里添加了第 11、12 行，定义了任务 Task04 和 Task05 的堆栈。

```
14    void Task01(void * data)
15    {
```

这里省略了的第 16～146 行，即 Task01 的函数体，与程序段 7-6 中的 Task01 的函数体相同。

```
147    }
148
149    void UserEventsCreate(void)
150    {
151       Sem01＝OSSemCreate(0);
152       Sem02＝OSSemCreate(0);
153       Sem03＝OSSemCreate(0);
154    }
155
```

第 149～154 行为函数 UserEventsCreate，在其中，创建了三个信号量 Sem01、Sem02 和 Sem03。

```
156    void UserTasksCreate(void)
157    {
```

此处省略了的第 158～175 行用于创建任务 Task02 和 Task03，与程序段 7-6 中的第 152～169 行相同。

```
176    OSTaskCreateExt(Task04,
177                    (void * )0,
178                    &Task04Stk[Task04StkSize-1],
179                    Task04Prio,
180                    Task04ID,
181                    &Task04Stk[0],
182                    Task04StkSize,
183                    (void * )0,
184                    OS_TASK_OPT_STK_CHK | OS_TASK_OPT_STK_CLR);
185    OSTaskCreateExt(Task05,
186                    (void * )0,
187                    &Task05Stk[Task05StkSize-1],
188                    Task05Prio,
189                    Task05ID,
190                    &Task05Stk[0],
191                    Task05StkSize,
192                    (void * )0,
193                    OS_TASK_OPT_STK_CHK | OS_TASK_OPT_STK_CLR);
194    }
```

第 176～193 行调用系统函数 OSTaskCreateExt 创建用户任务 Task04 和 Task05。

7.4　互斥信号量实例

在项目 ZLX10 的基础上，新建项目 ZLX11，保存在目录 D:\ZLXLPC824\ZLX11 下，此时的项目 ZLX11 与 ZLX10 相同。新添加文件 task06.c、task06.h、task07.c 和 task07.h，然后修改文件 includes.h 和 task01.c。将 task06.c 和 task07.c 添加到工程的 USER 分组下，完成后的项目的工程管理器如图 7-11 所示。

下面先介绍需要修改的文件 includes.h 和 task01.c。

相对于程序段 7-14 而言，这里的 includes.h 添加了以下两条语句：

```
#include "task06.h"
#include "task07.h"
```

即包括了头文件 task06.h 和 task07.h。

相对于程序段 7-16 而言，这里的 task01.c 文件头部添加了互斥型信号量 Mutex01 的定义，即

```
OS_EVENT * Mutex01;
```

上述语句插入到程序段 7-16 的第 8 行。然后，添加了任务 Task06 和 Task07 的堆栈定义语句：

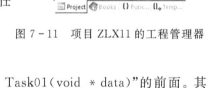

图 7-11　项目 ZLX11 的工程管理器

```
OS_STK Task06Stk[Task06StkSize];
OS_STK Task07Stk[Task07StkSize];
```

上述语句插入到程序段 7-16 第 14 行函数声明"void　Task01(void ＊data)"的前面。其次，修改 UserEventsCreate 函数如下：

程序段 7-17　UserEventsCreate 函数体

```
1      void UserEventsCreate(void)
2      {
3          INT8U err;
4
5          Sem01＝OSSemCreate(0);
6          Sem02＝OSSemCreate(0);
7          Sem03＝OSSemCreate(0);
8          Mutex01＝OSMutexCreate(3u, &err);
9      }
```

第 3 行定义变量 err，用于第 8 行中。第 8 行调用系统函数 OSMutexCreate 函数创建互斥信号量 Mutex01，其优先级继承优先级(PIP)号为 3。

最后，在函数 UserTasksCreate 中添加创建用户任务 Task06 和 Task07 的语句，即

程序段 7-18　用户任务 Task06 和 Task07 的创建语句

```
1      OSTaskCreateExt(Task06,
2                          (void ＊)0,
```

```
3                       &Task06Stk[Task06StkSize-1],
4                       Task06Prio,
5                       Task06ID,
6                       &Task06Stk[0],
7                       Task06StkSize,
8                       (void * )0,
9                       OS_TASK_OPT_STK_CHK | OS_TASK_OPT_STK_CLR);
10      OSTaskCreateExt(Task07,
11                      (void * )0,
12                      &Task07Stk[Task07StkSize-1],
13                      Task07Prio,
14                      Task07ID,
15                      &Task07Stk[0],
16                      Task07StkSize,
17                      (void * )0,
18                      OS_TASK_OPT_STK_CHK | OS_TASK_OPT_STK_CLR);
```

新添加的文件 task06.c、task06.h、task07.c 和 task07.h 分别如程序段 7－19 至程序段 7－22 所示。

程序段 7－19　　task06.c 文件

```
1       //Filename：task06.c
2
3       # include "includes.h"
4
5       extern OS_EVENT * Sem03;
6       extern OS_EVENT * Mutex01;
7       INT8U keyNum;
8       extern INT8U keyCode;
9
```

第 5 行声明外部定义的信号量 Sem03；第 6 行声明外部定义的互斥信号量 Mutex01；第 7 行定义全部变量 keyNum，用于保存按键的编号；第 8 行声明外部定义的变量 keyCode，保存了按键码。

```
10      void Task06(void * data)
11      {
12      INT8U err;
13      data＝data;
14
15      while(1)
16      {
17          OSSemPend(Sem03, 0, &err);
18
19          OSMutexPend(Mutex01, 0, &err);
20          keyNum＝KeyNumber(keyCode);
```

```
21          OSMutexPost(Mutex01);
22      }
23  }
```

第 10～23 行为任务函数 Task06，其中第 15～22 行为无限循环体。第 17 行请求信号量 Sem03，当 S1～S16（见图 3-11）被按下后，将触发程序段 7-8 中的 PIN_INT2_IRQHandler 中断服务函数被执行，此时将按键码赋给全局变量 keyCode，并释放信号量 Sem03。如果 S1～S16 中的某个按键被按下，则第 17 行请求信号量 Sem03 成功，从而第 19～21 行得到执行。第 19 行请求互斥信号量 Mutex01，如果请求成功，则调用 KeyNumber 函数将按键码 keyCode 转化为按键编号 keyNum（第 20 行）。第 21 行释放互斥信号量 Mutex01。这里使用了互斥信号量，用于保护第 20 行的执行不受其他任务的影响。第 20 行的 KeyNumber 使用了全局变量 keyCode，这类函数称为不可重入函数，如果用户任务 Task06 在执行该函数过程中被更高优先级的任务抢占 CPU 使用权而中断，而新的任务中更改了 keyCode 的值，则第 20 行可能得到非预期的结果。如果一个函数仅使用局部变量，则称其为可重入函数。

程序段 7-20   task06.h 文件

```
1   //Filename：task06.h
2
3   #ifndef _TASK06_H
4   #define _TASK06_H
5
6   #define Task06StkSize   80
7   #define Task06ID        6
8   #define Task06Prio      (Task06ID+3)
9
10  void Task06(void *);
11
12  #endif
```

头文件 task06.h 宏定义了用户任务 Task06 的堆栈大小为 80 字、任务 ID 号为 6 和任务优先级号为 9（第 6～8 行），第 10 行声明了任务函数 Task06 的原型。

程序段 7-21   task07.c 文件

```
1   //Filename：task07.c
2
3   #include "includes.h"
4
5   extern OS_EVENT *Mutex01;
6   extern INT8U keyNum;
7
```

第 5 行声明外部定义的互斥信号量 Mutex01，第 6 行声明外部定义的全局变量 keyNum。

```
8   void Task07(void *data)
9   {
10      INT8U err;
```

```
11      data=data;
12
13      while(1)
14      {
15          OSTimeDlyHMSM(0, 0, 0, 500);   //Refresh Display
16
17          OSMutexPend(Mutex01, 0, &err);
18          ZLG7289SEG(0, keyNum / 10, 0);
19          ZLG7289SEG(1, keyNum % 10, 0);
20          OSMutexPost(Mutex01);
21      }
22  }
```

第 8～22 行为任务函数 Task07，第 13～21 行为无限循环体，每 0.5 秒执行一次（第 15 行），每次执行时先请求互斥信号量 Mutex01（第 17 行），请求成功后，第 18、19 行将按键编号 keyNum 输出在七段数码管上，第 20 行释放互斥信号量 Mutex01。这里使用互斥信号量 Mutex01，是为了保证第 18 行和第 19 行均被执行完后，才被其他使用 key-Num 的任务（例如 Task06）抢占 CPU 使用权。如果不使用互斥信号量，第 18 行执行完后，第 19 行还没有得到执行时，任务 Task07 被优先级更高的任务抢占执行权，而新的任务中 keyNum 的值被改变，新的任务执行完后，返回到任务 Task07 第 19 行时，第 19 行输出新的 keyNum 的个位数。然而第 18 行输出的是旧的 keyNum 的十位数，则按键编号的显示出错。

程序段 7－22　task07.h 文件

```
1   //Filename：task07.h
2
3   #ifndef _TASK07_H
4   #define _TASK07_H
5
6   #define Task07StkSize    80
7   #define Task07ID         7
8   #define Task07Prio       (Task07ID+3)
9
10  void Task07(void *);
11
12  #endif
```

头文件 task07.h 宏定义了用户任务 Task07 的堆栈大小为 80 字、任务 ID 号为 7 和任务优先级号为 10（第 6～8 行），第 10 行声明了任务函数 Task07 的原型。

项目 ZLX11 的执行流程如图 7－12 所示。

由图 7－12 可知，项目 ZLX11 中具有 10 个任务，其中，用户任务为 Task01～Task07，图 7－12 中忽略了任务 Task02～Task05（这些任务的执行情况与 ZLX10 相同）。用户任务 Task01 中创建了信号量 Sem01～Sem03 和互斥信号量 Mutex01 以及用户任务 Task02～Task07。当按键 S1～S16 中的某个按键被按下时，将触发外部中断服务函数 PIN_INT2_

IRQHandler 的执行，在其中读取按键的键码，赋给全局变量 keyCode，并释放信号量 Sem03。

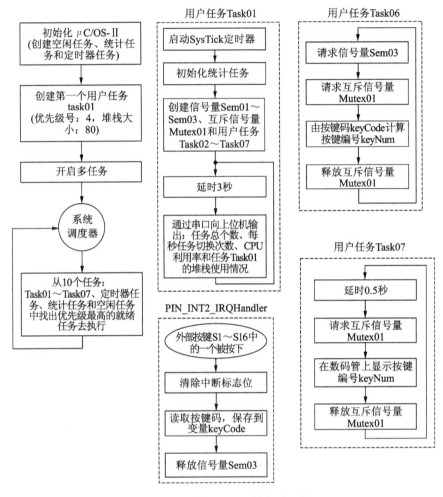

图 7-12　项目 ZLX11 执行流程图

用户任务 Task06 始终请求信号量 Sem03，一旦请求成功，将请求互斥信号量 Mutex01，请求 Mutex01 成功后，调用函数 KeyNumber 由键码变量 keyCode 计算按键编号 key-Num，然后释放互斥信号量 Mutex01。

用户任务 Task07 每 0.5 秒执行一次，每次执行时先请求互斥信号量 Mutex01，请求成功后，在数码管上显示按键编号 keyNum，然后释放互斥信号量 Mutex01。这样，借助于互斥信号量，用户任务 Task06 和 Task07 之间在使用全部变量 keyNum 时，不会发生冲突。

项目 ZLX11 执行的结果如图 7-13 所示，计算机串口调试助手显示结果如图 7-14 所示。

图 7-13 中给出了按下编号为 2、9、13 和 16 的按键时的情况，图中用圆圈圈住的部分为按键和其显示的编号。

图 7-13 项目 ZLX11 执行结果

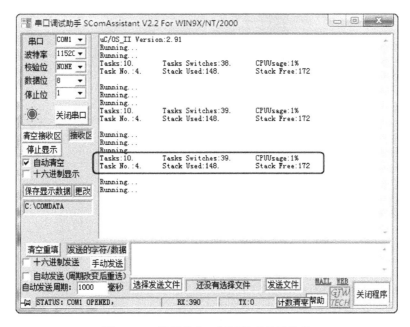

图 7-14 计算机串口调试助手显示结果

由图 7-14 可知，项目 ZLX11 共有 10 个任务，每秒任务的切换次数为 38 或 39 次，其中，统计任务每秒切换 10 次，定时器任务每秒切换 10 次，空闲任务每秒切换约 13 次，Task01 每 3 秒切换 1 次，Task02～Task05 每秒切换 1 次，Task07 每秒切换 2 次，Task06

的切换次数由按键决定，每按一次按键，Task06 切换一次，因此，每秒总的切换次数约为 10＋10＋13＋1/3＋4＋2，即约为 39 次。CPU 占用率为 1％，优先级号为 4 的用户任务 Task01 的堆栈占用了 148 字节，空闲 172 字节，共 320 字节（即 80 字）。

本 章 小 结

本章通过实例介绍了信号量与互斥信号量的用法，并介绍了任务释放信号量和中断服务程序释放信号量的方法。本章的重点在于信号量与互斥信号量的创建、请求和释放操作，建议读者在本章内容学习的基础上，编写实现时间调整功能和定时功能的完整时钟实例。信号量和互斥信号量是 μC/OS - Ⅱ 嵌入式实时操作系统中最重要的两个组件，信号量主要用作两个用户任务间的同步、用户任务同步中断服务程序的执行和用户任务同步软件定时器的执行（见第 9.2 节）。互斥信号量是一种特殊的二值信号量，主要用于保护共享资源，多个任务共享某一资源时，为避免竞争，每一个任务在使用共享资源前必须先请求互斥信号量，请求到互斥信号量后，再使用共享资源，使用完共享资源后，释放互斥信号量。通过"信号量＋全局变量"的形式可以实现任务间或中断服务程序向用户任务传递信息，例如项目 ZLX11 中的"信号量 Sem03＋全局变量 keyCode"，使得中断服务程序向用户任务 Task06 传递信息。下一章将介绍通过消息邮箱和队列在任务间或中断服务程序向用户任务传递消息的方法。

第八章　μC/OS－Ⅱ消息邮箱与队列

本章介绍了消息邮箱与消息队列的用法，消息邮箱与队列是 μC/OS－Ⅱ 系统中非常重要的组件，主要用于任务间传递信息，也可用于任务间同步，或用于中断服务程序向任务传递信息。本章将基于 LPC824 学习板，介绍几个消息邮箱与队列相关的实例，同时还介绍了 LPC824 学习板上 128×64 点阵 LCD 屏的驱动方法。

8.1　μC/OS－Ⅱ消息邮箱

消息邮箱是 μC/OS－Ⅱ 系统中最重要的组件之一，可替代信号量用于任务间的同步或任务同步中断服务程序的执行，此时常借助于哑元消息；此外，消息邮箱最重要的应用在于任务之间传递信息，或者中断服务程序向任务传递信息。下面第 8.1.1 节介绍消息邮箱用作任务同步中断服务程序的执行的实例，第 8.1.2 节介绍消息邮箱用作中断服务程序向用户任务传递信息的实例。

8.1.1　消息邮箱同步实例

在项目 ZLX11 的基础上新建项目 ZLX12，保存在目录 D:\ZLXLPC824\ZLX12 下，此时的项目 ZLX12 与 ZLX11 相同。在项目 ZLX11 中借助于信号量 Sem03 实现任务 Task06 同步中断服务程序 PIN_INT2_IRQHandler 的执行，如第七章图 7－12 所示。在项目 ZLX12 中，将 Sem03 改为消息邮箱 Mbox01，使消息邮箱 Mbox01 用于实现任务 Task06 同步中断服务程序 PIN_INT2_IRQHandler 的执行，具体的步聚如下所示：

（1）在 Task01.c 文件（见程序段 7－16）中，将第 7 行由原来的"OS_EVENT ＊ Sem03；"改为"OS_EVENT ＊ Mbox01；"，表示定义事件 Mbox01。将 UserEventsCreate 函数创建信号量 Sem03 的语句"Sem03＝OSSemCreate(0)；"（见程序段 7－17 第 7 行）改为 "Mbox01＝OSMboxCreate(0)；"表示创建消息邮箱 Mbox01。

（2）在 zlg7289b.c 文件（见程序段 7－8）中，将第 6 行由原来的"extern OS_EVENT ＊ Sem03；"改为"extern OS_EVENT ＊ Mbox01；"，表示声明外部定义的消息邮箱 Mbox01。第 59 行由原来的"OSSemPost(Sem03)；"改为"OSMboxPost(Mbox01,(void ＊)1)；"，表示将哑元消息"1"释放到消息邮箱 Mbox01 中。所谓的"哑元消息"是指消息内容为常数的消息。

（3）在 task06.c 文件（见程序段 7－19）中，将第 5 行由原来的"extern OS_EVENT ＊ Sem03；"改为"extern OS_EVENT ＊ Mbox01；"，表示声明外部定义的消息邮箱 Mbox01。将第 17 行由原来的"OSSemPend(Sem03,0,&err)；"，改为"OSMboxPend(Mbox01,0,&err)；"，表示请求消息邮箱，这里不保存请求到的消息。

经过上述改动后，项目 ZLX11 转化为 ZLX12，编译链接并运行项目 ZLX12，其运行结果与项目 ZLX11 相同。消息邮箱 Mbox01 用于任务同步中断服务程序的执行，如图 8－1

所示。

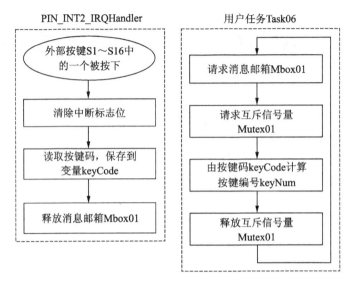

图 8-1　项目 ZLX12 中消息邮箱 Mbox01 的作用

　　项目 ZLX12 中，在任务 Task01 中创建了消息邮箱 Mbox01，在图 8-1 中，当 LPC824 学习板上 S1～S16 中的某个按键被按下时，中断服务函数 PIN_INT2_IRQHandler 被触发而执行，在其中释放消息邮箱 Mbox01。用户任务 Task06 始终请求消息邮箱 Mbox01，请求不到则永远等待，一旦请求成功则执行 Task06 任务中后续的语句。

　　项目 ZLX12 中仅给出了消息邮箱用作任务同步中断服务程序时的用法，如果消息邮箱用作任务 B 同步任务 A 的执行，则只需要在任务 A 中添加释放消息邮箱的语句，与中断服务函数 PIN_INT2_IRQHandler 中释放消息邮箱的语句相同，任务 B 中添加请求消息邮箱的语句，与任务 Task06 中请求消息邮箱的语句相同。

8.1.2　消息邮箱传递信息实例

　　在项目 ZLX12 中，消息发送方的任务或中断服务程序使用了哑元消息，消息接收方的任务请求到该哑元消息后不保存消息，因为接收方知道消息的内容，消息中没有信息。本小节将在项目 ZLX12 的基础上，将按键值作为消息，由中断服务函数 PIN_INT2_IRQHandler 将该消息释放到消息邮箱 Mbox01 中，用户任务 Task06 接收消息邮箱 Mbox01 中的消息，从而得到按键值，具体的做法如下所示：

　　(1) 在 zlg7289b.c 文件（见图 7-8）中，将第 5 行由原来的"Int08U keyCode;"改为 "Int08U keyCode[1];"，表示创建一维整型数组 keyCode，用于保存消息，特别需要注意的是，用于保存消息的数组必须定义为全局变量！

　　(2) 在 zlg7289b.c 文件中，修改中断服务函数 PIN_INT2_IRQHandler 的代码如下所示。

程序段 8-1　中断服务函数 PIN_INT2_IRQHandler

```
1    void   PIN_INT2_IRQHandler(void)
2    {
3      OSIntEnter();
```

```
4       NVIC_ClearPendingIRQ(PIN_INT2_IRQn);
5       if((LPC_PIN_INT->FALL & (1uL<<2))==(1uL<<2))
6       {
7           LPC_PIN_INT->FALL = (1uL<<2);
8           keyCode[0]=ZLG7289Key();
9           OSMboxPost(Mbox01,(void *)&keyCode[0]);
10      }
11      OSIntExit();
12  }
```

第 8 行调用 ZLG7289Key 函数获得按键码，赋给数组的第一个元素 keyCode[0]；第 9 行调用系统函数 OSMboxPost 将数组作为消息释放到消息邮箱 Mbox01 中。

（3）文件 task06.c 修改为如程序段 8-2 所示。

程序段 8-2 文件 task06.c

```
1       //Filename：task06.c
2
3       #include "includes.h"
4
5       extern OS_EVENT * Mbox01;
6       extern OS_EVENT * Mutex01;
7       INT8U keyNum;
8
```

第 5 行声明外部定义的消息邮箱 Mbox01。

```
9       void Task06(void * data)
10      {
11      INT8U err;
12      void * pmsg;
13
```

第 12 行定义 void * 类型的指针 pmsg，用于指向从消息邮箱获得的消息。

```
14      data=data;
15
16      while(1)
17      {
18          pmsg=OSMboxPend(Mbox01,0,&err);
19
```

第 18 行请求消息邮箱 Mbox01，使 pmsg 指向请求到的消息。

```
20          OSMutexPend(Mutex01,0,&err);
21          keyNum=KeyNumber(((INT8U *)pmsg)[0]);
22          OSMutexPost(Mutex01);
23      }
24  }
```

第 21 行将读到的消息，即按键值(用 C 语言((INT8U *)pmsg)[0]表示)，作为 KeyNumber 函数的参数赋给 keyNum 变量。

　　项目 ZLX13 的执行情况与项目 ZLX12 和 ZLX11 相同。仔细比较这三个项目中按键码由中断服务函数传递到 Task06 的方式，可以发现消息邮箱的优点。消息邮箱本质上是一种全局变量的访问机制，但是比直接使用全部变量进行信息传递要安全可靠。在项目 ZLX11 中，使用信号量＋全部变量(keyCode)的方法，在项目 ZLX12 中，使用哑元消息邮箱＋全局变量(keyCode)的方法，使得中断服务程序中的按键值传递到任务 Task06 中，在这两个项目中，keyCode 是作为文件 zlg7289b.c 和 task06.c 共用的全局变量，keyCode 定义在 zlg7289b.c 中，在 task06.c 中必须再次声明该变量。而在项目 ZLX13 中，使用了消息邮箱传递信息的方式，这里的数组变量 keyCode 虽然仍然是全局变量，但是仅用于保存消息值，定义在 zlg7289b.c 中，在 task06.c 文件中，无需再次声明它(即 keyCode 变量在 task06.c 中不可见)，那些要使用 keyCode 变量值(即按键值)的任务，必须请求到消息邮箱中的消息才能使用，否则无法使用。显然，后者这种定义一个保存消息的全局变量＋消息传递机制的方法，比起定义共同的全局变量＋信号量同步控制(或哑元消息邮箱同步控制)的机制更加安全。

8.2　SGX12864 点阵 LCD 显示屏

　　参考第三章图 3-2 和图 3-14 可知，SGX12864 点阵 LCD 屏与 LPC824 通过 4 根线相连接，其中，LPC824 的 PIO0_14 与 SGX12864 的串行数据总线 SDA 相连接，当 SGX12864 工作在串口模式下时，SDA 只能作为输入口，故 PIO0_14 配置为通用目的数字输出口；PIO0_13 与 SGX12864 的片选信号 CS 相连，PIO0_13 被配置为数字输出口；PIO0_15 与 SGX12864 的命令/数据选通信号线 C/D 相连接，C/D 线即 A0 线，PIO0_15 被配置为数字输出口；PIO0_17 与 SGX12864 的时钟输入线 SCK 相连，PIO0_17 被配置为数字输出口。

　　SGX12864 点阵 LCD 显示屏驱动芯片为 UC1701X，UC1701X 可驱动 65×132 个像素点，具有并口和串口两种工作方式，SGX12864 将 UC1701X 配置为 4 线 S8 串行口模式，该模式下只能向 UC1701X 写入命令和显示数据，无法从 UC1701X 读出数据。UC1701X 常用的操作命令如表 8-1 所示。

表 8-1　UC1701X 常用的命令

序号	A0 管脚	写入字节数据	含　义
1	1	要写入的字节数据	向 UC1701X 写入一个字节长的数据
2	0	0x01＋列地址的高 4 位	列地址的高 4 位和低 4 位合成一个完整的列地址，寻址范围为 0～131
3	0	0x00＋列地址的低 4 位	
4	0	0xB0＋页地址	页地址范围为 0～8 页
5	0	0x40＋行滚动数	向上滚动的行数，取值为 0～63
6	0	0x28＋[PC2：PC1：PC0]	用于功耗控制，PC2：PC1：PC0＝111b 表示驱动电压打开
7	0	0x20＋[PC5：PC4：PC3]	用于调节对比度，缺省情况下：PC5：PC4：PC3＝100b，可设为 101b

续表

序号	A0 管脚	写入字节数据	含　义
8	0	第一个字节：0x81 第二个字节：0x00+PM[5:0]	用于调整 VLCD 电压值以调整对比度，缺省值为 0x20，PC[5:0]取值 0～63
9	0	0xAE+DC2	DC2=1 时，显示使能
10	0	0xA0+MX	设置列方向：MX=0，表示列从左到右为 0～131
11	0	0xC0+MY<<3	设置行方向，MY=1 表示行序为从下到上
12	0	0xE2	软件复位 UC1701X，复位后，要等待 10 ms
13	0	0xA2+BR	缺省 BR=0，调整 LCD 显示电压

UC1701X 的显示内存如图 8-2 所示。

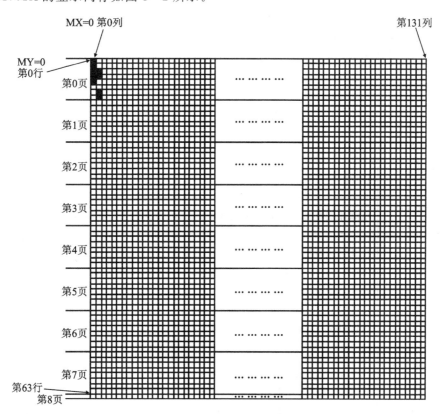

图 8-2　UC1701X 显存格式

针对 SGX12864 而言，仅使用了图 8-2 中第 0～7 页第 0～127 列的显存，UC1701X 的显存只能按页访问，不能按位访问，例如，可以访问第 0 页第 0 列的整个字节，但不能单独访问第 0 行第 0 列的位。由于 SGX12864 配置 UC1701X 工作在串行方式下，只能写 UC1701X 的显存，无法读显存，因此，操作 UC1701X 显存的常用方法为：在 LPC824 内存中开辟一块 1024B 大小的空间 SM，对 SM 进行读写操作，再在优先级较低的用于刷新显示屏的任务中将 SM 写到 UC1701X 的物理显存中。在将要介绍的项目 ZLX14 中，为了节省 LPC824 的内存，采用了直接写 UC1701X 缓存的方法；在第 8.5 节的项目 ZLX15 中，重新编写了文件 lcd12864.c 和 lcd12864.h，使用 LPC824 片上 SRAM 作为显示缓存的方法在 SGX12864 上显示信息。

在图 8-2 中配置 UC1701X 的 MY=0，则显存的左上角对应着 SGX12864 的左下角，显存图像的垂直镜像将显示在 SGX12864 上。如果配置 MY=1，则显存与 SGX12864 对应。在项目 ZLX14 中，直接写 UC1701X 显存，故配置了 MY=1；而在项目 ZLX15 中，使用了 LPC824 内部缓存，故配置了 MY=0。按图 8-2 的配置，第 0 页第 1、2 列的字节依次为 0b1110 0000 和 0b0011 0011。

下面，在项目 ZLX13 的基础上，新建项目 ZLX14，保存在目录 D:\ZLXLPC824\ZLX14 中，此时的项目 ZLX14 与 ZLX13 相同，然后，进行如表 8-2 所示的改动。

表 8-2　项目 ZLX14 在 ZXL13 基础上所做的改动

序号	文件名	改动内容	含义
1	lcd12864.c	新添加的 LCD 显示控制文件	在第 8.2 和 8.3 节介绍
2	lcd12864.h	新添加的 LCD 头文件	在第 8.2 节介绍
3	includes.h	添加以下语句： # include "lcd12864.h" # include "task08.h" # include "task09.h"	包括头文件 lcd12864.h、task08.h 和 task09.h
4	bsp.c	在 BSPInit 函数体中添加以下语句： LCD12864Init();	初始化 LCD 显示屏
5	task08.c task08.h	新添加的任务文件和其头文件	在第 8.4 节介绍
6	task09.c task09.h	新添加的任务文件和其头文件	在第 8.4 节介绍
7	task01.c	在文件头部添加以下语句： OS_EVENT * Q01; void * QNode[10]; OS_STK Task08Stk[Task08StkSize]; OS_STK Task09Stk[Task09StkSize];	定义了事件 Q01 用作消息队列；定义了 void * 类型的指针数组，用于作为消息队列的 10 个消息指针，即消息队列的长度为 10；定义了任务 Task08 和 Task09 的堆栈
8	task01.c	在 UserEventsCreate 函数中添加以下语句： Q01=OSQCreate(&QNode[0], 10);	创建消息队列 Q01
9	os_cfg.h	# define OS_TASK_TMR_STK_SIZE　　60u # define OS_TASK_STAT_STK_SIZE　60u # define OS_TASK_IDLE_STK_SIZE　70u	配置定时器任务、统计任务和空闲任务的堆栈大小分别为 60、60 和 70 字
10	task01.h	# define Task01StkSize　50	配置任务 Task01 的堆栈大小为 50 字（即 200 字节）
11	task02.h	# define Task02StkSize　50	配置任务 Task02 的堆栈大小为 50 字
12	task03.h	# define Task03StkSize　50	配置任务 Task03 的堆栈大小为 50 字
13	task04.h	# define Task04StkSize　50	配置任务 Task04 的堆栈大小为 50 字

序号	文件名	改动内容	含　义
14	task01.c	在 UserTasksCreate 函数中添加以下语句： OSTaskCreateExt(Task08, 　　(void ＊)0, 　　&Task08Stk[Task08StkSize-1], 　　Task08Prio, 　　Task08ID, 　　&Task08Stk[0], 　　Task08StkSize, 　　(void ＊)0, 　　OS_TASK_OPT_STK_CHK│ OS_TASK_ OPT_STK_CLR)； OSTaskCreateExt(Task09, 　　(void ＊)0, 　　&Task09Stk[Task09StkSize-1], 　　Task09Prio, 　　Task09ID, 　　&Task09Stk[0], 　　Task09StkSize, 　　(void ＊)0, 　　OS_TASK_OPT_STK_CHK │ OS_TASK_OPT _STK_CLR)；	创建用户任务 Task08 和 Task09
15	task05.h	＃define Task05StkSize　50	配置任务 Task05 的堆栈大小为 50 字
16	task06.h	＃define Task06StkSize　50	配置任务 Task06 的堆栈大小为 50 字
17	task07.h	＃define Task07StkSize　50	配置任务 Task07 的堆栈大小为 50 字

　　现在先介绍文件 lcd12864.h 和 lcd12864.c 的部分内容，分别如程序段 8－3 和程序段 8－4 所示。

程序段 8－3　文件 lcd12864.h

```
1    //Filename:lcd12864.h
2
3    #include "datatype.h"
4
5    #ifndef _LCD12864_H
6    #define _LCD12864_H
7
8    void LCD12864Init(void);
9    void UC1701XInit(void);
10   void LCDClear(void);
```

```
11      void LCDFrame(void);
12      void LCDOutput16X8(Int08U, Int08U, const Int08U *, Int08U);
13      void LCDOutput16X16(Int08U, Int08U, const Int08U *, Int08U);
14
15      #endif
```

文件 lcd12864.h 中声明了文件 lcd12864.c 中定义的函数原型，如第 8～13 行所示，依次表示 LCD 屏初始化、UC1701X 初始化、LCD 屏清屏、LCD 屏显示边框、LCD 屏输出 16×8 点阵字符和 LCD 屏输出 16×16 点阵汉字。第 12～13 行的函数均有 4 个参数，依次表示输出的字符或汉字所在的行、列、字符串或汉字串以及字符或汉字的个数，这里行的取值为 0～7，列的取值为 0～15。

程序段 8-4　文件 lcd12864.c 的第 1～182 行的内容

```
1       //Filename: lcd12864.c
2
3       #include "includes.h"
4
5       const Int08U Dig16X8[]={ //数字 0～9、小数点、空格、冒号和百分号
6       0xC0, 0xF0, 0x18, 0x08, 0x08, 0x18, 0xF0, 0xE0, 0x07, 0x0F, 0x18, 0x10, 0x10, 0x18,
        0x0F, 0x07, /* "0", 0 */
7       0x00, 0x10, 0x10, 0xF8, 0xF8, 0x00, 0x00, 0x00, 0x00, 0x10, 0x10, 0x1F, 0x1F, 0x10,
        0x10, 0x00, /* "1", 1 */
8       0x20, 0x10, 0x08, 0x08, 0x18, 0xF8, 0xF0, 0x00, 0x10, 0x18, 0x18, 0x14, 0x13, 0x11,
        0x10, 0x08, /* "2", 2 */
9       0x10, 0x10, 0x08, 0x88, 0xC8, 0xF8, 0xB0, 0x00, 0x10, 0x10, 0x10, 0x10, 0x10, 0x19,
        0x0F, 0x07, /* "3", 3 */
10      0x00, 0x80, 0x40, 0x20, 0x10, 0xF8, 0xF8, 0x00, 0x03, 0x02, 0x02, 0x02, 0x02, 0x1F,
        0x1F, 0x02, /* "4", 4 */
11      0x00, 0x20, 0x50, 0x48, 0xC8, 0x88, 0x08, 0x00, 0x10, 0x10, 0x10, 0x10, 0x10, 0x08,
        0x07, 0x00, /* "5", 5 */
12      0x80, 0xC0, 0xA0, 0x50, 0x50, 0xC8, 0xC8, 0x88, 0x07, 0x0F, 0x18, 0x10, 0x10, 0x18,
        0x0F, 0x07, /* "6", 6 */
13      0x10, 0x08, 0x08, 0x08, 0xC8, 0x78, 0x18, 0x00, 0x00, 0x00, 0x18, 0x0F, 0x03, 0x00,
        0x00, 0x00, /* "7", 7 */
14      0x00, 0x70, 0xF8, 0x88, 0x88, 0x88, 0x78, 0x30, 0x00, 0x0C, 0x1E, 0x11, 0x10, 0x11,
        0x1E, 0x0E, /* "8", 8 */
15      0xE0, 0xF0, 0x18, 0x08, 0x08, 0x18, 0xF0, 0xE0, 0x11, 0x13, 0x13, 0x0A, 0x0A, 0x06,
        0x03, 0x01, /* "9", 9 */
16      0x00, 0x00, 0x00, 0x00, 0x00, 0x00, 0x00, 0x00, 0x00, 0x10, 0x10, 0x00, 0x00, 0x00,
        0x00, 0x00, /* ".", 10 */
17      0x00, 0x00, 0x00, 0x00, 0x00, 0x00, 0x00, 0x00, 0x00, 0x00, 0x00, 0x00, 0x00, 0x00,
        0x00, 0x00, /* " ", 11 */
18      0x00, 0x00, 0x00, 0xC0, 0xC0, 0x00, 0x00, 0x00, 0x00, 0x00, 0x00, 0x30, 0x30, 0x00,
        0x00, 0x00, /* ":", 12 */
```

19　　0xF0，0x08，0xF0，0x00，0xE0，0x18，0x00，0x00，0x00，0x21，0x1C，0x03，0x1E，0x21，
　　　0x1E，0x00}；/ * "%"，13 * /

20

21　　const Int08U Letter16X8[]＝{ //ASCⅡ大写字符 A～Z

22　　0x00，0x00，0xC0，0x38，0xE0，0x00，0x00，0x00，0x20，0x3C，0x23，0x02，0x02，0x27，
　　　0x38，0x20，/ * "A"，0 * /

23　　0x08，0xF8，0x88，0x88，0x88，0x70，0x00，0x00，0x20，0x3F，0x20，0x20，0x20，0x11，
　　　0x0E，0x00，/ * "B"，1 * /

24　　0xC0，0x30，0x08，0x08，0x08，0x08，0x38，0x00，0x07，0x18，0x20，0x20，0x20，0x10，
　　　0x08，0x00，/ * "C"，2 * /

25　　0x08，0xF8，0x08，0x08，0x08，0x10，0xE0，0x00，0x20，0x3F，0x20，0x20，0x20，0x10，
　　　0x0F，0x00，/ * "D"，3 * /

26　　0x08，0xF8，0x88，0x88，0xE8，0x08，0x10，0x00，0x20，0x3F，0x20，0x20，0x23，0x20，
　　　0x18，0x00，/ * "E"，4 * /

27　　0x08，0xF8，0x88，0x88，0xE8，0x08，0x10，0x00，0x20，0x3F，0x20，0x00，0x03，0x00，
　　　0x00，0x00，/ * "F"，5 * /

28　　0xC0，0x30，0x08，0x08，0x08，0x38，0x00，0x00，0x07，0x18，0x20，0x20，0x22，0x1E，
　　　0x02，0x00，/ * "G"，6 * /

29　　0x08，0xF8，0x08，0x00，0x00，0x08，0xF8，0x08，0x20，0x3F，0x21，0x01，0x01，0x21，
　　　0x3F，0x20，/ * "H"，7 * /

30　　0x00，0x08，0x08，0xF8，0x08，0x08，0x00，0x00，0x00，0x20，0x20，0x3F，0x20，0x20，
　　　0x00，0x00，/ * "I"，8 * /

31　　0x00，0x00，0x08，0x08，0xF8，0x08，0x08，0x00，0xC0，0x80，0x80，0x80，0x7F，0x00，
　　　0x00，0x00，/ * "J"，9 * /

32　　0x08，0xF8，0x88，0xC0，0x28，0x18，0x08，0x00，0x20，0x3F，0x20，0x01，0x26，0x38，
　　　0x20，0x00，/ * "K"，10 * /

33　　0x08，0xF8，0x08，0x00，0x00，0x00，0x00，0x00，0x20，0x3F，0x20，0x20，0x20，0x20，
　　　0x30，0x00，/ * "L"，11 * /

34　　0x08，0xF8，0xF8，0x00，0xF8，0xF8，0x08，0x00，0x20，0x3F，0x00，0x3F，0x00，0x3F，
　　　0x20，0x00，/ * "M"，12 * /

35　　0x08，0xF8，0x30，0xC0，0x00，0x08，0xF8，0x08，0x20，0x3F，0x20，0x00，0x07，0x18，
　　　0x3F，0x00，/ * "N"，13 * /

36　　0xE0，0x10，0x08，0x08，0x08，0x10，0xE0，0x00，0x0F，0x10，0x20，0x20，0x20，0x10，
　　　0x0F，0x00，/ * "O"，14 * /

37　　0x08，0xF8，0x08，0x08，0x08，0x08，0xF0，0x00，0x20，0x3F，0x21，0x01，0x01，0x01，
　　　0x00，0x00，/ * "P"，15 * /

38　　0xE0，0x10，0x08，0x08，0x08，0x10，0xE0，0x00，0x0F，0x18，0x24，0x24，0x38，0x50，
　　　0x4F，0x00，/ * "Q"，16 * /

39　　0x08，0xF8，0x88，0x88，0x88，0x88，0x70，0x00，0x20，0x3F，0x20，0x00，0x03，0x0C，
　　　0x30，0x20，/ * "R"，17 * /

40　　0x00，0x70，0x88，0x08，0x08，0x08，0x38，0x00，0x00，0x38，0x20，0x21，0x21，0x22，
　　　0x1C，0x00，/ * "S"，18 * /

41　　0x18，0x08，0x08，0xF8，0x08，0x08，0x18，0x00，0x00，0x00，0x20，0x3F，0x20，0x00，

```
                0x00, 0x00, / * "T", 19 * /
42    0x08, 0xF8, 0x08, 0x00, 0x00, 0x08, 0xF8, 0x08, 0x00, 0x1F, 0x20, 0x20, 0x20, 0x20,
      0x1F, 0x00, / * "U", 20 * /
43    0x08, 0x78, 0x88, 0x00, 0x00, 0xC8, 0x38, 0x08, 0x00, 0x00, 0x07, 0x38, 0x0E, 0x01,
      0x00, 0x00, / * "V", 21 * /
44    0xF8, 0x08, 0x00, 0xF8, 0x00, 0x08, 0xF8, 0x00, 0x03, 0x3C, 0x07, 0x00, 0x07, 0x3C,
      0x03, 0x00, / * "W", 22 * /
45    0x08, 0x18, 0x68, 0x80, 0x80, 0x68, 0x18, 0x08, 0x20, 0x30, 0x2C, 0x03, 0x03, 0x2C,
      0x30, 0x20, / * "X", 23 * /
46    0x08, 0x38, 0xC8, 0x00, 0xC8, 0x38, 0x08, 0x00, 0x00, 0x00, 0x20, 0x3F, 0x20, 0x00,
      0x00, 0x00, / * "Y", 24 * /
47    0x10, 0x08, 0x08, 0x08, 0xC8, 0x38, 0x08, 0x00, 0x20, 0x38, 0x26, 0x21, 0x20, 0x20,
      0x18, 0x00};/ * "Z", 25 * /
48
49    const Int08U HZ16X16[]= {   //汉字"温度：电压秒"
50    0x10, 0x60, 0x02, 0x8C, 0x00, 0x00, 0xFE, 0x92, 0x92, 0x92, 0x92, 0x92, 0xFE, 0x00,
      0x00, 0x00,
51    0x04, 0x04, 0x7E, 0x01, 0x40, 0x7E, 0x42, 0x42, 0x7E, 0x42, 0x7E, 0x42, 0x42, 0x7E,
      0x40, 0x00, //温 0
52    0x00, 0x00, 0xFC, 0x24, 0x24, 0x24, 0xFC, 0x25, 0x26, 0x24, 0xFC, 0x24, 0x24, 0x24,
      0x04, 0x00,
53    0x40, 0x30, 0x8F, 0x80, 0x84, 0x4C, 0x55, 0x25, 0x25, 0x25, 0x55, 0x4C, 0x80, 0x80,
      0x80, 0x00, //度 1
54    0x00, 0x00, 0x00, 0x00, 0x00, 0x00, 0x00, 0x00, 0x00, 0x00, 0x00, 0x00, 0x00, 0x00,
      0x00, 0x00,
55    0x00, 0x00, 0x36, 0x36, 0x00, 0x00, 0x00, 0x00, 0x00, 0x00, 0x00, 0x00, 0x00, 0x00,
      0x00, 0x00, //： 2
56    0x00, 0x00, 0xF8, 0x88, 0x88, 0x88, 0x88, 0xFF, 0x88, 0x88, 0x88, 0x88, 0xF8, 0x00,
      0x00, 0x00,
57    0x00, 0x00, 0x1F, 0x08, 0x08, 0x08, 0x08, 0x7F, 0x88, 0x88, 0x88, 0x88, 0x9F, 0x80,
      0xF0, 0x00, //电 3
58    0x00, 0x00, 0xFE, 0x02, 0x82, 0x82, 0x82, 0x82, 0xFA, 0x82, 0x82, 0x82, 0x82, 0x82,
      0x02, 0x00,
59    0x80, 0x60, 0x1F, 0x40, 0x40, 0x40, 0x40, 0x40, 0x7F, 0x40, 0x40, 0x44, 0x58, 0x40,
      0x40, 0x00, //压 4
60    0x24, 0x24, 0xA4, 0xFE, 0x23, 0x22, 0x00, 0xC0, 0x38, 0x00, 0xFF, 0x00, 0x08, 0x10,
      0x60, 0x00,
61    0x08, 0x06, 0x01, 0xFF, 0x01, 0x06, 0x81, 0x80, 0x40, 0x40, 0x27, 0x10, 0x0C, 0x03,
      0x00, 0x00};//秒 5
62
63    const Int08U BMP16X16T[]={// 16×16 点阵的 BMP 位图"℃"，表示摄氏度
64    0x06, 0x09, 0x09, 0xE6, 0xF8, 0x0C, 0x04, 0x02, 0x02, 0x02, 0x02, 0x02, 0x04, 0x1E,
      0x00, 0x00,
```

```
65        0x00，0x00，0x00，0x07，0x1F，0x30，0x20，0x40，0x40，0x40，0x40，0x40，0x20，0x10，
          0x00，0x00/ * "T_C.bmp"，0 * /
66        };
67
```

第 5~19 行的数组 Dig16X8 为数字 0~9、小数点、空格、冒号和百分号的点阵值；第 21~47 行的数组 Letter16X8 为大字英文字母 A~Z 的点阵值；第 49~61 行的数组 HZ16X16 为汉字"温度：电压秒"的点阵值，这里的冒号为 16×16 点阵的；第 63~66 行为位图文件 T_C.bmp 的点阵值，该位图文件包括 16×16 点阵的字符"℃"。所有这些数字、字符、汉字和图形的点阵值均借助于软件 PCtoLCD2002 产生，产生方式为"列行式、低位在前"。

```
68        void LCD12864Delay(Int32U t)    //Delay t/12us
69        {
70            while((— t)＞0)；
71        }
72
```

第 68~71 行为 lcd12864.c 文件中专用的延时函数，延时值约为 t/12 微秒。

```
73        void LCD12864Init(void) //SDA - P1.4，SCK - P3.1，A0 - P3.0，CS - P1.2
74        {
75            LPC_IOCON->PIO0_14 = (2uL＜＜3) | (1uL＜＜7)；    //SDA
76            LPC_IOCON->PIO0_17 = (2uL＜＜3) | (1uL＜＜7)；    //SCK
77            LPC_IOCON->PIO0_15 = (2uL＜＜3) | (1uL＜＜7)；    //A0(C/D)=1，Data；=0，Command
78            LPC_IOCON->PIO0_13 = (2uL＜＜3) | (1uL＜＜7)；    //CS
79            //SDA Output(S8，WriteOnly)；A0，SCK，CS Output
80            LPC_GPIO_PORT->DIR0 |=(1uL＜＜13) | (1uL＜＜14) | (1uL＜＜15) | (1uL＜＜17)；
81            LPC_GPIO_PORT->B13 = 0u；    //CS = 0
82
83            UC1701XInit()；              //UC1701X Driver Init
84        }
85
```

第 73~84 行为 SGX12864 初始化函数。由于 SGX12864 将驱动器 UC1701X 配置为 4 线 S8 串口工作模式，只能写 UC1701X 显存，而不能读显存，因此，第 75~80 行将 LPC824 与 SGX12864 相连的 I/O 口均配置为通用数字输出口。第 83 行调用 UC1701XInit 初始化 UC1701X 芯片。

```
86        void UC1701SendByte(Int08U dat)
87        {
88            Int08U i；
89            for(i=0；i＜8；i++)
90            {
91                LPC_GPIO_PORT->B17=0u；                //SCK=0
92                LPC_GPIO_PORT->B14=(dat＞＞(7 - i))；   //Highest bit first
93                LCD12864Delay(2)；                     //Delay 2/12us=166ns
```

```
94          LPC_GPIO_PORT->B17=1u;                      //SCK=1
95          LCD12864Delay(2);
96      }
97  }
98
```

第 86~97 行为向 UC1701X 写入字节的函数 UC1701SendByte，每个 SCK 的上升沿数据位写入，先写入最高位（第 7 位）。

```
99   void UC1701WrCmd(Int08U dat)
100  {
101      LPC_GPIO_PORT->B13=0u;       //CS = 0
102      LPC_GPIO_PORT->B15=0u;       //A0 = 0，Command
103      UC1701SendByte(dat);
104  }
105
```

第 99~104 行为向 UC1701X 写入命令字节的函数。

```
106  void UC1701WrDat(Int08U dat)
107  {
108      LPC_GPIO_PORT->B13=0u;       //CS = 0
109      LPC_GPIO_PORT->B15=1u;       //A0 = 1，Data
110      UC1701SendByte(dat);
111  }
112
```

第 106~111 行为向 UC1701X 写入数据字节的函数。

```
113  void UC1701XInit(void)
114  {
115      LPC_GPIO_PORT->B13=0u;       //CS = 0
116      //UC1701WrCmd(0xe2);          //Reset
117      LCD12864Delay(10 * 1000 * 12);   //Delay >10 ms
118
119      UC1701WrCmd(0x25);              //SET VLCD Resistor Ratio
120      UC1701WrCmd(0xA2);              //BR=1/9
121      UC1701WrCmd(0xA0);              //Set SEG Direction，MX=0
122      UC1701WrCmd(0xC8);              //Set Com Direction，=0xC8，MY=1；=0xC0，MY=0
123      UC1701WrCmd(0x2F);              //Set Power Control
124      UC1701WrCmd(0x40);              //Set Scroll Line：0
125      UC1701WrCmd(0x81);              //SET Electronic Volume
126      UC1701WrCmd(0x20);
127
128      UC1701WrCmd(0xAF);              //Set Display Enable
129      LCDClear();
130      LCDFrame();
131  }
```

132

第 113～131 行为 UC1701X 初始化函数，结合表 8-1，第 116 行为软复位，由于外部使用了硬件复位，故这里注释掉了；第 117 行等待 10ms；第 119～126 行为配置 UC1701X 的对比度和显存等；第 128 行设置显示有效；第 129 行清空 UC1701X 显存；第 130 行画边框。

```
133     void LCDClear(void)
134     {
135         Int08U x, y;
136         for(y=0;y<8;y++)
137         {
138             UC1701WrCmd(0xb0+y);    //Set PAGE y:0-7
139             UC1701WrCmd(0x10);      //Set Column Address:0x00
140             UC1701WrCmd(0x00);
141             for(x=0;x<132;x++)
142             {
143                 UC1701WrDat(0);
144             }
145         }
146     }
147
```

第 133～146 行为清空 UC1701X 显存函数。UC1701X 的显存分为 9 页（只用到前 8 页），依次选中各页（第 138 行），设置各页的首地址为 0x00（第 139、140 行），然后全部写为 0x00（每页 132 列）。

```
148     void LCDFrame(void)
149     {
150         Int08U x, y;
151
152         UC1701WrCmd(0xb0+0);    //Set PAGE 0
153         UC1701WrCmd(0x10);      //Set Column Address:0x00
154         UC1701WrCmd(0x00);
155         for(x=1;x<=127;x++)
156         {
157             UC1701WrDat(0x01);
158         }
159
```

第 152～158 行为输出上边框，即选中第 0 页，各列输出 0x01。

```
160     UC1701WrCmd(0xb0+7);    //Set PAGE 7
161     UC1701WrCmd(0x10);      //Set Column Address:0x00
162     UC1701WrCmd(0x00);
163     for(x=1;x<=127;x++)
164     {
165         UC1701WrDat(0x80);
166     }
```

第 160～166 行为输出下边框，即选中第 7 页，各列输出 0x80。

```
167     for(y=0;y<8;y++)
168     {
169         UC1701WrCmd(0xb0+y);        //Set PAGE y
170         UC1701WrCmd(0x10);          //Set Column Address:0x00
171         UC1701WrCmd(0x00);
172         UC1701WrDat(0xFF);
173     }
174
```

第 167～173 行为输出左边框，即选中第 0 列，依次选中各页，输出 0xFF。

```
175     for(y=0;y<8;y++)
176     {
177         UC1701WrCmd(0xb0+y);                        //Set PAGE y
178         UC1701WrCmd(0x10+((127>>4) & 0xF));         //Set Column Address:127
179         UC1701WrCmd(0x00+(127 & 0x0F));
180         UC1701WrDat(0xFF);
181     }
182 }
```

第 175～182 行为输出右边框，即选中第 127 列，依次选中各页，输出 0xFF。

8.3　字符、汉字与图形显示技术

SGX12864 点阵 LCD 屏输出字符、汉字和图形的原理是相同的，都是以图形方式输出的，即将字符、汉字或图形转化为点阵字模，然后，将字模输出到 UC1701X 显存中，那些为 1 的位显示出来，为 0 的位不显示。程序段 8-5 介绍了输出字符、汉字和图形的程序设计方法，在项目 ZLX14 中，将 UC1701X 显存划分为 8 行×16 列的格子阵列，每个格子可显示 8×8 点阵，函数中 row 的取值为 0～7，col 的取值为 0～15。

程序段 8-5　文件 lcd12864.c 的第 183～231 行的内容

```
183
184 void   LCDOutput16X8(Int08U row, Int08U col, const Int08U * str, Int08U n)
185 {   //row:0~7
186     Int08U i, j;
187     Int32U X=0;
188     UC1701WrCmd(0x10+(8 * col/16));     //CA: High 4-bit
189     UC1701WrCmd(0x00+(8 * col%16));     //CA: Low 4-bit
190     for(j=0;j<n;j++)
191     {
192         UC1701WrCmd(0xb0+row);          //Page:row
193         for(i=0;i<8;i++)
194         {
195             UC1701WrDat(str[X++]);
```

```
196              }                                //After:Col=Col+8
197              UC1701WrCmd(0xb0+row+1);      //Page:row+1
198              UC1701WrCmd(0x10+(8 * col/16));  //Col
199              UC1701WrCmd(0x00+(8 * col%16));   //After:Col=Col+8
200              for(i=0;i<8;i++)
201              {
202                  UC1701WrDat(str[X++]);
203              }
204              col=col+1;
205          }
206      }
207
```

第 184～206 行为输出 16×8 点阵图形的函数 LCDOutput16X8，每个 16×8 的图形占有 2 行 1 列，共 2 个格子。第 187 行定义变量 X 做为输出图形的字节索引号；第 188～189 行选中 UC1701X 显存中对应 col 列所在的格子的最左边列位置；然后变量 j 从 0 循环到 n-1（共 n 个 16×8 的图形字符）：对于第 1 个字符，选中行号为 row（第 192 行），然后 i 从 0 循环到 8，输出 row×col 处的格子（第 193～196 行），接着，row 加 1（第 197 行），调整到 col 列处（第 198～199 行），再输出（row+1）×col 处的格子，这样一个 16×8 的字符输出来了。要输出下一个字符，只需要在循环体内部，使 col 加 1 即可（第 204 行）。

```
208      void   LCDOutput16X16(Int08U row, Int08U col, const Int08U * str, Int08U n)
209      {
210          Int08U i, j;
211          Int32U X=0;
212
213          UC1701WrCmd(0x10+(8 * col/16));
214          UC1701WrCmd(0x00+(8 * col%16));
215          for(j=0;j<n;j++)
216          {
217              UC1701WrCmd(0xb0+row);
218              for(i=0;i<16;i++)
219              {
220                  UC1701WrDat(str[X++]);
221              }
222              UC1701WrCmd(0xb0+row+1);
223              UC1701WrCmd(0x10+(8 * col/16));
224              UC1701WrCmd(0x00+(8 * col%16));
225              for(i=0;i<16;i++)
226              {
227                  UC1701WrDat(str[X++]);
228              }
229              col=col+2;
230          }
```

231　　}

第 208～231 行的函数 LCDOutput16X16 与上述的 LCDOutput16X8 工作原理相同，只是该函数中，每个 row 行要连续输出 2 列（第 218～221 行，第 225～228 行），然后，下一个 16×16 的汉字输出列位置为当前列 col 加 2（第 229 行）。

8.4　μC/OS-Ⅱ 消息队列

由表 8-2 可知，在文件 task01.c 中创建了消息队列 Q01，队列长度为 10。项目 ZLX14 中新添加的文件 task08.c、task08.h、task09.c 和 task09.h 如程序段 8-6 至程序段 8-9 所示。

程序段 8-6　文件 task08.c

```
1     //Filename：task08.c
2
3     # include "includes.h"
4
5     extern OS_EVENT * Q01;
6     INT8U  Counter[60][1];
7
```

第 5 行声明外部定义的消息队列事件 Q01。第 6 行定义全局变量 Counter，用于存放需要发送出去的消息，由表 8-2 可知，消息队列 Q01 的长度为 10，即最多能容纳 10 个消息（实际上是包含 10 个节点指针，最多能同时指向 10 个消息），这里故意把 Counter 定义为能容纳 60 个消息的二维数组，目的在于说明消息队列的长度和用于保存消息的全局变量的大小间没有必然的关系。

```
8     void Task08(void * data)
9     {
10      INT8U i=0;
11
12      data=data;
13
14      while(1)
15      {
16          Counter[i][0]=i;
17          OSQPost(Q01, (void * )&Counter[i]);
18
19          i++;
20          if(i>=60)
21              i=0;
22
23          OSTimeDlyHMSM(0, 0, 1, 0);
24      }
25    }
```

在任务函数 Task08（第 8~25 行）中，第 14~24 行为无限循环体每隔 1 秒执行一次（第 23 行）。第 16 行将变量 i 的值作为消息，赋给变量 Counter[i][0]，第 17 行调用系统函数 OSQPost 将 Counter[i] 释放到消息队列 Q01 中（实际上使消息队列 Q01 中的第一个空闲的节点指针指向 Counter[i]）。第 19~21 行使变量 i 累加 1，如果 i 的值大于等于 60，则 i 清零。

程序段 8-7　文件 task08.h

```
1      //Filename：task08.h
2
3      #ifndef _TASK08_H
4      #define _TASK08_H
5
6      #define Task08StkSize    50
7      #define Task08ID          8
8      #define Task08Prio       (Task08ID+3)
9
10     void Task08(void *);
11
12     #endif
```

文件 task08.h 中宏定义了用户任务 Task08 的堆栈大小为 50 字（即 200 字节）、任务 ID 号为 8、任务优先级号为 11（第 6~8 行）。第 10 行声明了任务函数 Task08 的函数原型。

程序段 8-8　文件 task09.c

```
1      //Filename：task09.c
2
3      #include "includes.h"
4
5      extern OS_EVENT * Q01;
6      extern const Int08U Dig16X8[];
7      extern const Int08U HZ16X16[];
8
```

第 5 行声明外部定义的事件 Q01。第 6~7 行声明外部定义的常量数组 Dig16X8 和 HZ16X16。

```
9      void Task09(void * data)
10     {
11       INT8U err;
12       INT8U sec10, sec01;
13       void * msg;
14
```

第 12 行定义两个局部变量 sec10 和 sec01，分别用于保存秒计数值的十位和个位上的数字。第 14 行定义 void * 类型的指针 msg，用于从消息队列 Q01 中接收消息。

```
15     data=data;
16
```

```
17        LCDOutput16X16(1，5，&HZ16X16[5 * 32]，1)；
```

第 17 行在 LCD 屏的第 1 行第 5 列显示汉字"秒"。

```
18        while(1)
19        {
20            msg＝OSQPend(Q01，0，&err)；
21            sec10＝((INT8U *)msg)[0] / 10；
22            sec01＝((INT8U *)msg)[0] % 10；
23
24            if(sec10＝＝0)
25                LCDOutput16X8(1，2，&Dig16X8[11 * 16]，1)；
26            else
27                LCDOutput16X8(1，2，&Dig16X8[sec10 * 16]，1)；
28            LCDOutput16X8(1，3，&Dig16X8[sec01 * 16]，1)；
29        }
30    }
```

在任务 Task09 的无限循环体(第 18~29 行)内，第 20 行请求消息队列 Q01，请求到的消息赋给 msg，第 21~22 行从消息中提取出来秒计数值的十位和个位上的数字。第 24~28 行将秒计数值显示在 LCD 屏上。在任务 Task09 中，借助于消息队列获得任务 Task08 中的秒计数值，而不用直接访问全局变量 Counter(事实上，变量 Counter 在 Task09.c 中不可见)。

程序段 8-9　文件 task09.h

```
1     //Filename：task09.h
2
3     #ifndef _TASK09_H
4     #define _TASK09_H
5
6     #define Task09StkSize    50
7     #define Task09ID         9
8     #define Task09Prio       (Task09ID＋3)
9
10    void Task09(void *)；
11
12    #endif
```

文件 task09.h 中宏定义了用户任务 Task09 的堆栈大小为 50 字(即 200 字节)、任务 ID 号为 9、任务优先级号为 12(第 6~8 行)。第 10 行声明了任务函数 Task09 的函数原型。

在项目 ZLX14 中，task08.c、task08.h、task09.c 和 task09.h 保存在目录 D:\ZLX-LPC824\ZLX14\User 下，同时将 task08.c 和 task09.c 添加到工程的 USER 分组下；lcd12864.c 和 lcd12864.h 文件保存在目录 D:\ZLXLPC824\ZLX14\BSP 下，同时，将 lcd12864.c 添加到工程的 BSP 分组下，完成后的项目 ZLX14 的工程管理器如图 8-3 所示。

项目 ZLX14 中任务 Task08 和 Task09 的执行情况如图 8-4 所示。

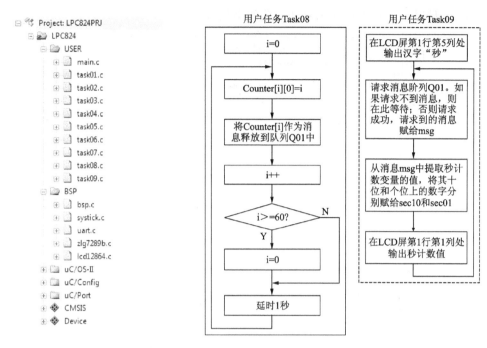

图 8-3 项目 ZLX14 的工程管理器 图 8-4 任务 Task08 和 Task09 的执行情况

由图 8-4 可知，借助于消息队列 Q01，用户任务 Task08 可以向 Task09 传递信息，这里是秒计数值。由表 5-4 可知，只有一个消息队列请求函数 OSQPend，但有三个向消息队列中释放消息的函数，如果使用 OSQPost 函数向消息队列中释放消息，则请求消息时消息是先进先出的；如果使用 OSQPostFront 函数向消息队列中释放消息，则请求消息时消息是后进先出的。还可使用 OSQPostOpt 函数向消息队列中释放消息，OSQPostOpt 函数有 3 个参数，前两个参数与 OSQPost 和 OSQPostFront 相同，第三个参数为选项参数，如果取为 OS_POST_OPT_NONE，则 OSQPostOpt 相当于 OSQPost；如果取为 OS_POST_OPT_FRONT，则 OSQPostOpt 相当于 OSQPostFront；如果取为 OS_POST_OPT_BROADCAST，表示向所有请求该消息队列的任务广播消息，使它们每个都能收到同一则消息；还可以取为 OS_POST_OPT_NO_SCHED，该参数与前三个组合使用，表示释放消息后不进行任务调度，可一次性向消息队列中释放多个消息，但最后一个消息向消息队列中释放时不使用该参数，则该消息释放完后，进行任务调度。

由此可见，消息邮箱就是队列长度为 1 的消息队列，消息队列可以替代消息邮箱，因此，在 μC/OS-Ⅱ 中不再有消息邮箱组件，而只保留了消息队列组件。ZLX14 执行时 LPC824 学习板的显示结果如图 8-5 所示，串口调试助手的显示结果如图 8-6 所示。

图 8-5 LPC824 学习板的显示结果示例

由图 8-5 可知，LCD 屏显示的秒计数值与四合一七段数码管上显示的秒计数值相同，当小于 10 秒时，LCD 屏仅显示秒计数值的个位数字。

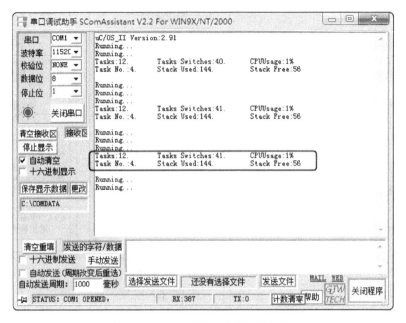

图 8-6　串口调试助手的显示结果

图 8-6 显示工程 ZLX14 中有 12 个任务，包括 9 个用户任务 Task01～Task09 和 3 个系统任务，每秒任务的切换次数为 41 次，CPU 占用率为 1%，优先级号为 4 的用户任务 Task01 的堆栈空闲 56 个字节。

8.5　LPC824 内部显示缓存技术

项目 ZLX14 在 LCD 屏显示操作方面有以下两个缺点：

（1）对于 128×64 点阵的 LCD 屏 SGX12864，项目 ZLX14 中的函数仅能访问 8 行 16 列的 128 个格子，无法按照点的坐标进行访问，这是因为 SGX12864 的驱动芯片 UC1701X 的显存只能写入不能读出，且只能按字节写入。

（2）项目 ZLX14 中向 LCD 屏输出信息时，是直接写 LCD 屏的物理显存，一般地，显示较多信息时，显示过程将占用较多的 CPU 时间，从而影响项目的实时性。

解决上述两个缺点的方法是借助于 LPC824 片上的 SRAM 空间作为显存，所有的向 LCD 屏输出信息的操作均针对该显存进行操作，而不是直接写物理显存，不但写入速度大大提升，而且，可以读出显存内容进行修改。然后，编写一个任务优先级号较低的用户任务，在该任务中按照一定的频率将 LPC824 片上 SRAM 显存写入到 LCD 屏的物理显存中，一般地，该任务的优先级往往设为 OS_LOWEST_PRIO-3，即只比系统任务的优先级高。

由于 LPC824 片内有 8 KB 的 SRAM 空间，可以分配 1 KB 空间作为 LCD 显示缓存，即在 LPC824 内部 SRAM 中开辟一个 1024 B 的存储空间 SM，这个空间与 UC1701X 显存大小相同，所有的显示操作均由原来的直接写 UC1701X 显存修改为写存储空间 SM，然后在优先级号 OS_LOWEST_PRIO-3 的任务中周期地将 SM 空间的全部内容写到 UC1701X 显存中，这一过程称为"刷新"。因为写 SM 空间是访问 LPC824 片上 SRAM 空间，而写 UC1701X 显存是访问片外存储空间，所以，前者快得多，并且，使用内部显示缓存技术后，可以当显示缓存发生变化后，才"刷新"LCD 显示；如果显示缓存没有变化，就不需要"刷新"显示，节约了访问 LCD 控制器的时间。同时，当只有一个像素点发生变化时，直接写 UC1701X 需要借助于写入该像素点所在的整个字节来实现，将影响其余的 7 个像素点的显示，无法实现"画点"操作；由于 LPC824 内部显存可读可写，因此，写内部显存则可以先读出该像素点所在的整个字节的值，然后修改该像素点对应的位，再写回整个字节的值，从而实现了"画点"操作。

在项目 ZLX14 的基础上新建项目 ZLX15，保存在 D:\ZLXLPC824\ZLX15 目录下，此时的项目 ZLX15 与 ZLX14 相同，然后，进行如表 8-3 所示的修改。

表 8-3　项目 ZLX15 在 ZLX14 基础上所做的改动

序号	文件名	改动内容	含　义
1	includes. h	在文件头部添加： ♯define ARM_MATH_CM0PLUS ♯include "arm_math. h"	包括 arm_math. h 头文件
2	includes. h	在文件末尾添加： ♯include "task20. h"	包括 task20. h 头文件
3	lcd12864. h	见程序段 8-10	文件 lcd12864. c 中的函数声明
4	lcd12864. c	见程序段 8-11	LCD 屏驱动函数
5	task09. c	在文件中添加画矩形的语句，见程序段 8-12	画秒计数值十位和个位上的数字对应的实心矩形
6	task20. c task20. h	新添加的文件，见程序段 8-13 和 8-14	用 LPC824 片内 RAM 显存刷新 LCD 显示

在表 8-3 中，新添加的文件 task20. c 和 task20. h 保存在目录 D:\ZLXLPC824\ZLX15\User 下，并将 task20. c 文件添加到工程的 USER 分组下。项目 ZLX15 执行时 LPC824 学习板的显示结果如图 8-7 所示。

图 8-7　LPC824 学习板显示结果示例

在图 8-7 中，LCD 屏上方显示秒计数值，下方两行方块的个数分别对应着秒计数值的十位数和个位数上的数字值。下面结合表 8-3 依次介绍项目 ZLX15 中的程序段 8-10 至程序段 8-14。

程序段 8-10　文件 lcd12864. h

```
1     //Filename:lcd12864. h
2
3     # include "datatype. h"
4
5     # ifndef _LCD12864_H
6     # define _LCD12864_H
7
8     void LCD12864Init(void);
9     void UC1701XInit(void);
10    void LCDClear(void);
11    void LCDSMClear(void);
12    void LCDFrame(void);
13    void LCDSMDisplay(void);
14    void LCDSMDrawPixel(Int08U, Int08U, Int08U);
15    void LCDSMDrawChar16X8(Int08U, Int08U, const Int08U * , Int08U);
16    void LCDSMDrawHZ16X16(Int08U, Int08U, const Int08U * , Int08U);
17    void LCDSMCircle(Int08U, Int08U, Int08U);
18    void LCDSMRect(Int08U, Int08U, Int08U, Int08U, Int08U);
19
20    # endif
```

文件 lcd12864. h 中声明了文件 lcd12864. c 中定义的函数的原型，第 8～18 行各个函数的作用依次为 LCD 屏初始化、驱动芯片 UC1701X 初始化、清空 LCD 屏显存、清空 LPC824 片内 RAM 显存 SM、在 LPC824 内部 RAM 显存 SM 上画边框、将 LPC824 内部 RAM 显存写入到 LCD 屏显存中刷新显示、画点、画 16×8 点阵字符、画 16×16 点阵汉字、画圆周和画矩形。

程序段 8-11　文件 lcd12864. c

```
1     //Filename：lcd12864. c
2
3     # include "includes. h"
4
5     Int08U SM[8][128];
6
```

第 5 行定义二维数组变量 SM 用作 LPC824 内部 RAM 显存。

```
7     const Int08U Dig16X8[]={// 数字 0～9、小数点、空格、冒号和%
8     0x00, 0x00, 0x00, 0x18, 0x24, 0x42, 0x42, 0x42, 0x42, 0x42, 0x42, 0x42, 0x24, 0x18,
      0x00, 0x00, / * "0", 0 * /
9     0x00, 0x00, 0x00, 0x10, 0x70, 0x10, 0x10, 0x10, 0x10, 0x10, 0x10, 0x10, 0x10, 0x7C,
      0x00, 0x00, / * "1", 1 * /
10    0x00, 0x00, 0x00, 0x3C, 0x42, 0x42, 0x42, 0x04, 0x04, 0x08, 0x10, 0x20, 0x42, 0x7E,
      0x00, 0x00, / * "2", 2 * /
```

11　　0x00，0x00，0x00，0x3C，0x42，0x42，0x04，0x18，0x04，0x02，0x02，0x42，0x44，0x38，

0x00，0x00，/ * "3", 3 * /

12　　0x00，0x00，0x00，0x04，0x0C，0x14，0x24，0x24，0x44，0x44，0x7E，0x04，0x04，0x1E，

0x00，0x00，/ * "4", 4 * /

13　　0x00，0x00，0x00，0x7E，0x40，0x40，0x40，0x58，0x64，0x02，0x02，0x42，0x44，0x38，

0x00，0x00，/ * "5", 5 * /

14　　0x00，0x00，0x00，0x1C，0x24，0x40，0x40，0x58，0x64，0x42，0x42，0x42，0x24，0x18，

0x00，0x00，/ * "6", 6 * /

15　　0x00，0x00，0x00，0x7E，0x44，0x44，0x08，0x08，0x10，0x10，0x10，0x10，0x10，0x10，

0x00，0x00，/ * "7", 7 * /

16　　0x00，0x00，0x00，0x3C，0x42，0x42，0x42，0x24，0x18，0x24，0x42，0x42，0x42，0x3C，

0x00，0x00，/ * "8", 8 * /

17　　0x00，0x00，0x00，0x18，0x24，0x42，0x42，0x42，0x26，0x1A，0x02，0x02，0x24，0x38，

0x00，0x00，/ * "9", 9 * /

18　　0x00，0x00，0x00，0x00，0x00，0x00，0x00，0x00，0x00，0x00，0x00，0x00，0x60，0x60，

0x00，0x00，/ * ".", 10 * /

19　　0x00，0x00，0x00，0x00，0x00，0x00，0x00，0x00，0x00，0x00，0x00，0x00，0x00，0x00，

0x00，0x00，/ * " ", 11 * /

20　　0x00，0x00，0x00，0x00，0x00，0x00，0x18，0x18，0x00，0x00，0x00，0x00，0x18，0x18，

0x00，0x00，/ * ":", 12 * /

21　　0x00，0x00，0x00，0x44，0xA4，0xA8，0xA8，0xA8，0x54，0x1A，0x2A，0x2A，0x2A，

0x44，0x00，0x00}；/ * "%", 13 * /

22

23　　const Int08U Letter16X8[]={ //大写英文字母 A～Z

24　　0x00，0x00，0x00，0x10，0x10，0x18，0x28，0x28，0x24，0x3C，0x44，0x42，0x42，0xE7，

0x00，0x00，/ * "A", 0 * /

25　　0x00，0x00，0x00，0xF8，0x44，0x44，0x44，0x78，0x44，0x42，0x42，0x42，0x44，0xF8，

0x00，0x00，/ * "B", 1 * /

26　　0x00，0x00，0x00，0x3E，0x42，0x42，0x80，0x80，0x80，0x80，0x80，0x42，0x44，0x38，

0x00，0x00，/ * "C", 2 * /

27　　0x00，0x00，0x00，0xF8，0x44，0x42，0x42，0x42，0x42，0x42，0x42，0x42，0x44，0xF8，

0x00，0x00，/ * "D", 3 * /

28　　0x00，0x00，0x00，0xFC，0x42，0x48，0x48，0x78，0x48，0x48，0x40，0x42，0x42，0xFC，

0x00，0x00，/ * "E", 4 * /

29　　0x00，0x00，0x00，0xFC，0x42，0x48，0x48，0x78，0x48，0x48，0x40，0x40，0x40，0xE0，

0x00，0x00，/ * "F", 5 * /

30　　0x00，0x00，0x00，0x3C，0x44，0x44，0x80，0x80，0x80，0x8E，0x84，0x44，0x44，0x38，

0x00，0x00，/ * "G", 6 * /

31　　0x00，0x00，0x00，0xE7，0x42，0x42，0x42，0x42，0x7E，0x42，0x42，0x42，0x42，0xE7，

0x00，0x00，/ * "H", 7 * /

32　　0x00，0x00，0x00，0x7C，0x10，0x10，0x10，0x10，0x10，0x10，0x10，0x10，0x10，0x7C，

0x00，0x00，/ * "I", 8 * /

33　　0x00, 0x00, 0x00, 0x3E, 0x08, 0x08, 0x08, 0x08, 0x08, 0x08, 0x08, 0x08, 0x08, 0x08,
　　　0x88, 0xF0, /＊"J", 9＊/

34　　0x00, 0x00, 0x00, 0xEE, 0x44, 0x48, 0x50, 0x70, 0x50, 0x48, 0x48, 0x44, 0x44, 0xEE,
　　　0x00, 0x00, /＊"K", 10＊/

35　　0x00, 0x00, 0x00, 0xE0, 0x40, 0x40, 0x40, 0x40, 0x40, 0x40, 0x40, 0x40, 0x42, 0xFE,
　　　0x00, 0x00, /＊"L", 11＊/

36　　0x00, 0x00, 0x00, 0xEE, 0x6C, 0x6C, 0x6C, 0x6C, 0x54, 0x54, 0x54, 0x54, 0x54, 0xD6,
　　　0x00, 0x00, /＊"M", 12＊/

37　　0x00, 0x00, 0x00, 0xC7, 0x62, 0x62, 0x52, 0x52, 0x4A, 0x4A, 0x4A, 0x46, 0x46, 0xE2,
　　　0x00, 0x00, /＊"N", 13＊/

38　　0x00, 0x00, 0x00, 0x38, 0x44, 0x82, 0x82, 0x82, 0x82, 0x82, 0x82, 0x82, 0x44, 0x38,
　　　0x00, 0x00, /＊"O", 14＊/

39　　0x00, 0x00, 0x00, 0xFC, 0x42, 0x42, 0x42, 0x42, 0x7C, 0x40, 0x40, 0x40, 0x40, 0xE0,
　　　0x00, 0x00, /＊"P", 15＊/

40　　0x00, 0x00, 0x00, 0x38, 0x44, 0x82, 0x82, 0x82, 0x82, 0x82, 0xB2, 0xCA, 0x4C, 0x38,
　　　0x06, 0x00, /＊"Q", 16＊/

41　　0x00, 0x00, 0x00, 0xFC, 0x42, 0x42, 0x42, 0x7C, 0x48, 0x48, 0x44, 0x44, 0x42, 0xE3,
　　　0x00, 0x00, /＊"R", 17＊/

42　　0x00, 0x00, 0x00, 0x3E, 0x42, 0x42, 0x40, 0x20, 0x18, 0x04, 0x02, 0x42, 0x42, 0x7C,
　　　0x00, 0x00, /＊"S", 18＊/

43　　0x00, 0x00, 0x00, 0xFE, 0x92, 0x10, 0x10, 0x10, 0x10, 0x10, 0x10, 0x10, 0x10, 0x38,
　　　0x00, 0x00, /＊"T", 19＊/

44　　0x00, 0x00, 0x00, 0xE7, 0x42, 0x42, 0x42, 0x42, 0x42, 0x42, 0x42, 0x42, 0x42, 0x3C,
　　　0x00, 0x00, /＊"U", 20＊/

45　　0x00, 0x00, 0x00, 0xE7, 0x42, 0x42, 0x44, 0x24, 0x24, 0x28, 0x28, 0x18, 0x10, 0x10,
　　　0x00, 0x00, /＊"V", 21＊/

46　　0x00, 0x00, 0x00, 0xD6, 0x92, 0x92, 0x92, 0x92, 0xAA, 0xAA, 0x6C, 0x44, 0x44, 0x44,
　　　0x00, 0x00, /＊"W", 22＊/

47　　0x00, 0x00, 0x00, 0xE7, 0x42, 0x24, 0x24, 0x18, 0x18, 0x18, 0x24, 0x24, 0x42, 0xE7,
　　　0x00, 0x00, /＊"X", 23＊/

48　　0x00, 0x00, 0x00, 0xEE, 0x44, 0x44, 0x28, 0x28, 0x10, 0x10, 0x10, 0x10, 0x10, 0x38,
　　　0x00, 0x00, /＊"Y", 24＊/

49　　0x00, 0x00, 0x00, 0x7E, 0x84, 0x04, 0x08, 0x08, 0x10, 0x20, 0x20, 0x42, 0x42, 0xFC,
　　　0x00, 0x00}; /＊"Z", 25＊/

50

51　　const Int08U HZ16X16[]＝{ //汉字"温度：电压秒"

52　　0x00, 0x00, 0x23, 0xF8, 0x12, 0x08, 0x12, 0x08, 0x83, 0xF8, 0x42, 0x08, 0x42, 0x08,
　　　0x13, 0xF8,

53　　0x10, 0x00, 0x27, 0xFC, 0xE4, 0xA4, 0x24, 0xA4, 0x24, 0xA4, 0x24, 0xA4, 0x2F,
　　　0xFE, 0x00, 0x00, //温 0

54　　0x01, 0x00, 0x00, 0x80, 0x3F, 0xFE, 0x22, 0x20, 0x22, 0x20, 0x3F, 0xFC, 0x22, 0x20,
　　　0x22, 0x20,

```
55    0x23，0xE0，0x20，0x00，0x2F，0xF0，0x24，0x10，0x42，0x20，0x41，0xC0，0x86，0x30，
      0x38，0x0E，//度 1
56    0x00，0x00，0x00，0x00，0x00，0x00，0x00，0x00，0x00，0x00，0x00，0x00，0x00，
      0x00，0x00，
57    0x00，0x00，0x30，0x00，0x30，0x00，0x00，0x00，0x30，0x00，0x30，0x00，0x00，0x00，
      0x00，0x00，//：2
58    0x01，0x00，0x01，0x00，0x01，0x00，0x3F，0xF8，0x21，0x08，0x21，0x08，0x21，0x08，
      0x3F，0xF8，
59    0x21，0x08，0x21，0x08，0x21，0x08，0x3F，0xF8，0x21，0x0A，0x01，0x02，0x01，0x02，
      0x00，0xFE，//电 3
60    0x00，0x00，0x3F，0xFE，0x20，0x00，0x20，0x80，0x20，0x80，0x20，0x80，0x20，0x80，
      0x2F，0xFC，
61    0x20，0x80，0x20，0x80，0x20，0x90，0x20，0x88，0x20，0x88，0x40，0x80，0x5F，0xFE，
      0x80，0x00，//压 4
62    0x08，0x20，0x1C，0x20，0xF0，0x20，0x10，0xA8，0x10，0xA4，0xFC，0xA2，0x11，0x22，
      0x31，0x20，
63    0x3A，0x24，0x54，0x24，0x54，0x28，0x90，0x08，0x10，0x10，0x10，0x20，0x10，0xC0，
      0x13，0x00}；//秒 5
64
65    const Int08U BMP16X16T[]={ //16×16 点阵位图文件 T_C.bmp，图形为"℃"
66    0x06，0x09，0x09，0xE6，0xF8，0x0C，0x04，0x02，0x02，0x02，0x02，0x02，0x04，0x1E，
      0x00，0x00，
67    0x00，0x00，0x00，0x07，0x1F，0x30，0x20，0x40，0x40，0x40，0x40，0x40，0x20，0x10，
      0x00，0x00/ * "T_C.bmp"，0 * /
68    };
69
```

第 7~68 行的各个数组变量与程序段 8-4 中的同名变量不同，这里各个变量仍然使用 PCtoLCD2002 软件生成，但是产生方式为"逐行式，高位在前"。

此处省略的第 70~114 行与程序段 8-4 的第 68~112 行相同。

```
115   void UC1701XInit(void)
116   {
117        LPC_GPIO_PORT->B13=0u；      //CS = 0
118        //UC1701WrCmd(0xe2)；          //Reset
119        LCD12864Delay(10 * 1000 * 12)；  //Delay >10ms
120
121        UC1701WrCmd(0x25)；//SET VLCD Resistor Ratio
122        UC1701WrCmd(0xA2)；//BR=1/9
123        UC1701WrCmd(0xA0)；//Set SEG Direction，MX=0
124        UC1701WrCmd(0xC0)；//Set Com Direction，=0xC8，MY=1；=0xC0，MY=0
125        UC1701WrCmd(0x2F)；//Set Power Control
126        UC1701WrCmd(0x40)；//Set Scroll Line：0
127        UC1701WrCmd(0x81)；//SET Electronic Volume
```

```
128            UC1701WrCmd(0x20);
129
130            UC1701WrCmd(0xAF);//Set Display Enable
131            LCDSMClear();
132            LCDClear();
133            LCDFrame();
134    }
135
```

第 115～134 行为 UC1701X 初始化函数，注意这里的第 124 行，配置 MY＝0（见图 8 - 2），第 131 行调用 LCDSMClear 清空 LPC824 内部缓存 SM。

```
136    void LCDClear(void)
137    {
138      Int08U x，y;
139      for(y＝0；y＜8；y＋＋)
140      {
141            UC1701WrCmd(0xb0＋y);     //Set PAGE y:0-7
142            UC1701WrCmd(0x10);          //Set Column Address:0x00
143            UC1701WrCmd(0x00);
144            for(x＝0；x＜132；x＋＋)
145            {
146                  UC1701WrDat(0);
147            }
148      }
149    }
150
```

第 136～149 行的 LCDClear 函数清空 LCD 显存。

```
151    void LCDSMClear(void)
152    {
153      Int08U i，j;
154      for(i＝0；i＜8；i＋＋)
155          for(j＝0；j＜128；j＋＋)
156              SM[i][j]＝0；
157    }
158
```

第 151～157 行清空 LPC824 片内显存 SM，即将 SM 数组全部元素赋值 0。

```
159    void LCDFrame(void)
160    {
161      Int08U i，j;
162      for(i＝0；i＜128；i＋＋)
163      {
164            LCDSMDrawPixel(i, 0, 1);
165            LCDSMDrawPixel(i, 63, 1);
```

```
166         }
167         for(j=0; j<63; j++)
168         {
169             LCDSMDrawPixel(0, j, 1);
170             LCDSMDrawPixel(127, j, 1);
171         }
172     }
173
```

第 159～172 行的画边框函数 LCDFrame 相对于程序段 8-4 中的同名函数而言简单得
多。这里调用在内部缓存 SM 上的绘点函数 LCDSMDrawPixel，通过画 4 条边线实现的。

```
174     void   LCDSMDisplay(void)
175     {
176         Int08U i, j;
177         for(i=0;i<8;i++)
178         {
179             UC1701WrCmd(0xb0+i);        //Set PAGE y:0-7
180             UC1701WrCmd(0x10);          //Set Column Address:0x00
181             UC1701WrCmd(0x00);
182             for(j=0; j<128; j++)
183             {
184                 UC1701WrDat(SM[i][j]);
185             }
186         }
187     }
188
```

第 174～187 行的 LCDSMDisplay 函数为将内部缓存 SM 写入到 LCD 显存中去的刷新
屏幕显示的函数。

```
189     void   LCDSMDrawPixel(Int08U x, Int08U y, Int08U h) //x=0:127, y=0:63
190     {                          //h=1, show; h=0, noshow
191         Int08U r1, r2;
192         Int08U t;
193         if((x>127) || (y>63))
194             return;
195         r1=(63-y) / 8;
196         r2=(63-y) % 8;
197         t=SM[r1][x];
198         if(h)
199             t|=(1u<<r2);
200         else
201             t&=~(1u<<r2);
202         SM[r1][x]=t;
203     }
```

204

第 189～203 行为在内部缓存 SM 上的绘点函数，参数(x，y)表示绘点的坐标点，x＝0～127，y＝0～63，参数 h 为 0 表示消隐该点，h 为 1 表示显示该点。

```
205     void   LCDSMDrawChar16X8(Int08U x, Int08U y, const Int08U * str, Int08U n)
206     {
207        Int08U i, j, k;
208        Int32U X＝0;
209        for(k＝0; k＜n; k＋＋)
210        {
211            for(i＝0; i＜16; i＋＋)
212            {
213                for(j＝0; j＜8; j＋＋)
214                {
215                    if((str[X] & (1u＜＜(7-j)))＝＝(1u＜＜(7-j)))
216                    {
217                        LCDSMDrawPixel(x＋j＋8 * k, y＋i, 1);
218                    }
219                    else
220                    {
221                        LCDSMDrawPixel(x＋j＋8 * k, y＋i, 0);
222                    }
223                }
224                X＋＋;
225            }
226        }
227     }
228
```

第 205～227 行的 LCDSMDrawChar16X8 为在内部缓存 SM 上绘制 16×8 点阵字符的函数，这里的(x，y)表示输出的字符在 LCD 屏上的左上角坐标，x＝0～127，y＝0～63，str 为输出的字符串，n 表示输出字符的个数。

```
229     void   LCDSMDrawHZ16X16(Int08U x, Int08U y, const Int08U * hz, Int08U n)
230     {
231        Int08U i, j, k;
232        Int32U X＝0;
233        for(k＝0; k＜n; k＋＋)
234        {
235            for(i＝0; i＜16; i＋＋)
236            {
237                for(j＝0; j＜8; j＋＋) //1st Byte
238                {
239                    if((hz[X] & (1u＜＜(7-j)))＝＝(1u＜＜(7-j)))
240                    {
```

```
241                    LCDSMDrawPixel(x+j+16 * k, y+i, 1);
242                }
243            else
244                {
245                    LCDSMDrawPixel(x+j+16 * k, y+i, 0);
246                }
247            }
248        X++;
249        for(j=0; j<8; j++) //2nd Byte
250            {
251            if((hz[X] & (1u<<(7-j)))==(1u<<(7-j)))
252                {
253                    LCDSMDrawPixel(x+j+8+16 * k, y+i, 1);
254                }
255            else
256                {
257                    LCDSMDrawPixel(x+j+8+16 * k, y+i, 0);
258                }
259            }
260        X++;
261        }
262    }
263  }
264
```

第 229～263 行的 LCDSMDrawHZ16X16 为在内部缓存 SM 上绘制 16×16 点阵汉字的函数，这里的(x，y)表示输出的汉字在 LCD 屏上的左上角坐标，x=0～127，y=0～63，hz 为输出的汉字串，n 表示输出汉字的个数。

```
265    void LCDSMCircle(Int08U x0, Int08U y0, Int08U r)
266    {
267    Int16U theta;
268    Int08U x, y;
269    for(theta=0;theta<360;theta++)
270        {
271        x=x0+r * arm_cos_f32(theta * 3.14/180.0);
272        y=y0+r * arm_sin_f32(theta * 3.14/180.0);
273        LCDSMDrawPixel(x, y, 1);
274        }
275    }
276
```

第 265～275 行为画圆周函数 LCDSMCircle，第 271 和 272 行出现的 arm_cos_f32 和 arm_sin_f32 函数为求余弦和求正弦函数，原型位于头文件 arm_math.h 中。这里的参数 (x0，y0)表示圆心坐标，x0=0～127，y0=0～63，r 表示圆的半径。

```
277    void LCDSMRect(Int08U x0, Int08U y0, Int08U w, Int08U h, Int08U s) //s=0 or 1
278    {
279      INT8U i, j;
280      for(i=x0; i<x0+w; i++)
281      {
282          for(j=y0; j<y0+h; j++)
283          {
284              LCDSMDrawPixel(i, j, s);
285          }
286      }
287    }
```

第277～287行为绘制实心矩形的函数 LCDSMRect，参数(x0, y0)表示矩形左上角点的坐标，x0=0～127，y0=0～63，w 和 h 分别表示矩形的宽和高，参数 s 取 1 表示绘制实心矩形，s 为 0 表示消隐实心矩形。

程序段 8-12 文件 task09.c

```
1     //Filename: task09.c
2
3     #include "includes.h"
4
5     extern OS_EVENT * Q01;
6     extern const Int08U Dig16X8[];
7     extern const Int08U HZ16X16[];
8
9     void Task09(void * data)
10    {
11      INT8U err;
12      INT8U sec10, sec01;
13      INT8U i;
14      void * msg;
15
16      data=data;
17
18      LCDSMDrawHZ16X16(8+8 * 3, 8, &HZ16X16[5 * 32], 1);
```

对比程序段 8-8 的第 17 行，这里的第 18 行将汉字"秒"写入内部缓存 SM。

```
19      while(1)
20      {
21        msg=OSQPend(Q01, 0, &err);
22        sec10=((INT8U *)msg)[0] / 10;
23        sec01=((INT8U *)msg)[0] % 10;
24
25        if(sec10==0)
```

```
26          LCDSMDrawChar16X8(8, 8, &Dig16X8[11 * 16], 1);
27      else
28          LCDSMDrawChar16X8(8, 8, &Dig16X8[sec10 * 16], 1);
29          LCDSMDrawChar16X8(8+8, 8, &Dig16X8[sec01 * 16], 1);
30
```

对比程序段 8-8 的第 24~28 行，这里的第 25~29 行将秒计数值写入内部缓存 SM。

```
31      for(i=1; i<=5; i++)
32      {
33          if(i<=sec10)
34              LCDSMRect(i * 10, 40, 5, 5, 1);
35          else
36              LCDSMRect(i * 10, 40, 5, 5, 0);
37      }
38      for(i=1; i<=9; i++)
39      {
40          if(i<=sec01)
41              LCDSMRect(i * 10, 50, 5, 5, 1);
42          else
43              LCDSMRect(i * 10, 50, 5, 5, 0);
44      }
45      }
46  }
```

第 31~44 行根据秒计数值的十位和个位上的数字分别在内部缓区 SM 上绘制相应个数的实心矩形，如图 8-7 所示。

程序段 8-13 文件 task20.c

```
1   //Filename: task20.c
2
3   # include "includes.h"
4
5   void Task20(void * data)
6   {
7     data=data;
8
9     while(1)
10    {
11        OSTimeDlyHMSM(0, 0, 0, 200);
12        LCDSMDisplay();
13    }
14  }
```

文件 task20.c 中，任务 Task20 每 0.2 秒执行一次（第 11 行），第 12 行调用 LCDSMDisplay 函数刷新 LCD 屏的显示。

程序段 8-14　文件 task20. h

```
1      //Filename：task20. h
2
3      # ifndef _TASK20_H
4      # define _TASK20_H
5
6      # define Task20StkSize    50
7      # define Task20ID         20
8      # define Task20Prio       （Task20ID＋3）
9
10     void Task20(void ＊)；
11
12     # endif
```

文件 task20. h 中宏定义了任务 Task20 的堆栈大小为 50 字、任务 ID 号为 20、任务优先级号为 23，第 10 行声明了任务函数 Task20。结合程序段 8-13 可知，用户任务 Task20 仅负责每 0.2 秒刷新一次 LCD 显示，在控制类的嵌入式应用中，刷屏周期 0.2 秒（刷屏频率为 5 Hz）是可以接收的，由于刷屏使用的时间较长，所以这里任务 Task20 的优先级号设为 23，仅比系统任务（定时器任务优先级号为 24、统计任务优先级号为 25、空闲任务优先级号为 26）的优先级高。

项目 ZLX15 中用户任务 Task08、Task09 和 Task20 的执行情况如图 8-8 所示。

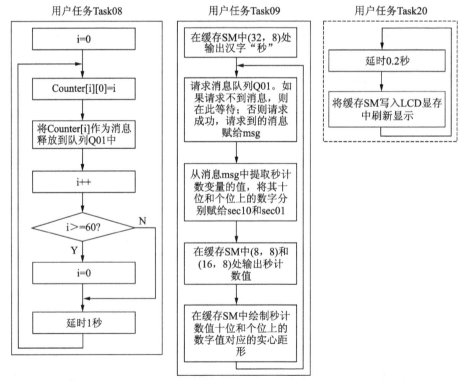

图 8-8　项目 ZLX15 中用户任务 Task08、Task09 和 Task20 的执行情况

在图 8-8 中,任务 Task09 的打印操作都是基于缓存 SM 的,而不是直接操作 LCD 屏的显存,因此读写速度很快。任务 Task20 的优先级号为 23,是优先级最低的用户任务,在其中每 0.2 秒刷新一次 LCD 屏显示。这种显示工作方式与智能手机、计算机和数字液晶电视机的工作原理相同。

本 章 小 结

本章详细介绍了消息邮箱和消息队列的用法,消息邮箱是消息队列的特殊情况,可以视为队列长度为 1 的消息队列。消息邮箱和消息队列可以实现任务间通信,或实现中断服务函数向任务发送信息。本章还介绍了 128×64 点阵 LCD 屏 SGX12864 的显示操作,借助 LPC824 内部 SRAM 作为显示缓存的技术。建议读者在本章学习的基础上,编写使用系统函数 OSQPostOpt 向消息队列释放信息的项目,并分析项目中每秒任务的切换总次数的含义。

第九章 μC/OS - Ⅱ 高级系统组件

嵌入式实时操作系统 μC/OS - Ⅱ 除了具有信号量、互斥信号量、消息邮箱和消息队列等常用组件外,还提供了一些高级组件,例如事件标志组、软定时器、动态内存管理和多事件请求管理组件等,本章将逐一介绍这些组件的应用方法。

在项目 ZLX15 的基础上,新建项目 ZLX16,保存在目录 D:\ZLXLPC824\ZLX16 中,此时的项目 ZLX16 与 ZLX15 相同,然后进行如表 9 - 1 所示的修改。

表 9 - 1 项目 ZLX16 在 ZLX15 基础上的改动

序号	文件	改动内容	含 义
1	工程管理器	删除 USER 分组下的 task02. c～task09. c	
2	User 目录	删除 D:\ZLXLPC824\ZLX16\User 目录下的 task02. h～task09. h 和 task02. c～task09. c	
3	includes. h	删除以下语句: ＃include "task02. h"　＃include "task03. h" ＃include "task04. h"　＃include "task05. h" ＃include "task06. h"　＃include "task07. h" ＃include "task08. h"　＃include "task09. h"	项目 ZLX16 中仅保留了用户任务 Task01 和 Task20
4	task01. c	在文件头部,即 void Task01(void * data) 前仅保留以下语句: ＃include "includes. h" OS_EVENT * Mbox01; OS_STK Task20Stk[Task20StkSize];	这里的消息邮箱 Mbox01 用在 zlg7289b. c 中;Task20Stk 为用户任务 Task20 的堆栈
5	task01. c	在函数 UserEventsCreate 中仅保留以下语句: Mbox01＝OSMboxCreate(0);	创建消息邮箱 Mbox01
6	task01. c	在函数 UserTasksCreate 中仅保留以下语句: OSTaskCreateExt(Task20, 　(void *)0, 　&Task20Stk[Task20StkSize-1], 　Task20Prio, 　Task20ID, 　&Task20Stk[0], 　Task20StkSize, 　(void *)0, 　OS_TASK_OPT_STK_CHK OS_TASK_OPT_STK_CLR);	创建用户任务 Task20

项目 ZLX16 的工程管理器如图 9-1 所示。

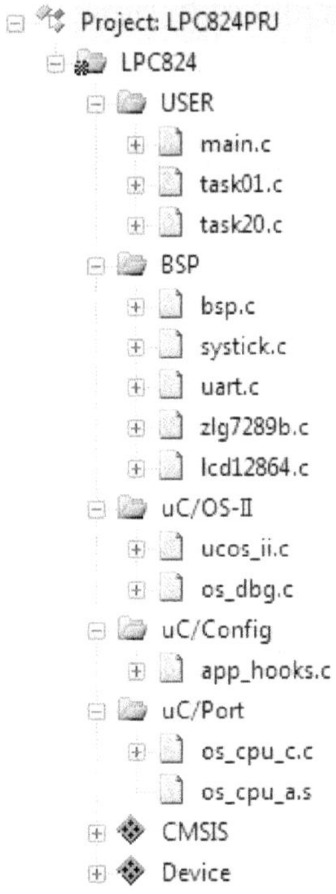

```
□ ⚙ Project: LPC824PRJ
  □ 🗃 LPC824
    □ 📂 USER
      ⊞ 📄 main.c
      ⊞ 📄 task01.c
      ⊞ 📄 task20.c
    □ 📂 BSP
      ⊞ 📄 bsp.c
      ⊞ 📄 systick.c
      ⊞ 📄 uart.c
      ⊞ 📄 zlg7289b.c
      ⊞ 📄 lcd12864.c
    □ 📂 uC/OS-Ⅱ
      ⊞ 📄 ucos_ii.c
      ⊞ 📄 os_dbg.c
    □ 📂 uC/Config
      ⊞ 📄 app_hooks.c
    □ 📂 uC/Port
      ⊞ 📄 os_cpu_c.c
         📄 os_cpu_a.s
  ⊞ ⚙ CMSIS
  ⊞ ⚙ Device
```

图 9-1　项目 ZLX16 的工程管理器

项目 ZLX16 运行时串口调试助手将显示如图 9-2 所示的信息。

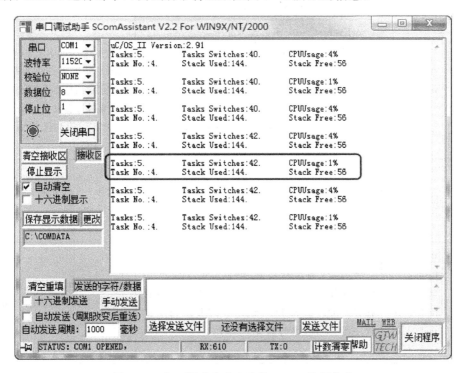

图 9-2　串口调试助手显示的 ZLX16 执行信息

由图 9 - 2 可知，项目 ZLX16 中有 5 个任务，每秒的任务总切换次数为 42 次，CPU 占用率为 1% 或 4%，任务优先级号为 4 的用户任务 Task01 堆栈空闲 56 字节。

注：本章后续章节中所有的项目均建立在项目 ZLX16 的基础上。

9.1　μC/OS - Ⅱ 事件标志组

在项目 ZLX16 的基础上，新建项目 ZLX17，保存在目录 D:\ZLXLPC824\ZLX17 中，此时的项目 ZLX17 与 ZLX16 相同。项目 ZLX17 拟实现的功能为：用户任务 Task02 每 1 秒释放一次事件标志组 Flag01，事件标志为 0x2A5B；用户任务 Task03 始终请求事件标志组，请求的标志为 0x2A00；用户任务 Task04 始终请求事件标志组，请求的标志为 0x5B。这样，用户任务 Task03 和 Task04 与用户任务 Task02 同步执行，即通过事件标志组 Flag01，实现了两个用户任务同步一个用户任务的情况。项目 ZLX17 相对 ZLX16 修改的部分如表 9 - 2 所示。

表 9 - 2　项目 ZLX17 在 ZLX16 基础上的改动部分

序号	文件	改动内容	含义
1	task01. c	在文件头部添加语句： OS_FLAG_GRP * FlagGrp01；	定义事件标志组 FlagGrp01
2	task01. c	在文件头部添加以下语句： OS_STK Task02Stk[Task02StkSize]； OS_STK Task03Stk[Task03StkSize]； OS_STK Task04Stk[Task04StkSize]；	定义用户任务 Task02、Task03 和 Task04 的堆栈空间

3	task01. c	UserEventsCreate 函数改为如下：
		void UserEventsCreate(void)
		{
		　INT8U err；
		　Mbox01＝OSMboxCreate(0)；
		　FlagGrp01＝OSFlagCreate(0x0000，&err)；
		}
			在 UserEventsCreate 函数中，先定义 8 位无符整型变量 err，然后创建消息邮箱 Mbox01，最后创建事件标志组 FlagGrp01，其中的事件标志初始化为 0x0000

4	includes. h	添加以下语句： ＃include "task02. h" ＃include "task03. h" ＃include "task04. h"	包括头文件 task02. h、task03. h 和 task04. h
5	task02. c task02. h task03. c task03. h task04. c task04. h	新添加文件 task02. c、task02. h、task03. c、task03. h、task04. c、task04. h，这些文件保存在目录 D:\ZLXLPC824\ZLX17\User 下，如程序段 9 - 1 至程序段 9 - 6 所示	将 task02. c、task03. c 和 task04. c 添加到工程管理器的 USER 分组下

序号	文件	改动内容	含 义
6	task01.c	在 UserTasksCreate 函数中添加以下语句： OSTaskCreateExt(Task02, 　　(void *)0, 　　&Task02Stk[Task02StkSize-1], 　　Task02Prio, 　　Task02ID, 　　&Task02Stk[0], 　　Task02StkSize, 　　(void *)0, 　　OS_TASK_OPT_STK_CHK OS_TASK_OPT_STK_CLR); OSTaskCreateExt(Task03, 　　(void *)0, 　　&Task03Stk[Task03StkSize-1], 　　Task03Prio, 　　Task03ID, 　　&Task03Stk[0], 　　Task03StkSize, 　　(void *)0, 　　OS_TASK_OPT_STK_CHK OS_TASK_OPT_STK_CLR); OSTaskCreateExt(Task04, 　　(void *)0, 　　&Task04Stk[Task04StkSize-1], 　　Task04Prio, 　　Task04ID, 　　&Task04Stk[0], 　　Task04StkSize, 　　(void *)0, 　　OS_TASK_OPT_STK_CHK OS_TASK_OPT_STK_CLR);	创建用户任务 Task02、Task03 和 Task04

程序段 9-1　文件 task02.c

```
1    //Filename:task02.c
2
3    #include "includes.h"
4
5    extern OS_FLAG_GRP * FlagGrp01;
6
```

第 5 行声明外部定义的事件标志组 FlagGrp01，定义在文件 task01.c 中。

```
7    void Task02(void * data)
```

```
8      {
9        INT8U err;
10       data=data;
11
12       while(1)
13       {
14           OSFlagPost(FlagGrp01, 0x2A5B, OS_FLAG_SET, &err);
15           OSTimeDlyHMSM(0, 0, 1, 0);
16       }
17     }
```

用户任务 Task02 每 1 秒执行一次(第 15 行),向事件标志组 FlagGrp01 中释放事件标志 0x2A5B。

程序段 9－2　文件 task02.h

```
1      //Filename:task02.h
2
3      #ifndef _TASK02_H
4      #define _TASK02_H
5
6      #define Task02StkSize    50
7      #define Task02ID          2
8      #define Task02Prio       (Task02ID+3)
9
10     void Task02(void * );
11
12     #endif
```

文件 task02.h 中宏定义了用户任务 Task02 的堆栈大小、任务 ID 号和任务优先级号(第 6～8 行),第 10 行声明了任务 Task02 的任务函数原型。

程序段 9－3　文件 task03.c

```
1      //Filename:task03.c
2
3      #include "includes.h"
4
5      extern OS_FLAG_GRP * FlagGrp01;
6      extern const Int08U Dig16X8[];
7
```

第 6 行声明外部定义的事件标志组 FlagGrp01。

```
8      void Task03(void * data)
9      {
10       INT8U err;
11       INT8U count=0, sec10, sec01;
12       OS_FLAGS flag;
13
```

第 11 行定义变量 count 用于秒计数值，变量 sec10 和 sec01 分别保存秒计数值十位和个位上的数字。第 12 行定义事件标志 flag，保存从事件标志组 FlagGrp01 中请求的事件标志。

```
14          data＝data；
15
16          while(1)
17          {
18   flag＝OSFlagPend(FlagGrp01, 0x2A00, OS_FLAG_WAIT_SET_ALL＋OS_FLAG_CONSUME, 0, &err)；
19              if(flag＝＝0x2A00)
20              {
21                  sec10＝count / 10；
22                  sec01＝count % 10；
23
24                  LCDSMDrawChar16X8(8, 8, &Dig16X8[sec10 * 16], 1)；
25                  LCDSMDrawChar16X8(8＋8, 8, &Dig16X8[sec01 * 16], 1)；
26
27                  count＋＋；
28                  if(count＞＝60)
29                      count＝0；
30              }
31          }
32   }
```

第 18 行调用系统函数 OSFlagPend 请求事件标志组 FlagGrp01 中的事件标志，请求的标志样式为 0x2A00(即 16 位的标志中第 9、11 和 13 位为 1)，请求成功后，将标志清除。第 19 行表示如果请求到的标志为 0x2A00，则计算秒计数值变量 count 的十位和个位上的数字 sec10 和 sec01(第 21、22 行)，第 24、25 行输出 sec10 和 sec01 的值，第 27～30 行将秒计数值累加，如果秒计数值大于或等于 60，则秒计数值清零。

程序段 9－4 文件 task03.h

```
1    //Filename:task03.h
2
3    # ifndef _TASK03_H
4    # define _TASK03_H
5
6    # define Task03StkSize   50
7    # define Task03ID        3
8    # define Task03Prio      (Task03ID＋3)
9
10   void Task03(void * )；
11
12   # endif
```

文件 task03.h 中宏定义了用户任务 Task03 的堆栈大小、任务 ID 号和任务优先级号(第 6～8 行)，第 10 行声明了任务 Task03 的任务函数原型。

程序段 9 - 5　文件 task04. c

```
1      //Filename:task04. c
2
3      #include "includes. h"
4
5      extern OS_FLAG_GRP  * FlagGrp01;
6      extern const Int08U Dig16X8[];
7
```

第 5 行声明外部定义的事件标志组 FlagGrp01。

```
8      void Task04(void * data)
9      {
10         INT8U err;
11         INT8U count=60, sec10, sec01;
12         OS_FLAGS flag;
13
```

第 11 行定义秒减计数变量 count，初值为 60，sec10 和 sec01 分别用于保存秒计数变量的十位和个位上的数字。第 12 行定义事件标志 flag，用于保存从事件标志组 FlagGrp01 中请求到的标志。

```
14         data=data;
15
16         while(1)
17         {
18             flag=OSFlagPend(FlagGrp01, 0x005B, OS_FLAG_WAIT_SET_ALL+OS_FLAG_CONSUME, 0, &err);
```

第 18 行调用系统函数 OSFlagPend 请求事件标志组 FlagGrp01 中的事件标志，请求的标志样式为 0x5B（即 16 位的标志中第 0、1、3、4 和 6 位为 1），请求成功后，将标志清除。

```
19             if(flag==0x005B)
20             {
21                 sec10=count / 10;
22                 sec01=count % 10;
23
24                 LCDSMDrawChar16X8(8 * 4, 8, &Dig16X8[sec10 * 16], 1);
25                 LCDSMDrawChar16X8(8 * 4+8, 8, &Dig16X8[sec01 * 16], 1);
26
27                 count--;
28                 if(count==0)
29                     count=60;
30             }
31         }
32     }
```

第 19 行表示如果请求到的标志为 0x5B，则计算秒计数值变量 count 的十位和个位上的数字 sec10 和 sec01（第 21、22 行），第 24、25 行输出 sec10 和 sec01 的值，第 27～30 行将秒计数值自减，如果秒计数值等于 0，则秒计数值赋为 60。

程序段 9－6 文件 task04. h

```
1    //Filename:task04.h
2
3    # ifndef _TASK04_H
4    # define _TASK04_H
5
6    # define Task04StkSize    50
7    # define Task04ID          4
8    # define Task04Prio       (Task04ID＋3)
9
10   void Task04(void ＊);
11
12   # endif
```

文件 task04. h 中宏定义了用户任务 Task04 的堆栈大小、任务 ID 号和任务优先级号（第 6～8 行），第 10 行声明了任务 Task04 的任务函数原型。

结合程序段 9－1 至程序段 9－6 可知，用户任务 Task02、Task03 和 Task04 的执行流程如图 9－3 所示。

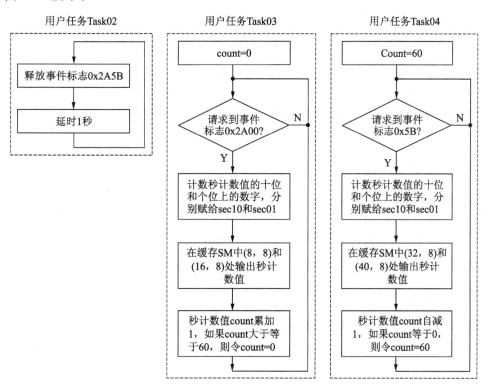

图 9-3 用户任务 Task02、Task03 和 Task04 的执行流程

由图 9－3 可知，通过事件标志组可以使两个任务 Task03 和 Task04 同步一个任务 Task02 的执行，信号量一般仅能实现两个任务间的同步，而事件标志组可以实现多个任务同步一个任务的执行。

将项目 ZLX17 下载到 LPC824 学习板上执行时，LPC824 学习板的显示情况如图 9 - 4 所示。

图 9 - 4　项目 ZLX17 在 LPC824 学习板上的执行情况示意

图 9 - 4 中显示了两个秒计数值，左边的为加计数显示，右边的为减计数显示，两个计数值的和总为 60。

9.2　μC/OS - II 软定时器

本节将介绍 μC/OS - II 系统定时器的工作原理与用法，相对于微控制器硬件定时器而言，μC/OS - II 系统定时器常被称为软定时器。本节首先介绍 LPC824 芯片看门狗定时器的工作原理，然后，介绍通过软定时器周期"喂狗"的方法。

9.2.1　看门狗定时器

商业应用场合下的电路系统都要求配备看门狗，看门狗时刻监视着微控制器的运行情况，微控制器程序正常运行时，看门狗不起作用，当微控制器程序工作异常时，看门狗将启动并复位微控制器。看门狗的基本操作为：

（1）初始化看门狗定时器；

（2）在用户程序中周期性地喂狗（俗称"狗吃食"）；

（3）当用户程序异常时，无法运行喂狗程序，看门狗定时器等待一段时间后溢出，发出复位信号复位微控制器。

LPC824 微控制器内置了一个高性能的带窗口功能的看门狗定时器，不但可以复位 LPC824，还可以作为普通定时器使用，它的特点如下：

（1）专用的看门狗振荡器。

（2）当看门狗定时器定时超时后，可复位 LPC824。

（3）可产生普通的看门狗定时器中断。

（4）可设定喂狗的窗口，如果设定了喂狗窗口，当看门狗定时器的当前定时值比窗口值大时，喂狗将产生看门狗复位事件。这可有效地防止用户程序异常但是喂狗程序（或函数）工作正常的不良情况发生。

看门狗定时器的结构如图 9 - 5 所示。

根据图 9 - 5 可知，看门狗振荡器为看门狗定时器提供时钟源，假设看门狗振荡器提供的时钟信号频率为 10 kHz，由于看门狗内置了 4 分频器，所以看门狗的 24 位减计数器的频率为 2.5 kHz，即周期为 0.4 ms。如果 WARNINT 的值为 100，TC 的值设为 2500＋100

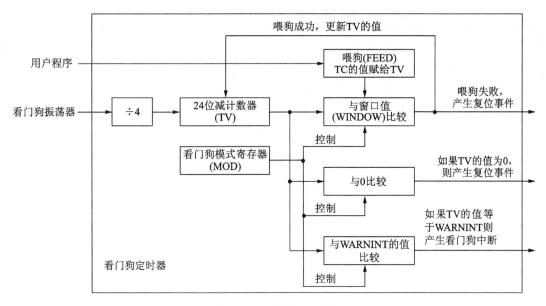

图 9-5 看门狗定时器

—1(TC 的最小值为 0xFF，如果设定的值小于 0xFF，则自动将 0xFF 赋给 TC)，TC 为看门狗计数值常数寄存器，TV 为看门狗当前计数值寄存器。当喂狗成功后，TC 的值被复制到 TV 中，则 TV 的值为 2500+100−1，当 TV 的值减到 100 时，即减到与 WARNINT(看门狗中断比较值寄存器)的值相等时，在下一个时钟到来时，将触发看门狗中断，这样从喂狗完成到一次看门狗中断的时间刚好为 1 秒。如果用户程序异常，喂狗程序不工作，则 TV 的值按 0.4 ms 的节拍很快减到 0；当 TV 的值减到 0 后，下一个看门狗时钟到来时，将产生看门狗复位事件。如果设定了喂狗窗口(WINDOW)，当 TV 的值比 WINDOW 的值大时，喂狗也将导致产生看门狗复位事件。

看门狗定时器具有以下 6 个寄存器，如图 9-5 和表 9-3 所示。

表 9-3 看门狗定时器的寄存器(基地址：0x4000 0000)

寄存器名	偏移地址	类型	复位值	含　义
MOD	0x00	R/W	0	看门狗模式寄存器
TC	0x04	R/W	0xFF	看门狗计数值重装常数寄存器
FEED	0x08	WO	—	看门狗喂狗寄存器
TV	0x0C	RO	0xFF	看门狗当前计数值寄存器
—	0x10			保留
WARNINT	0x14	R/W	0	看门狗警告中断比较值寄存器
WINDOW	0x18	R/W	0xFF FFFF	看门狗窗口值寄存器

下面介绍表 9-3 中所列的各个寄存器的含义。

1) 看门狗模式寄存器 MOD

看门狗模式寄存器 WDMOD 各位的含义如表 9-4 所示。

表 9-4　看门狗模式寄存器 WDMOD 各位含义

位号	符号	复位值	含义
0	WDEN	0	写入 1，经过一次喂狗后打开看门狗；写入 0 无效。读出 0 表示看门狗停止；读出 1 表示看门狗正在运行
1	WDRESET	0	写入 1 表示看门狗减计数到 0 时复位 LPC824；写入 0 无效。读出 0 表示看门狗减计数到 0 不复位 LPC824；读出 1 表示看门狗减计数到 0 复位 LPC824
2	WDTOF	0	看门狗溢出标志位。当看门狗溢出后，该位被硬件置 1，可软件清零
3	WDINT	0	看门狗中断标志位。当看门狗减计数到 WARNINT 寄存器的值时，该位被硬件置 1，可软件清零
4	WDPROTECT	0	看门狗更新模式位。当为 0 时，TC 的值可随意更改；当为 1 时，TC 的值只有当 TV 的值小于 WARNINT 和 WINDOW 寄存器的值后才能更改
5	LOCK	0	为 1 时可防止看门狗振荡器被关闭。通过软件方式写入 1，且只能写入 1 次；通过复位清零
31:6	—		保留

由表 9-4 可知，看门狗一旦启动后，无法借助软件方式停止它。此外，看门狗有两种工作模式：其一为 WDEN 位为 1，WDRESET 位为 0，此时的工作模式称为看门狗中断模式；其二为 WDEN 位和 WDRESET 位均为 1，此时的工作模式称为看门狗复位模式。在看门狗中断工作模式下，当看门狗的 TV 值达到 WARNINT 寄存器的值时，WDMOD 寄存器的 WDINT 位被置 1，向 LPC824 内核发出看门狗中断请求。在看门狗复位工作模式下，当看门狗的 TV 值达到 WARNINT 寄存器的值时，WDMOD 寄存器的 WDINT 位被置 1 并产生看门狗中断；当 TV 的值减计数到 0 时，将产生复位信号；同时，如果设定了喂狗窗口，在 TV 的值大于 WINDOW 寄存器的值时喂狗，也将产生复位信号。

2）看门狗计数值重装常数寄存器 TC

寄存器 TC 只有第 [23:0] 位域有效，用 COUNT 符号表示，其余位保留。COUNT 的最小值为 0xFF，当设定 TC 的值小于 0xFF 时，将把 0xFF 自动装入 COUNT 中。当喂狗成功后，TC 的值被复制到 TV 中，由于启动看门狗至少要喂狗一次，所以 TV 的值最小为 0xFF。如果看门狗振荡器的时钟信号频率为 wdt_clk，则看门狗减计数到 0 的最短时间为 $256 \times 4/\text{wdt\_clk}$；由于 TC 只有低 24 位的 COUNT 域有效，故看门狗溢出的最长时间为 $2^{24} \times 4/\text{wdt\_clk}$。

3）看门狗喂狗寄存器 FEED

32 位的寄存器 FEED 只有第 [7:0] 位有效，向其写入 0xAA，接着再写入 0x55，则执行一次喂狗动作，即将 TC 的值复制到 TV 中。

4）看门狗当前计数值寄存器 TV

TV 寄存器只有第 [23:0] 位有效，保存了看门狗当前的计数值，当该计数值与 WARNINT 寄存器的值相同时，下一个计数时钟到来时产生中断；当该计数值减计数到 0 时，下一个计数时钟到来时产生复位信号。

5）看门狗警告中断比较值寄存器 WARNINT

WARNINT 寄存器只有第[9：0]位有效，当 TV 的值减计数到与 WARNINT 的值相同时，将产生看门狗中断请求。

6）看门狗窗口值寄存器 WINDOW

WINDOW 寄存器只有第[23：0]位有效，复位值为 0xFF FFFF，当 WDMOD 寄存器的 WDRESET 位置为 1 时，当 TV 的值比 WINDOW 的值大时喂狗将产生复位信号。

9.2.2 μC/OS-Ⅱ软定时器

μC/OS-Ⅱ系统的定时器任务属于系统任务，它的主要作用在于创建软定时器。本书的项目中将定时器任务的优先级号配置为 24，即仅比统计任务和空闲任务的优先级高。在第五章表 5-2 中，将第 20 号"OS_TMR_EN"设为 1，打开定时器任务，将第 21 号的"OS_TMR_CFG_MAX"设为 6，即最多允许创建 6 个软定时器，这是因为 LPC824 片内 RAM 空间只有 8 KB，过多的软定时器将占用大量的 RAM 空间，导致 LPC824 的 RAM 空间不足。但是 μC/OS-Ⅱ定时器任务可管理的定时器数量仅受定时器数据类型的限制，对于 16 位无符号整型数而言，可管理多达 65 536 个定时器。

由于定时器任务为 μC/OS-Ⅱ创建的系统任务，程序员只需要为定时器任务指定优先级，不需要关心定时器任务的内部实现机理（可参考文献[10]），下面重点讨论软定时器的用法，即

（1）定义一个软定时器，例如："OS_TMR　*Tmr01;"；然后定义该软定时器的回调函数，例如："void　Tmr01Func（void * ptmr，void * callback_arg);"，回调函数是指定时器定时完成后将自动调用的函数，一般地在该函数中释放信号量或消息邮箱，激活某个用户任务去执行特定的功能。

（2）调用 OSTmrCreate 函数创建该定时器，例如：

Tmr01 ＝OSTmrCreate(10, 10, OS_TMR_OPT_PERIODIC,

Tmr01Func, (void *)0, "Timer 01", &err);

OSTmrCreate 函数有 7 个参数，依次为：初次定时延时值、定时周期值、定时方式、回调函数、回调函数参数、定时器名称和出错码信息。初次定时延时值，表示第一次定时结束时要经历的时间；定时周期值表示周期性定时器的定时周期。这里都为 10，由于定时器的频率为 10 Hz，因此，"10"表示 1 秒。定时方式有两种，即周期型定时 OS_TMR_OPT_PERIODIC 和单拍型定时 OS_TMR_OPT_ONE_SHOT，后者定时器仅执行一次，延时时间为其第一个参数，此时，第二个参数无效，所以，单拍型定时器的回调函数仅被执行一次。

（3）软定时器的动作主要有：启动软定时器，如"OSTmrStart(Tmr01, &err);"；停止软定时器。停止软定时器函数原型为：

OSTmrStop(OS_TMR * ptmr, INT8U opt, void * callback_arg, INT8U * perr);

上述函数的四个参数依次为：定时器、定时器停止后是否调用回调函数的选项、传递给回调函数的参数和出错码信息。当 opt 为 OS_TMR_OPT_NONE 时，不调用回调函数；当为 OS_TMR_OPT_CALLBACK 时，定时器停止时调用回调函数，使用原回调函数的参数；当为 OS_TMR_OPT_CALLBACK_ARG 时，定时器停止时调用回调函数，但使用 OSTmrStop 函数中指定的参数 callback_arg。

（4）可获得软定时器的状态，例如，

INT8U　Tmr01State；

Tmr01State＝OSTmrStateGet（Tmr01，＆err）；

上述代码将返回定时器 Tmr01 当前的工作状态，如果定时器没有创建，则返回常量 OS_TMR_STATE_UNUSED；如果定时器处于运行态，则返回常量 OS_TMR_STATE_RUNNING；如果定时器处于停止状态，则返回常量 OS_TMR_STATE_STOPPED。

（5）当定时到期时，将自动调用定时器的回调函数。一般地，不允许在回调函数中放置耗时较多的数据处理代码，通常回调函数只有几行代码，用于释放信号量或消息邮箱。

9.2.3　μC/OS - Ⅱ 软定时器实例

在项目 ZLX16 的基础上新建项目 ZLX18，保存在目录 D:\ZLXLPC824\ZLX18 中，此时的项目 ZLX18 与 ZLX16 相同，然后，如表 9 - 5 所示对项目 ZLX18 进行修改。

表 9 - 5　项目 ZLX18 在 ZLX16 基础上的改动

序号	文件	改动内容	含　义
1	includes. h	添加以下语句： ＃include "watchdog. h" ＃include "task02. h" ＃include "task03. h" ＃include "uctmr. h"	包括以下头文件： watchdog. h、task02. h、task03. h 和 uctmr. h
2	task01. c	在文件头部添加以下语句： OS_EVENT ＊Sem01； OS_EVENT ＊Sem02； OS_STK Task02Stk[Task02StkSize]； OS_STK Task03Stk[Task03StkSize]；	定义事件 Sem01 和 Sem02，定义任务 Task02 和 Task03 的堆栈
3	task01. c	在函数 UserEventsCreate 中添加以下语句： Sem01＝OSSemCreate（0）； Sem02＝OSSemCreate（0）； ucTmrsCreate（）；	创建信号量 Sem01 和 Sem02，调用 ucTmrCreate 函数创建软定时器 Tmr01 和 Tmr02
4	bsp. c	在函数 BSPInit 的末尾添加语句： WatchDogInit（）；	调用 WatchDogInit 函数初始化看门狗定时器
5	watchdog. c watchdog. h	新添加的 2 个文件，如程序段 9 - 7 和程序段 9 - 8 所示	保存在目录 D:\ZLXLPC824\ZLX18\BSP 下，并将 watchdog. c 文件添加到工程的 BSP 分组下
6	task02. c task02. h task03. c task03. h	新添加的 4 个文件，如程序段 9 - 9 和程序段 9 - 12 所示	保存在目录 D:\ZLXLPC824\ ZLX18 \ User 下，并将 task02. c 和 task03. c 文件添加到工程的 USER 分组下

续表

序号	文件	改动内容	含 义
7	task01.c	在函数 UserTasksCreate 中添加以下语句： OSTaskCreateExt(Task02， (void *)0， &Task02Stk[Task02StkSize-1]， Task02Prio， Task02ID， &Task02Stk[0]， Task02StkSize， (void *)0， OS_TASK_OPT_STK_CHK OS_TASK_OPT_STK_CLR)； OSTaskCreateExt(Task03， (void *)0， &Task03Stk[Task03StkSize-1]， Task03Prio， Task03ID， &Task03Stk[0]， Task03StkSize， (void *)0， OS_TASK_OPT_STK_CHK OS_TASK_OPT_STK_CLR)；	创建用户任务 Task02 和 Task03
8	uctmr.c uctmr.h	新添加的 4 个文件，如程序段 9-13 和程序段 9-14 所示	保存在目录 D:\ZLXLPC824\ZLX18\User 下，并将 uctmr.c 文件添加到工程的 USER 分组下

程序段 9-7 文件 watchdog.c

```
1      //Filename:watchdog.c
2
3      #include "includes.h"
4
5      void FeedDog(void)
6      {
7        LPC_WWDT->FEED=0xAA；
8        LPC_WWDT->FEED=0x55；
9      }
10
```

第 5~9 行为喂狗函数 FeedDog，喂狗的方法为向 FEED 寄存器依次写入 0xAA 和 0x55(第 7、8 行)。

```
11     void WDTIRQEnable(void)
```

```
12      {
13          NVIC_ClearPendingIRQ(WDT_IRQn);
14          NVIC_EnableIRQ(WDT_IRQn);
15      }
16
```

第 11～15 行的函数 WDTIRQEnable 为调用 CMSIS 库函数，清除看门狗定时器的 NVIC 中断标志，并打开看门狗定时器的 NVIC 中断。

```
17      void WatchDogInit(void)
18      {
19          LPC_SYSCON->WDTOSCCTRL=(1uL<<5) | (29uL<<0);//Watchdog OSC:
20                                                       //0.6 MHz/60=10 kHz
21          LPC_SYSCON->SYSAHBCLKCTRL |= (1uL<<17);      //Enable Clock for WWDT
22          LPC_SYSCON->PDRUNCFG &= ~(1uL<<6);           //Power On Watchdog Osc
23
24          LPC_WWDT->TC = 5000+100-1;                   //10 kHz/4=2500, 2 s
25          LPC_WWDT->WARNINT = 100;
26          LPC_WWDT->MOD = (1uL<<0) | (1uL<<1);         //Reset Mode
27
28          FeedDog();
29          WDTIRQEnable();
30      }
31
```

第 17～30 行为看门狗初始化函数 WatchDogInit。第 19 行配置看门狗振荡器工作频率为 10 kHz；第 21～22 行启动看门狗振荡器；第 24 行设置 TC=5000+100-1；第 25 行设置 WARNINT=100；第 26 行配置 MOD 的第 0 位和第 1 位为 1，即处于看门狗复位工作模式下；第 28 行调用 FeedDog 函数喂狗，因为启动看门狗前必须喂狗一次，即第 28 行执行完后，看门狗定时器才开始工作。第 29 行调用 WDTIRQEnable 打开看门狗中断。由于看门狗定时器内部具有 4 分频器，其减计数频率为 2.5 kHz，因此，当看门狗的 TV 从 5000+100-1 减计数到 WARNINT(值为 100)时，产生看门狗中断，其周期正好为 2 秒。

```
32      void WDT_IRQHandler(void)
33      {
34          OSIntEnter();
35          NVIC_ClearPendingIRQ(WDT_IRQn);
36          LPC_WWDT->MOD |= ((1u<<3) | (1u<<2));
37          LPC_WWDT->MOD &= ~((1u<<3) | (1u<<2));
38
39          // To do
40          OSIntExit();
41      }
```

第 32～40 行的 WDT_IRQHandler 为看门狗中断服务函数，该函数名取自表 4-1 第 12 号中断对应的标号，当看门狗产生中断后，将自动跳转到该函数执行。第 35 行为清除

看门狗中断请求标志;第 36～37 行为清除看门狗 MOD 寄存器的第 2～3 位,即 WDTOF
和 WDINT 位清零;第 39 行可添加一些用户代码;第 34 行和第 40 行为 μC/OS-Ⅱ的系统
函数,用于中断切换时保护 μC/OS-Ⅱ的程序工作环境。

程序段 9 - 8　文件 watchdog. h

```
1      //Filename:watchdog. h
2
3      #ifndef _WATCHDOG_H
4      #define _WATCHDOG_H
5
6      void WatchDogInit(void);
7      void FeedDog(void);
8
9      #endif
```

文件 watchdog. h 中声明了函数 WatchDogInit 和 FeedDog 的原型,这两个函数的函数
体位于 watchdog. c 文件中,分别用于初始化看门狗定时器和喂狗。

程序段 9 - 9　文件 task02. c

```
1      //Filename:task02. c
2
3      #include "includes. h"
4
5      extern OS_EVENT  * Sem01;
6      extern const Int08U Dig16X8[];
7
```

第 5 行声明外部定义的信号量 Sem01。

```
8      void Task02(void  * data)
9      {
10         INT8U err;
11         INT8U i=0, k, dig10, dig01;
12
```

第 11 行定义计数变量 i,变量 k 保存变量 i 的最低两位数字,dig10 和 dig01 变量分别
用于保存 k 的十位和个位上的数字。

```
13         data=data;
14
15         while(1)
16         {
17             OSSemPend(Sem01, 0, &err);
18             FeedDog();
19
20             k=(i++) % 100;
21             dig10=k / 10;
22             dig01=k % 10;
```

```
23          LCDSMDrawChar16X8(8+8, 8, &Dig16X8[dig10 * 16], 1);
24          LCDSMDrawChar16X8(8 * 2+8, 8, &Dig16X8[dig01 * 16], 1);
25      }
26  }
```

在任务 Task02 中，请求信号量 Sem01(第 17 行)，如果请求成功，则进行一次喂狗操作(第 18 行)，然后第 20～24 行在 LPC824 片内缓存 SM 中输出变量 k 的计数值。

程序段 9－10　文件 task02. h

```
1   //Filename:task02. h
2
3   # ifndef _TASK02_H
4   # define _TASK02_H
5
6   # define Task02StkSize    50
7   # define Task02ID         2
8   # define Task02Prio      (Task02ID+3)
9
10  void Task02(void * );
11
12  # endif
```

文件 task02. h 中宏定义了任务 Task02 的堆栈大小为 50 字、任务 ID 号为 2、优先级号为 5。第 8 行声明了任务函数 Task02 的原型。

程序段 9－11　文件 task03. c

```
1   //Filename:task03. c
2
3   # include "includes. h"
4
5   extern OS_EVENT  * Sem02;
6   extern const Int08U Dig16X8[];
7
```

第 5 行声明外部定义的信号量 Sem02。

```
8   void Task03(void * data)
9   {
10      INT8U err;
11      INT8U i=0, k, dig10, dig01;
12
13      data=data;
14
15      while(1)
16      {
17          OSSemPend(Sem02, 0, &err);
18
19          k=(i++) % 100;
```

```
20          dig10＝k / 10；
21          dig01＝k ％ 10；
22
23          LCDSMDrawChar16X8(8 * 4＋8, 8, &Dig16X8[dig10 * 16], 1)；
24          LCDSMDrawChar16X8(8 * 5＋8, 8, &Dig16X8[dig01 * 16], 1)；
25      }
26  }
```

在任务 Task03 中，请求信号量 Sem02(第 17 行)，如果请求成功，则在 LPC824 内部缓存 SM 的坐标(40，8)位置处输出变量 k 的值。

程序段 9 - 12　文件 task03. h

```
1    //Filename：task03. h
2
3    ＃ifndef _TASK03_H
4    ＃define _TASK03_H
5
6    ＃define Task03StkSize   50
7    ＃define Task03ID         3
8    ＃define Task03Prio      (Task03ID＋3)
9
10   void Task03(void * )；
11
12   ＃endif
```

文件 task03. h 中宏定义了任务 Task03 的堆栈大小为 50 字、任务 ID 号为 3、优先级号为 6。第 8 行声明了任务函数 Task03 的原型。

程序段 9 - 13　文件 uctmr. c

```
1    //Filename：uctmr. c
2
3    ＃include "includes. h"
4
5    OS_TMR    * Tmr01；
6    OS_TMR    * Tmr02；
7    extern OS_EVENT * Sem01；
8    extern OS_EVENT * Sem02；
9
```

第 5、6 行定义软定时器 Tmr01 和 Tmr02，第 7、8 行声明外部定义的信号量 Sem01 和 Sem02。

```
10   void Tmr01Func(void * ptmr, void * arg)
11   {
12     OSSemPost(Sem01)；
13   }
14
```

第 10～13 行为定时器 Tmr01 的回调函数 Tmr01Func，第 12 行释放信号量 Sem01。

```
15      void Tmr02Func(void * ptmr, void * arg)
16      {
17          OSSemPost(Sem02);
18      }
19
```

第 15～18 行为定时器 Tmr02 的回调函数 Tmr02Func，第 17 行释放信号量 Sem02。

```
20      void ucTmrsCreate(void)
21      {
22          INT8U err;
23          Tmr01=OSTmrCreate(10, 10, OS_TMR_OPT_PERIODIC, Tmr01Func,
                                (void * )0, (INT8U * )"Tmr 1", &err);
24          Tmr02=OSTmrCreate(10, 10, OS_TMR_OPT_PERIODIC, Tmr02Func,
                                (void * )0, (INT8U * )"Tmr 2", &err);
25          OSTmrStart(Tmr01, &err);
26          OSTmrStart(Tmr02, &err);
27      }
```

第 20～27 行的函数 ucTmrsCreate 用于创建定时器 Tmr01 和 Tmr02（第 23、24 行），两个定时器均工作在周期定时模式下，定时周期为 1 s，即每 1 秒调用一次它们的回调函数。第 25、26 行启动定时器 Tmr01 和 Tmr02。

程序段 9-14　文件 uctmr.h

```
1       //Filename: uctmr.h
2
3       #ifndef _UCTMR_H
4       #define _UCTMR_H
5
6       void ucTmrsCreate(void);
7
8       #endif
```

文件 uctmr.h 中声明了函数 ucTmrsCreate 的原型，该函数位于 uctmr.c 文件中。

结合表 9-5 和上述程序段 9-7 至程序段 9-14 可知，项目 ZLX18 的执行情况如图 9-6 所示。

由图 9-6 可知，用户任务 Task01 中创建软定时器 Tmr01 和 Tmr02，它们的定时周期均为 1 秒，Tmr01 每定时 1 秒后释放信号量 Sem01，Tmr02 每定时 1 秒后释放信号量 Sem02。用户任务 Task02 请求信号量 Sem01，请求成功后进行一次喂狗操作，然后，将其局部变量 k 的值累加 1，并在 LPC824 内部缓存 SM 中输出 k 的值。用户任务 Task03 请求信号量 Sem02，请求成功后将其局部变量 k 的值累加 1，并在 LPC824 内部缓存 SM 中输出 k 的值。用户任务 Task20 用于刷新 LCD 屏的显示，刷新周期为 0.2 秒。

项目 ZLX18 中还打开了看门狗中断（见程序段 9-7），配置看门狗中断的周期为 2 秒，由于用户任务 Task02 每 1 秒喂狗一次，使得项目正常工作状态下，看门狗定时器不可能减计数到 WARNINT 寄存器设定的值，即正常工作状态下看门狗中断不可能被触发。因此，可在程序段 9-7 的第 39 行添加一些警告语句，例如，使 LED 灯点亮或者使蜂鸣器报警等，告诉用户程序运行已经出错，即将复位 LPC824 微控制器。

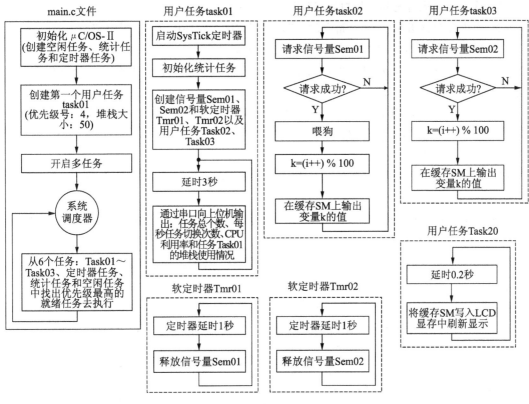

图 9-6 项目 ZLX18 的执行情况

9.3 μC/OS-Ⅱ 动态内存管理

μC/OS-Ⅱ动态内存管理是一种多用户任务共享 RAM 空间的技术，它在 RAM 内存中开辟一块存储空间，称为内存分区，内存分区由许多大小相同的内存块组成。每个用户任务中的局部变量均使用指针类型，当使用某个局部变量时，临时从内存分区中为它分配内存块，当使用完该局部变量时，把它占用的内存块回收到内存分区中。

动态内存管理相关的常用函数主要有 3 个，列于表 9-6 中。

表 9-6 常用的动态内存管理函数

函数原型	含 义
OS_MEM * OSMemCreate(void * addr, INT32U nblks, INT32U blksize, INT8U * perr);	创建一个内存分区，由用户指定数目大小固定的内存块组成
void * OSMemGet(OS_MEM * pmem, INT8U * perr);	从内存分区中请求一个内存块，返回指向该内存块的指针
INT8U OSMemPut(OS_MEM * pmem, void * pblk);	把一个内存块归还内存分区，即向内存分区中释放内存块，与 OSMemGet 成对使用

使用内存分区的步骤如下所示：

（1）首先定义内存分区，即"OS_MEM　＊mem01"。

（2）为内存分区开辟一块存储空间，即"INT32U　memBuf01[5][10]"。

（3）创建内存分区，即"mem01＝OSMemCreate(&memBuf01[0][0]，5，10＊sizeof (INT32U)，&err);"，表示创建的内存分区 mem01 中包含了 5 个内存块，每个内存块的大小为 10 个字（即 40 字节）。

（4）内存分区主要用于存放用户任务中的局部变量，例如，在一个任务中定义一个局部变量"INT8U　＊v;"，然后调用表 9-6 中的 OSMemGet 函数获取一个内存块，即"v＝OSMemGet(mem01，&err);"。

（5）当这个用户任务中不再使用局部变量 v 时，将 v 指向的内存块空间归还给内存分区，即"OSMemPut(mem01，(void ＊)v);"。

先在项目 ZLX18 的基础上，新建项目 ZLX19，保存在目录 D:\ZLXLPC824\ZLX19 下，此时的项目 ZLX19 与 ZLX18 相同。然后，修改项目 ZLX19 如表 9-7 所示。

表 9-7　项目 ZLX19 在 ZLX18 基础上的改动

序号	文件	改动内容	含义
1	task01.c	将 Task01 函数中的："OSTaskStkChk(OS_PRIO_SELF，&StkData);"改为"OSTaskStkChk (Task02Prio，&StkData);"	由原来检查任务 Task01 的堆栈改为检查 Task02 的堆栈情况
2	task01.c	将 Task01 函数中的："v＝Task01Prio;"改为"v＝Task02Prio;"	由原来读取任务 Task01 的优先级号改为读取 Task02 的优先级号

经过表 9-7 的改动后，项目 ZLX19 执行时，计算机串口调试助手显示内容如图 9-7 所示。

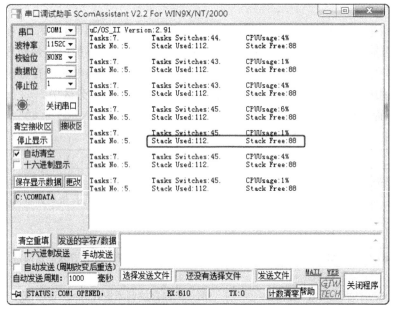

图 9-7　项目 ZLX19 运行时串口调试助手显示内容

从图 9-7 可知，优先级号为 5 的用户任务 Task02 在项目执行时，占用堆栈大小为 112 字节，空闲堆栈大小为 88 字节。

下面在项目 ZLX19 的基础上，新建项目 ZLX20，保存在目录 D:\ZLXLPC824\ZLX20 下，此时的项目 ZLX20 与 ZLX19 相同。然后，按表 9-8 所示修改项目 ZLX20。

表 9-8　项目 ZLX20 在项目 ZLX19 基础上所做的改动

序号	文件	改动内容	含　义
1	includes.h	添加以下语句：#include "ucmem.h"	包括头文件 ucmem.h
2	task01.c	在 UserEventsCreate 函数中添加语句：User-MemCreate();	创建内存分区 mem01
3	ucmem.c ucmem.h	新创建的文件，如程序段 9-15 和程序段 9-16 所示。	内存分区管理相关的文件
4	task02.c	如程序段 9-17 所示	使用内存分区管理任务的局部变量

程序段 9-15　文件 ucmem.c

```
1    //Filename:ucmem.c
2
3    #include "includes.h"
4
5    OS_MEM * mem01;
6    INT32U  memBuf01[5][10];
7
```

第 5 行定义内存分区 mem01，第 6 行为内存分区开辟二维数组空间 memBuf01，大小为 50 字(200 字节)。

```
8    void UserMemCreate(void)
9    {
10     INT8U err;
11     mem01=OSMemCreate(memBuf01, 5, 10 * sizeof(INT32U), &err);
12   }
```

第 8～12 行的函数 UserMemCreate 调用系统函数 OSMemCreate 创建内存分区 mem01，包含 5 个内存块，每个内存块的大小为 10 字(40 字节)。

程序段 9-16　文件 ucmem.h

```
1    //Filename: ucmem.h
2
3    #ifndef _UCMEM_H
4    #define _UCMEM_H
5
6    void UserMemCreate(void);
7
8    #endif
```

文件 ucmem.h 中声明了函数 UserMemCreate 的函数原型，该函数的定义位于文件

ucmem. c 中。

程序段 9-17　文件 task02. c

```
1      //Filename:task02. c
2
3      # include "includes. h"
4
5      extern OS_EVENT  * Sem01;
6      extern const Int08U Dig16X8[];
7      extern OS_MEM  * mem01;
8
```

第 7 行声明外部定义的内存分区 mem01。

```
9      void Task02(void  * data)
10     {
11       INT8U err;
12       INT8U i=0;
13       INT8U * v;
14
```

第 13 行定义 8 位无符号整型指针，替换掉原来的定义"INT8U k，dig10，dig01;"。

```
15       data=data;
16
17       while(1)
18       {
19           OSSemPend(Sem01, 0, &err);
20           FeedDog();
21
22           v=OSMemGet(mem01, &err);
```

第 22 行从内存分区 mem01 中申请一个内存块。

```
23           v[0]=(i++) % 100;
24           v[1]=v[0] / 10;
25           v[2]=v[0] % 10;
```

第 23～24 行用指针 v 计算，替换掉原来的"k=(i++) % 100；dig10=k / 10；dig01=k % 10;"。

```
26           LCDSMDrawChar16X8(8+8, 8, &Dig16X8[v[1] * 16], 1);
27           LCDSMDrawChar16X8(8 * 2+8, 8, &Dig16X8[v[2] * 16], 1);
28           OSMemPut(mem01, (void * )v);
29       }
30     }
```

第 28 行将 v 指向的内存块归还到内存分区 mem01 中。

由上述用户任务 Task02 可知，由于使用了动态内存管理，可以有效地节省用户任务占用的空间，相应地用户任务的堆栈占用量也将减少。运行项目 ZLX20 时计算机串口调试助手的显示结果如图 9-8 所示。

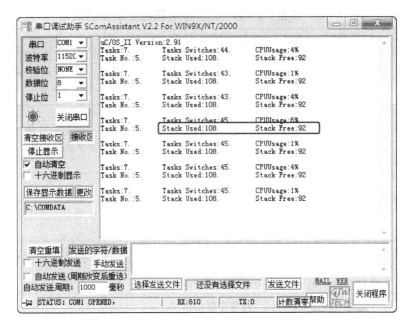

图 9-8　项目 ZLX20 运行时串口调试助手的显示信息

由图 9-8 可知，由于使用动态内存管理，优先级号为 5 的用户任务 Task02 的堆栈使用了 108 字节，空闲 92 字节。对比图 9-7 可知，这里多空闲了 4 字节。在项目 ZLX20 中，可按照类似的方式改造用户任务 Task03，使用户任务 Task03 也使用内存分区 mem01 而节省堆栈空间，这里不再赘述。

9.4　μC/OS-Ⅱ多事件请求管理

由 9.1 节可知，借助于事件标志组可以实现多个任务同步一个任务的执行。事实上，μC/OS-Ⅱ系统也支持一个任务同步多个任务的执行，这需要借助于多事件请求管理技术，它只包含一个系统函数，其原型如下所示：

void　OSEventPendMulti(OS_EVENT ＊＊pevents_pend，OS_EVENT ＊＊pevents_rdy，
void ＊＊pmsgs_rdy，INT16U timeout，INT8U ＊perr)；

这里，pevents_pend 为要请求的多个事件；pevents_rdy 为已经就绪的事件；当事件为消息邮箱或消息队列时，pmsgs_rdy 为请求到的消息；timeout 为延时参数，其值为 0 表示请求不到则一直等待，如果为非 0 值，当等待 timeout 时钟节拍后仍请求不到事件，则放弃等待；perr 为出错码参数，当函数正常工作时，返回 OS_ERR_NONE。

函数 OSEventPendMulti 可同时请求多个已创建的信号量、消息邮箱或消息队列事件（不能请求事件标志组类型的事件），如果没有事件就绪，则挂起调用该函数的用户任务；如果请求的多个事件中有一个事件有效或者等待超时，则当前任务继续执行，中断服务函数不能调用该函数。

下面借助于实例介绍多事件请求函数的用法。在项目 ZLX16 的基础上新建项目 ZLX21，保存在目录 D：\ZLXLPC824\ZLX21 下，此时的项目 ZLX21 与 ZLX16 相同。然后，按表 9-9 所示修改项目 ZLX21。

表 9 - 9 项目 ZLX21 在 ZLX16 基础上所做的改动

序号	文件	改动内容	含 义
1	includes. h	添加以下语句： # include "task02. h"　　# include "task03. h" # include "task04. h"	包括头文件 task02. h、task03. h 和 task04. h
2	task01. c	在文件头部添加以下语句： OS_EVENT ∗ Sem01; OS_EVENT ∗ Q01; void ∗ QNode[10];	定义信号量事件 Sem01 和消息队列事件 Q01
3	task01. c	在文件头部添加以下语句： OS_STK Task02Stk[Task02StkSize]; OS_STK Task03Stk[Task03StkSize]; OS_STK Task04Stk[Task04StkSize];	定义用户任务 Task02、Task03 和 Task04 的堆栈
4	task01. c	在 UserEventsCreate 函数中添加语句： Sem01＝OSSemCreate(0); Q01＝OSQCreate(&QNode[0], 10);	创建信号量 Sem01 和消息队列 Q01
5	task01. c	在 UserTasksCreate 函数中添加语句： OSTaskCreateExt(Task02, 　　　　　　(void ∗)0, 　　　　　　&Task02Stk[Task02StkSize-1], 　　　　　　Task02Prio, 　　　　　　Task02ID, 　　　　　　&Task02Stk[0], 　　　　　　Task02StkSize, 　　　　　　(void ∗)0, 　　　　　　OS_TASK_OPT_STK_CHK OS_TASK_OPT_STK_CLR); OSTaskCreateExt(Task03, 　　　　　　(void ∗)0, 　　　　　　&Task03Stk[Task03StkSize-1], 　　　　　　Task03Prio, 　　　　　　Task03ID, 　　　　　　&Task03Stk[0], 　　　　　　Task03StkSize, 　　　　　　(void ∗)0, 　　　　　　OS_TASK_OPT_STK_CHK OS_TASK_OPT_STK_CLR); OSTaskCreateExt(Task04, 　　　　　　(void ∗)0, 　　　　　　&Task04Stk[Task04StkSize-1], 　　　　　　Task04Prio, 　　　　　　Task04ID, 　　　　　　&Task04Stk[0], 　　　　　　Task04StkSize, 　　　　　　(void ∗)0, 　　　　　　OS_TASK_OPT_STK_CHK OS_TASK_OPT_STK_CLR);	创建用户任务 Task02、Task03 和 Task04

序号	文件	改动内容	含义
6	task02. h task03. h task04. h	新添加到项目 ZLX21 中的头文件,与项目 ZLX15 中的同名文件内容相同。但是将 Task04 的堆栈大小改为 80 字,在文件 task04. h 中将"# define Task04StkSize 50"改为"# define Task04StkSize 80"	用户任务 Task02、Task03 和 Task04 的头文件,保存在目录 D:\ZLXLPC824\ZLX21\User 下
7	task02. c task03. c task04. c	新添加到项目 ZLX21 中的文件,如程序段9-18 至程序段 9-20 所示。	这些文件保存在目录 D:\ZLXLPC824\ZLX21\User 下,并将它们添加到工程管理器分组 USER 下

程序段 9-18 文件 task02. c

```
1     //Filename:task02. c
2
3     # include "includes. h"
4
5     extern OS_EVENT * Sem01;
6
```

第 5 行声明外部定义的信号量 Sem01。

```
7     void Task02(void * data)
8     {
9       data=data;
10
11      while(1)
12      {
13          OSTimeDlyHMSM(0, 0, 2, 0);
14          OSSemPost(Sem01);
15      }
16    }
```

第 11~15 行说明任务 Task02 每 2 秒执行一次第 14 行,即每 2 秒释放一次信号量 Sem01。

程序段 9-19 文件 task03. c

```
1     //Filename:task03. c
2
3     # include "includes. h"
4
5     extern OS_EVENT * Q01;
6     INT8U Counter[1];
7
```

第 5 行声明外部定义的消息队列 Q01,第 6 行定义数组变量 Counter,用于存放消息。

```
8     void Task03(void * data)
9     {
10      INT8U i=0;
```

```
11
12      data=data;
13
14      while(1)
15      {
16          OSTimeDlyHMSM(0, 0, 2, 0);
17          i++;
18          if(i>=10)
19              i=0;
20          Counter[0]=i;
21          OSQPost(Q01, (void * )Counter);
22      }
23   }
```

由第 14~22 行可知，用户任务 Task03 每 2 秒执行一次，每次执行将计数变量 i 的值
自增 1（第 17 行），如果 i 的值大于等于 10，则 i 赋为 0（第 18~19 行），第 20 行将 i 赋给
Counter[0]。第 21 行将 Counter 作为消息释放到消息队列 Q01 中。

程序段 9-20　文件 task04.c

```
1       //Filename：task04.c
2
3       # include "includes.h"
4
5       extern OS_EVENT * Sem01;
6       extern OS_EVENT * Mbox01;
7       extern OS_EVENT * Q01;
8
```

第 5~7 行声明外部定义的信号量 Sem01、消息邮箱 Mbox01 和消息队列 Q01。

```
9       OS_EVENT * Events[4];
10      OS_EVENT * EventsRdy[4];
11      void * EventMsgs[4];
12
```

第 9 行定义事件数组 Events，存放将要请求的多个事件；第 10 行定义事件数组
EvntsRdy，用于存放就绪的事件；第 11 行定义 void * 类型的指针数组 EventMsgs，当事
件类型为消息邮箱或消息队列时，它用于指向接收到的消息。

```
13      void Task04(void * data)
14      {
15        INT8U err;
16        INT8U i;
17        INT16U eventsNbrRdy;
18        void * msg;
19
```

第 17 行定义变量 eventsNbrRdy，用于保存就绪的事件个数。第 18 行定义 void * 类
型的指针 msg，用于指向接收到的消息。

```
20        data=data；

21

22        Events[0]=Sem01；

23        Events[1]=Mbox01；

24        Events[2]=Q01；

25        Events[3]=(OS_EVENT *)0；

26
```

第22~25行将要请求的多个事件依次赋给事件数组 Events，由于事件数组在 μC/OS-Ⅱ
内部被用作链表操作，所以，数组的最后一个元素必须是(OS_EVENT *)0(第25行)。

```
27        while(1)

28        {

29 eventsNbrRdy=OSEventPendMulti(&Events[0]，&EventsRdy[0]，&EventMsgs[0]，0，&err)；

30            for(i=0；i<eventsNbrRdy；i++)

31            {

32                switch(EventsRdy[i]->OSEventType)

33                {

34                    case OS_EVENT_TYPE_SEM：

35                        SendString((INT8U *)"Received Sem01.\n")；

36                        break；

37                    case OS_EVENT_TYPE_MBOX：

38                        SendString((INT8U *)"Received Mbox01.\n")；

39                        break；

40                    case OS_EVENT_TYPE_Q：

41                        SendString((INT8U *)"Received Q01.\n")；

42                        msg=EventMsgs[i]；

43                        ZLG7289SEG(0，((INT8U *)msg)[0]，0)；

44                        break；

45                }

46            }

47        }

48    }
```

在第27~47行的无限循环体内，第29行用户任务 Task04 调用 OSEventPendMulti 函
数请求多个事件，请求成功后，请求到的事件个数保存在 eventsNbrRdy 中。第30~46行
依次遍历各个请求到的事件，第32~45行分情况进行讨论，如果请求到的事件为信号量，
则第35行被执行，向串口发送字符串"Received Sem01.\n"；如果请求到的事件为消息邮
箱，则第38行被执行，向串口发送字符串"Received Mbox01.\n"；如果请求到的事件为消
息队列，则第41~43行被执行，向串口发送字符串"Received Q01.\n"，同时，将接收到的
消息，即来自用户任务 Task03 的计数值显示到四合一七段数码管上。

项目 ZLX21 执行时串口调试助手的显示情况如图 9-9 所示。

结合程序段 9-18 至程序段 9-20 和图 9-9，项目 ZLX21 执行时每 2 秒将显示信息
"Received Sem01."和"Received Q01."，而消息邮箱 Mbox01 是由按键动作释放消息的(见

zlg7289b.c 文件），按下 LPC824 学习板上的 S1～S16 中的任一按键，则串口调试助手将显示一次消息"Received Mbox01."。

图 9-9　项目 ZLX21 执行时串口调试助手显示的信息

本 章 小 结

　　本章详细介绍了 μC/OS-Ⅱ 系统的高级组件，即事件标志组、软定时器、动态内存管理和多事件请求的应用方法。事件标志组与信号量类似，主要用于任务间的同步以及任务同步中断服务程序的执行，但是事件标志组可以实现多个任务同步一个任务的执行。软定时器与微控制器内部的硬件定时器的作用类似，通过软定时器可以缓解硬件定时器个数有限的矛盾，软定时器的回调函数与硬件定时器的中断服务程序类似，不宜放置过多的数据处理相关的代码，而应通过释放信号量事件等，使与它同步的任务完成数据处理工作。动态内存管理可通过内存分区，有效地管理各个用户任务中创建的局部变量，可以避免发生内存碎片。多事件请求技术可以实现一个任务同步多个任务的执行，这里的"多事件"只能为信号量、消息邮箱或消息队列。此外，本章还介绍了看门狗定时器的工作原理与应用技术，任何商业应用均要求配备看门狗定时器，用于当电路系统受到不可预期的强干扰时复位系统。

　　至此，μC/OS-Ⅱ 嵌入式实时操作系统的应用技术介绍完毕，对 μC/OS-Ⅱ 的开源内核感兴趣的读者，可在学习本部分内容的基础上，进一步阅读文献 [7, 10]。从下一章开始，将介绍几个基于 LPC824 学习板的具体应用实例。

第三篇

LPC82X 典型应用实例

本篇包括第十至十三章，共给出了三个典型应用项目实例，依次为基于 LPC824 学习板的智能门密码锁设计实例，智能温度采集、显示与报警系统以及数字电压采集与显示实例，最后还给出了一个 NXP 公司设计的开源硬件平台 LPCXpresso824 - MAX。该学习平台的硬件和软件设计规范，且学习资料丰富，可作为基于 LPC824 设计应用系统的开发模板。

第十章　智能门密码锁应用实例

本章将介绍一个综合性的应用实例，即智能门密码锁。该实例综合应用了 ZLG7289B 驱动的 4×4 键盘和四合一七段数码管（模拟门开关）以及 128×64 点阵 LCD 显示屏。通过这个实例学习借助 LPC824 微控制器进行项目开发和软件设计的过程。

10.1　智能门密码锁功能设计

智能门密码锁是通过输入密码控制门锁开关的装置，这里使用 LPC824 学习板模拟智能门密码锁：当输入正确的 6 位数字密码后（按下确认键 S15），用 ZLG7289B 驱动的四合一七段数码管显示"OOOO"模拟门被打开，且 LCD 屏主界面显示"欢迎回家！"；当按下 S16 按键时，模拟门被关闭（此时，数管码全部熄灭），界面将显示"请输入密码："。输入的密码用"＊"号显示。S1～S10 按键为 10 个数字输入键，其中 S10 表示数字"0"，S1 表示数字"1"，依次类推，S9 表示数字"9"。初始密码为：123456，在开门状态下，当用户按下 S11 按键时可修改密码，首先会提示输入原密码，输入 6 位数字原密码并按确认键 S15 后，提示输入新密码，输入 6 位数字后，按下 S15 确认键后要求再次输入新密码，再输入一次新密码后按下 S15 按键确认新密码，如果两次输入的新密码相同，则修改密码成功。智能门密码锁实现的功能如图 10-1 和图 10-2 所示。

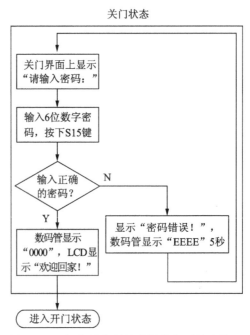

图 10-1　智能门密码锁关门状态下的功能

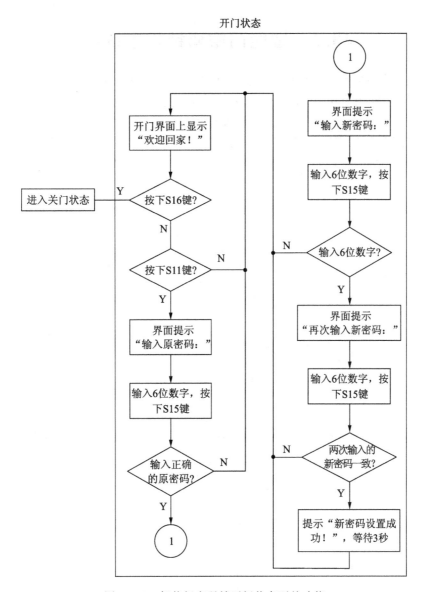

图 10-2 智能门密码锁开门状态下的功能

由图 10-1 和图 10-2 可知，关门状态下只能输入密码开锁，而没有其他功能；当输入错误的密码后，数码管将显示"EEEE"报警。开门状态下可以修改密码，此外，开门状态下按下 S16 键，则进入关门状态（模拟关门）。

由于本实例受到篇幅限制，程序代码不宜过长，故仅考虑实现上述智能门密码锁的基本功能，读者可以在此基础上添加屏幕保护功能，实现更美观的界面设计。此外，密码应该保存在 EEPROM 等安全性高的只读存储器中，由于 LPC824 学习板上没有 EEPROM，所以这里的密码只是一个普通的 RAM 变量。在实际智能门密码锁中，还应该将这个变量加密后写入到 EEPROM 中。每次门锁通电后，首先将 EEPROM 中的信息读出到 LPC824 内存中，然后解密这些信息，得到真实的开锁密码。每次修改开锁密码时，都要将该密钥加密后，写入到 EEPROM 中。加密算法可以采用高级加密标准 AES 算法。

10.2　智能门密码锁程序设计

在项目 ZLX16 的基础上新建项目 ZLX22,保存在目录 D:\ZLXLPC824\ZLX22 下,此时的工程 ZLX22 与 ZLX16 相同。然后,按表 10 - 1 修改项目 ZLX22。

表 10 - 1　项目 ZLX22 在项目 ZLX16 基础上的改动

序号	文件名	改动内容	含　义
1	includes. h	添加以下语句: ♯ include "watchdog. h"　　♯ include "task02. h" ♯ include "task03. h"　　♯ include "doorlock. h" ♯ include "uctmr. h"	包括头文件 watchdog. h、task02. h、task03. h、doorlock. h 和 uctmr. h
2	watchdog. h watchdog. c	将项目 ZLX18 的 watchdog. c 和 watchdog. h 文件拷贝到 D:\ZLXLPC824\ZLX22\BSP 下,并将 watchdog. c 添加到工程的 BSP 分组下	添加看门狗功能
3	bsp. c	在 BSPInit 函数中添加以下语句: WatchDogInit();	初始化看门狗定时器
4	task01. c	在文件头部添加以下语句: OS_EVENT　* Sem01; OS_STK Task02Stk[Task02StkSize]; OS_STK Task03Stk[Task03StkSize];	定义信号量 Sem01,定义任务 Task02 和 Task03 的堆栈
5	task01. c	在 UserEventsCreate 函数中添加以下语句: Sem01＝OSSemCreate(0); ucTmrsCreate();	创建信号量 Sem01,调用 ucTmrsCreate 函数创建定时器
6	task01. c	在 UserTasksCreate 函数中添加以下语句: OSTaskCreateExt(Task02, 　　　　　(void *)0, 　　　　　&Task02Stk[Task02StkSize-1], 　　　　　Task02Prio, 　　　　　Task02ID, 　　　　　&Task02Stk[0], 　　　　　Task02StkSize, 　　　　　(void *)0, 　　　　　OS_TASK_OPT_STK_CHK OS_TASK_OPT_STK_CLR); OSTaskCreateExt(Task03, 　　　　　(void *)0, 　　　　　&Task03Stk[Task03StkSize-1], 　　　　　Task03Prio, 　　　　　Task03ID, 　　　　　&Task03Stk[0], 　　　　　Task03StkSize, 　　　　　(void *)0, 　　　　　OS_TASK_OPT_STK_CHK OS_TASK_OPT_STK_CLR);	创建用户任务 Task02 和 Task03

续表

序号	文件名	改动内容	含 义
7	task02. c task02. h task03. c task03. h	新添加到项目 ZLX22 中的文件，其代码分别如程序段 10-1 至程序段 10-4 所示，这些文件保存在 D:\ZLXLPC824\ZLX22\User 下，并将 task02 . c 和 task03. c 添加到工程分组 USER 下	用户任务 Task02 和 Task03 的代码文件和头文件
8	uctmr. c uctmr. h	新添加到项目 ZLX22 中的文件，其代码分别如程序段 10-5 和程序段 10-6 所示，这两个文件保存在 D:\ZLXLPC824\ZLX22\User 下，并将 uctmr. c 添加到工程分组 USER 下	μC/OS-Ⅱ 软定时器的代码文件和头文件
9	doorlock. c doorlock. h	新添加到项目 ZLX22 中的文件，其代码分别如程序段 10-7 和程序段 10-8 所示，这两个文件保存在 D:\ZLXLPC824\ZLX22\User 下，并将 doorlock. c 添加到工程分组 USER 下	密码锁控制的代码文件和头文件

建设好的项目 ZLX22 如图 10-3 所示。

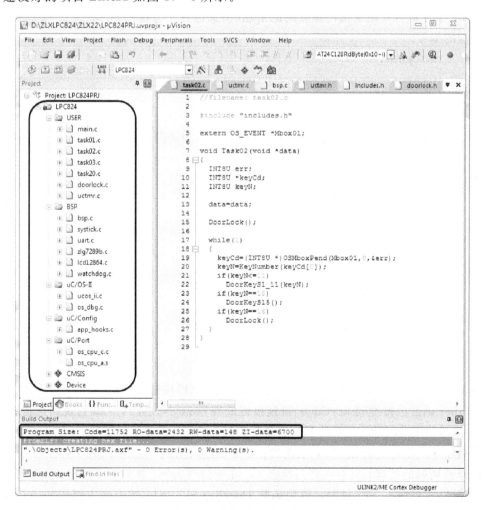

图 10-3 项目 ZLX22 工作界面

下面依次介绍表 10-1 中新添加到项目 ZLX22 中的各个文件。

程序段 10-1　文件 task02. c

```
1      //Filename：task02. c
2
3      # include "includes. h"
4
5      extern OS_EVENT  * Mbox01；
6
```

第 5 行声明外部定义的消息邮箱 Mbox01。

```
7      void Task02(void  * data)
8      {
9        INT8U err；
10       INT8U  * keyCd；
11       INT8U keyN；
12
```

第 10 行的 keyCd 用于指向接收到的消息(消息包含了按键码)，第 11 行的 keyN 用于保存按键的编号。

```
13       data＝data；
14
15       DoorLock()；
16
```

第 15 行调用 DoorLock 函数，将门的初始状态设为关门状态。

```
17       while(1)
18       {
19           keyCd＝(INT8U  *)OSMboxPend(Mbox01, 0, &.err)；
20           keyN＝KeyNumber(keyCd[0])；
21           if(keyN＜＝11)
22               DoorKeyS1_11(keyN)；
23           if(keyN＝＝15)
24               DoorKeyS15()；
25           if(keyN＝＝16)
26               DoorLock()；
27       }
28     }
```

第 19 行请求消息邮箱 Mbox01，将请求到的消息(即按键码)赋给 keyCd。第 20 行调用 KeyNumber 函数由按键码 keyCd[0]得到按键的编号 keyN。第 21～22 行说明当按键为 S1 ～S11 时，调用函数 DoorKeyS1_11，其参数为按键编号，其中 S1～S10 为数字输入键，S1 对应着数字 1，S2 对应着数字 9，依次类推，S9 对应着数字 9，而 S10 对应着数字 0。S11 为启动修改密码的按键，只有在开门状态下，才能修改密码。按键 S12～S14 没有使用。第 23～24 行说明当按下 S15 键时，调用函数 DoorKeyS15，S15 键为输入密码的确认键。第 25～26 行表示如果按下按键 S16，则调用 DoorLock 函数，模拟关门动作，即按下 S16 键时，由开门状态进入到关门状态。

程序段 10 - 2　文件 task02. h

```
1     //Filename：task02. h
2
3     #ifndef _TASK02_H
4     #define _TASK02_H
5
6     #define Task02StkSize   80
7     #define Task02ID          2
8     #define Task02Prio      (Task02ID＋3)
9
10    void Task02(void * );
11
12    #endif
```

文件 task02. h 宏定义了任务 Task02 的堆栈大小为 80 字、任务 ID 号为 2 和任务优先级号为 5。第 10 行声明了任务函数 Task02。

程序段 10 - 3　文件 task03. c

```
1     //Filename：task03. c
2
3     #include "includes. h"
4
5     extern OS_EVENT * Sem01；
6
```

第 5 行声明外部定义的信号量事件 Sem01。

```
7     void Task03(void * data)
8     {
9       INT8U err；
10      data＝data；
11
12      while(1)
13      {
14          OSSemPend(Sem01，0，&err)；
15          SegDoorOff()；
16          DoorLock()；
17      }
18    }
```

用户任务 Task03 始终请求信号量 Sem01(第 14 行)，请求成功后，第 15～16 行才能执行，将四合一七段数码管关闭，然后调用 DoorLock 函数进入关门状态。

程序段 10 - 4　文件 task03. h

```
1     //Filename：task03. h
2
```

```
3      #ifndef _TASK03_H
4      #define _TASK03_H
5
6      #define Task03StkSize    50
7      #define Task03ID          3
8      #define Task03Prio       (Task03ID+3)
9
10     void Task03(void *);
11
12     #endif
```

文件 task03.h 宏定义了任务 Task03 的堆栈大小为 50 字、任务 ID 号为 3 和任务优先级号为 6。第 10 行声明了任务函数 Task03。

程序段 10-5　文件 uctmr.c

```
1      //Filename：uctmr.c
2
3      #include "includes.h"
4
5      OS_TMR  * TmrDog；
6      OS_TMR  * TmrErr；
7      extern OS_EVENT * Sem01；
8
```

第 5~6 行定义两个软定时器 TmrDog 和 TmrErr，第 7 行声明外部定义的信号量 Sem01。

```
9      void TmrDogFunc(void * ptmr, void * arg)
10     {
11       FeedDog()；
12     }
13
```

第 9~12 行为软定时器 TmrDog 的回调函数，TmrDog 是周期型软定时器，每 1 秒调用一次回调函数 TmrDogFunc，在第 11 行调用 FeedDog 喂狗。

```
14     void TmrErrFunc(void * ptmr, void * arg)
15     {
16       OSSemPost(Sem01)；
17     }
18
```

第 14~17 行为软定时器 TmrErr 的回调函数，TmrErr 为单拍型软定时器，启动后定时 5 秒后停止运行，此时调用回调函数 TmrErrFunc，执行第 16 行释放信号量 Sem01。结合程序段 10-3 可知，任务 Task03 接收到信号量 Sem01 后，清除数码管的显示，并进入关门状态。结合程序段 10-7 第 227~233 可知，当关门状态下输入错误的密码后，LCD 屏将显示"密码错误！"，四合一七段数码管将显示"EEEE"，这种报警持续 5 秒后，自动回到正常的关门状态。用户任务 Task03 和软定时器 TmrErr 联合起来共同实现了该功能。

```
19    void ucTmrsCreate(void)
20    {
21      INT8U err;
22      TmrDog=OSTmrCreate(10，10，OS_TMR_OPT_PERIODIC，TmrDogFunc，
                        (void *)0，(INT8U *)"Tmr Dog"，&err);
23      TmrErr=OSTmrCreate(50，10，OS_TMR_OPT_ONE_SHOT，TmrErrFunc，
                        (void *)0，(INT8U *)"Tmr Err"，&err);
24      OSTmrStart(TmrDog，&err);
25    }
26
```

第 19～25 行的函数 ucTmrsCreate 创建了两个软定时器 TmrDog 和 TmrErr(第 22～23 行)，第 24 行启动了软定时器 TmrDog。这里软定时器 TmrDog 为周期型定时器，定时周期为 1 秒；TmrErr 为单拍型定时器，每次启动后，定时 5 秒后自动关闭。

```
27    void StartTmrErr(void)
28    {
29      INT8U err;
30      OSTmrStart(TmrErr，&err);
31    }
```

第 27～31 行的函数 StartTmrErr 为启动定时器 TmrErr 的函数，调用一次系统函数 OSTmrStart，则启动一次软定时器 TmrErr。

程序段 10 - 6　文件 uctmr. h

```
1     //Filename：uctmr. h
2
3     #ifndef _UCTMR_H
4     #define _UCTMR_H
5
6     void ucTmrsCreate(void);
7     void StartTmrErr(void);
8
9     #endif
```

文件 uctmr. h 给出了文件 uctmr. c 中定义的函数的声明。

程序段 10 - 7　文件 doorlock. c

```
1     //Filename：doorlock. c
2
3     #include "includes. h"
4
5     const INT8U strInSC[]={ //请输入密码：
6     0x00,0x40,0x40,0x40,0x27,0xFC,0x20,0x40,0x03,0xF8,0x00,0x40,0xE7,0xFE,0x20,0x00,
7     0x23,0xF8,0x22,0x08,0x23,0xF8,0x22,0x08,0x2B,0xF8,0x32,0x08,0x22,0x28,0x02,0x10,//请
8     0x20,0x40,0x20,0xA0,0x21,0x10,0xFA,0x08,0x25,0xF6,0x40,0x00,0x53,0xC4,0x92,0x54,
9     0xFA,0x54,0x13,0xD4,0x1A,0x54,0xF2,0x54,0x53,0xD4,0x12,0x44,0x12,0x54,0x12,0xC8,//输
10    0x04,0x00,0x02,0x00,0x01,0x00,0x01,0x00,0x01,0x00,0x02,0x80,0x02,0x80,0x02,0x80,
```

11　0x04,0x40,0x04,0x40,0x08,0x20,0x08,0x20,0x10,0x10,0x20,0x10,0x40,0x08,0x80,0x06,//入

12　0x02,0x00,0x01,0x00,0x7F,0xFE,0x40,0x02,0x82,0x24,0x09,0x40,0x28,0x88,0x4B,0x14,

13　0x1C,0x10,0xE7,0xF0,0x01,0x00,0x21,0x08,0x21,0x08,0x21,0x08,0x3F,0xF8,0x00,0x08,//密

14　0x00,0x00,0x01,0xF8,0xFC,0x08,0x10,0x08,0x10,0x88,0x20,0x88,0x3C,0x88,0x64,0xFE,

15　0x64,0x02,0xA4,0x02,0x24,0x02,0x25,0xFA,0x3C,0x02,0x24,0x02,0x20,0x14,0x00,0x08,//码

16　0x00,0x00,0x00,0x00,0x00,0x00,0x00,0x00,0x00,0x00,0x00,0x00,0x00,0x00,0x00,0x00,

17　0x00,0x00,0x30,0x00,0x30,0x00,0x00,0x00,0x30,0x00,0x30,0x00,0x00,0x00,0x00,0x00};//：

18

19　const INT8U strSCErr[]={ //密码错误！

20　0x02,0x00,0x01,0x00,0x7F,0xFE,0x40,0x02,0x82,0x24,0x09,0x40,0x28,0x88,0x4B,0x14,

21　0x1C,0x10,0xE7,0xF0,0x01,0x00,0x21,0x08,0x21,0x08,0x21,0x08,0x3F,0xF8,0x00,0x08,//密

22　0x00,0x00,0x01,0xF8,0xFC,0x08,0x10,0x08,0x10,0x88,0x20,0x88,0x3C,0x88,0x64,0xFE,

23　0x64,0x02,0xA4,0x02,0x24,0x02,0x25,0xFA,0x3C,0x02,0x24,0x02,0x20,0x14,0x00,0x08,//码

24　0x21,0x10,0x21,0x10,0x39,0x10,0x27,0xFC,0x41,0x10,0x79,0x10,0xAF,0xFE,0x20,0x00,

25　0xFB,0xF8,0x22,0x08,0x22,0x08,0x23,0xF8,0x2A,0x08,0x32,0x08,0x23,0xF8,0x02,0x08,//错

26　0x00,0x00,0x43,0xF8,0x22,0x08,0x22,0x08,0x03,0xF8,0x00,0x00,0xE0,0x00,0x27,0xFC,

27　0x20,0x40,0x20,0x40,0x2F,0xFE,0x20,0x40,0x28,0xA0,0x31,0x10,0x22,0x08,0x0C,0x06,//误

28　0x00,0x00,0x10,0x00,0x10,0x00,0x10,0x00,0x10,0x00,0x10,0x00,0x10,0x00,0x10,0x00,

29　0x10,0x00,0x10,0x00,0x00,0x00,0x00,0x00,0x10,0x00,0x10,0x00,0x00,0x00,0x00,0x00};//！

30

31　const INT8U strSCOrgErr[]={ //原密码错误！

32　0x00,0x00,0x3F,0xFE,0x20,0x80,0x21,0x00,0x27,0xF0,0x24,0x10,0x24,0x10,0x27,0xF0,

33　0x24,0x10,0x24,0x10,0x27,0xF0,0x20,0x80,0x24,0x90,0x48,0x88,0x52,0x84,0x81,0x00,//原

34　0x02,0x00,0x01,0x00,0x7F,0xFE,0x40,0x02,0x82,0x24,0x09,0x40,0x28,0x88,0x4B,0x14,

35　0x1C,0x10,0xE7,0xF0,0x01,0x00,0x21,0x08,0x21,0x08,0x21,0x08,0x3F,0xF8,0x00,0x08,//密

36　0x00,0x00,0x01,0xF8,0xFC,0x08,0x10,0x08,0x10,0x88,0x20,0x88,0x3C,0x88,0x64,0xFE,

37　0x64,0x02,0xA4,0x02,0x24,0x02,0x25,0xFA,0x3C,0x02,0x24,0x02,0x20,0x14,0x00,0x08,//码

38　0x21,0x10,0x21,0x10,0x39,0x10,0x27,0xFC,0x41,0x10,0x79,0x10,0xAF,0xFE,0x20,0x00,

39　0xFB,0xF8,0x22,0x08,0x22,0x08,0x23,0xF8,0x2A,0x08,0x32,0x08,0x23,0xF8,0x02,0x08,//错

40　0x00,0x00,0x43,0xF8,0x22,0x08,0x22,0x08,0x03,0xF8,0x00,0x00,0xE0,0x00,0x27,0xFC,

41　0x20,0x40,0x20,0x40,0x2F,0xFE,0x20,0x40,0x28,0xA0,0x31,0x10,0x22,0x08,0x0C,0x06,//误

42　0x00,0x00,0x10,0x00,0x10,0x00,0x10,0x00,0x10,0x00,0x10,0x00,0x10,0x00,0x10,0x00,

43　0x10,0x00,0x10,0x00,0x00,0x00,0x00,0x00,0x10,0x00,0x10,0x00,0x00,0x00,0x00,0x00};//！

44

45　const INT8U strNewErr[]={ //新密码错误！

46　0x10,0x00,0x08,0x04,0x7F,0x78,0x00,0x40,0x22,0x40,0x14,0x40,0xFF,0x7E,0x08,0x48,

47　0x08,0x48,0x7F,0x48,0x08,0x48,0x2A,0x48,0x49,0x48,0x88,0x88,0x28,0x88,0x11,0x08,//新

48　0x02,0x00,0x01,0x00,0x7F,0xFE,0x40,0x02,0x82,0x24,0x09,0x40,0x28,0x88,0x4B,0x14,

49　0x1C,0x10,0xE7,0xF0,0x01,0x00,0x21,0x08,0x21,0x08,0x21,0x08,0x3F,0xF8,0x00,0x08,//密

50　0x00,0x00,0x01,0xF8,0xFC,0x08,0x10,0x08,0x10,0x88,0x20,0x88,0x3C,0x88,0x64,0xFE,

51　0x64,0x02,0xA4,0x02,0x24,0x02,0x25,0xFA,0x3C,0x02,0x24,0x02,0x20,0x14,0x00,0x08,//码

52　0x21,0x10,0x21,0x10,0x39,0x10,0x27,0xFC,0x41,0x10,0x79,0x10,0xAF,0xFE,0x20,0x00,

53　0xFB,0xF8,0x22,0x08,0x22,0x08,0x23,0xF8,0x2A,0x08,0x32,0x08,0x23,0xF8,0x02,0x08,//错

```
54    0x00,0x00,0x43,0xF8,0x22,0x08,0x22,0x08,0x03,0xF8,0x00,0x00,0xE0,0x00,0x27,0xFC,
55    0x20,0x40,0x20,0x40,0x2F,0xFE,0x20,0x40,0x28,0xA0,0x31,0x10,0x22,0x08,0x0C,0x06,//误
56    0x00,0x00,0x10,0x00,0x10,0x00,0x10,0x00,0x10,0x00,0x10,0x00,0x10,0x00,0x10,0x00,
57    0x10,0x00,0x10,0x00,0x00,0x00,0x00,0x00,0x10,0x00,0x10,0x00,0x00,0x00,0x00,0x00};//!
58
59    const INT8U strWelHome[]={ //欢迎回家!
60    0x00,0x80,0x00,0x80,0xFC,0x80,0x04,0xFC,0x05,0x04,0x49,0x08,0x2A,0x40,0x14,0x40,
61    0x10,0x40,0x28,0xA0,0x24,0xA0,0x45,0x10,0x81,0x10,0x02,0x08,0x04,0x04,0x08,0x02,//欢
62    0x00,0x00,0x20,0x80,0x13,0x3C,0x12,0x24,0x02,0x24,0x02,0x24,0xF2,0x24,0x12,0x24,
63    0x12,0x24,0x12,0xB4,0x13,0x28,0x12,0x20,0x10,0x20,0x28,0x20,0x47,0xFE,0x00,0x00,//迎
64    0x00,0x00,0x3F,0xF8,0x20,0x08,0x20,0x08,0x27,0xC8,0x24,0x48,0x24,0x48,0x24,0x48,
65    0x24,0x48,0x24,0x48,0x27,0xC8,0x20,0x08,0x20,0x08,0x3F,0xF8,0x20,0x08,0x00,0x00,//回
66    0x02,0x00,0x01,0x00,0x7F,0xFE,0x40,0x02,0x80,0x04,0x7F,0xFC,0x02,0x00,0x0D,0x08,
67    0x71,0x90,0x02,0xA0,0x0C,0xC0,0x71,0xA0,0x06,0x98,0x18,0x86,0xE2,0x80,0x01,0x00,//家
68    0x00,0x00,0x10,0x00,0x10,0x00,0x10,0x00,0x10,0x00,0x10,0x00,0x10,0x00,0x10,0x00,
69    0x10,0x00,0x10,0x00,0x00,0x00,0x00,0x00,0x10,0x00,0x10,0x00,0x00,0x00,0x00,0x00};//!
70
71    const INT8U strInOrgSC[]={ //输入原密码:
72    0x20,0x40,0x20,0xA0,0x21,0x10,0xFA,0x08,0x25,0xF6,0x40,0x00,0x53,0xC4,0x92,0x54,
73    0xFA,0x54,0x13,0xD4,0x1A,0x54,0xF2,0x54,0x53,0xD4,0x12,0x44,0x12,0x54,0x12,0xC8,//输
74    0x04,0x00,0x02,0x00,0x01,0x00,0x01,0x00,0x01,0x00,0x02,0x80,0x02,0x80,0x02,0x80,
75    0x04,0x40,0x04,0x40,0x08,0x20,0x08,0x20,0x10,0x10,0x20,0x10,0x40,0x08,0x80,0x06,//入
76    0x00,0x00,0x3F,0xFE,0x20,0x80,0x21,0x00,0x27,0xF0,0x24,0x10,0x24,0x10,0x27,0xF0,
77    0x24,0x10,0x24,0x10,0x27,0xF0,0x20,0x80,0x24,0x90,0x48,0x88,0x52,0x84,0x81,0x00,//原
78    0x02,0x00,0x01,0x00,0x7F,0xFE,0x40,0x02,0x82,0x24,0x09,0x40,0x28,0x88,0x4B,0x14,
79    0x1C,0x10,0xE7,0xF0,0x01,0x00,0x21,0x08,0x21,0x08,0x21,0x08,0x3F,0xF8,0x00,0x08,//密
80    0x00,0x00,0x01,0xF8,0xFC,0x08,0x10,0x08,0x10,0x88,0x20,0x88,0x3C,0x88,0x64,0xFE,
81    0x64,0x02,0xA4,0x02,0x24,0x02,0x25,0xFA,0x3C,0x02,0x24,0x02,0x20,0x14,0x00,0x08,//码
82    0x00,0x00,0x00,0x00,0x00,0x00,0x00,0x00,0x00,0x00,0x00,0x00,0x00,0x00,0x00,0x00,
83    0x00,0x00,0x30,0x00,0x30,0x00,0x00,0x00,0x30,0x00,0x30,0x00,0x00,0x00,0x00,0x00};//:
84
85    const INT8U strInNewSC[]={ //输入新密码:
86    0x20,0x40,0x20,0xA0,0x21,0x10,0xFA,0x08,0x25,0xF6,0x40,0x00,0x53,0xC4,0x92,0x54,
87    0xFA,0x54,0x13,0xD4,0x1A,0x54,0xF2,0x54,0x53,0xD4,0x12,0x44,0x12,0x54,0x12,0xC8,//输
88    0x04,0x00,0x02,0x00,0x01,0x00,0x01,0x00,0x01,0x00,0x02,0x80,0x02,0x80,0x02,0x80,
89    0x04,0x40,0x04,0x40,0x08,0x20,0x08,0x20,0x10,0x10,0x20,0x10,0x40,0x08,0x80,0x06,//入
90    0x10,0x00,0x08,0x04,0x7F,0x78,0x00,0x40,0x22,0x40,0x14,0x40,0xFF,0x7E,0x08,0x48,
91    0x08,0x48,0x7F,0x48,0x08,0x48,0x2A,0x48,0x49,0x48,0x88,0x88,0x28,0x88,0x11,0x08,//新
92    0x02,0x00,0x01,0x00,0x7F,0xFE,0x40,0x02,0x82,0x24,0x09,0x40,0x28,0x88,0x4B,0x14,
93    0x1C,0x10,0xE7,0xF0,0x01,0x00,0x21,0x08,0x21,0x08,0x21,0x08,0x3F,0xF8,0x00,0x08,//密
94    0x00,0x00,0x01,0xF8,0xFC,0x08,0x10,0x08,0x10,0x88,0x20,0x88,0x3C,0x88,0x64,0xFE,
95    0x64,0x02,0xA4,0x02,0x24,0x02,0x25,0xFA,0x3C,0x02,0x24,0x02,0x20,0x14,0x00,0x08,//码
96    0x00,0x00,0x00,0x00,0x00,0x00,0x00,0x00,0x00,0x00,0x00,0x00,0x00,0x00,0x00,0x00,
```

97　0x00,0x00,0x30,0x00,0x30,0x00,0x00,0x00,0x30,0x00,0x30,0x00,0x00,0x00,0x00,0x00};//：

98

99　const INT8U strInNewTw[]={ //再次输入密码：

100　0x00,0x00,0xFF,0xFE,0x01,0x00,0x01,0x00,0x3F,0xF8,0x21,0x08,0x21,0x08,0x3F,0xF8,

101　0x21,0x08,0x21,0x08,0xFF,0xFE,0x20,0x08,0x20,0x08,0x20,0x08,0x20,0x28,0x20,0x10,//再

102　0x00,0x80,0x40,0x80,0x20,0x80,0x20,0xFC,0x01,0x04,0x09,0x08,0x0A,0x40,0x14,0x40,

103　0x10,0x40,0xE0,0xA0,0x20,0xA0,0x21,0x10,0x21,0x10,0x22,0x08,0x24,0x04,0x08,0x02,//次

104　0x20,0x40,0x20,0xA0,0x21,0x10,0xFA,0x08,0x25,0xF6,0x40,0x00,0x53,0xC4,0x92,0x54,

105　0xFA,0x54,0x13,0xD4,0x1A,0x54,0xF2,0x54,0x53,0xD4,0x12,0x44,0x12,0x54,0x12,0xC8,//输

106　0x04,0x00,0x02,0x00,0x01,0x00,0x01,0x00,0x01,0x00,0x02,0x80,0x02,0x80,0x02,0x80,

107　0x04,0x40,0x04,0x40,0x08,0x20,0x08,0x20,0x10,0x10,0x20,0x10,0x40,0x08,0x80,0x06,//入

108　0x02,0x00,0x01,0x00,0x7F,0xFE,0x40,0x02,0x82,0x24,0x09,0x40,0x28,0x88,0x4B,0x14,

109　0x1C,0x10,0xE7,0xF0,0x01,0x00,0x21,0x08,0x21,0x08,0x21,0x08,0x3F,0xF8,0x00,0x08,//密

110　0x00,0x00,0x01,0xF8,0xFC,0x08,0x10,0x08,0x10,0x88,0x20,0x88,0x3C,0x88,0x64,0xFE,

111　0x64,0x02,0xA4,0x02,0x24,0x02,0x25,0xFA,0x3C,0x02,0x24,0x02,0x20,0x14,0x00,0x08,//码

112　0x00,0x00,0x00,0x00,0x00,0x00,0x00,0x00,0x00,0x00,0x00,0x00,0x00,0x00,0x00,0x00,

113　0x00,0x00,0x30,0x00,0x30,0x00,0x00,0x00,0x30,0x00,0x30,0x00,0x00,0x00,0x00,0x00};//：

114

115　const INT8U strNewSix[]={ 　 //新密码六位！

116　0x10,0x00,0x08,0x04,0x7F,0x78,0x00,0x40,0x22,0x40,0x14,0x40,0xFF,0x7E,0x08,0x48,

117　0x08,0x48,0x7F,0x48,0x08,0x48,0x2A,0x48,0x49,0x48,0x88,0x88,0x28,0x88,0x11,0x08,//新

118　0x02,0x00,0x01,0x00,0x7F,0xFE,0x40,0x02,0x82,0x24,0x09,0x40,0x28,0x88,0x4B,0x14,

119　0x1C,0x10,0xE7,0xF0,0x01,0x00,0x21,0x08,0x21,0x08,0x21,0x08,0x3F,0xF8,0x00,0x08,//密

120　0x00,0x00,0x01,0xF8,0xFC,0x08,0x10,0x08,0x10,0x88,0x20,0x88,0x3C,0x88,0x64,0xFE,

121　0x64,0x02,0xA4,0x02,0x24,0x02,0x25,0xFA,0x3C,0x02,0x24,0x02,0x20,0x14,0x00,0x08,//码

122　0x02,0x00,0x01,0x00,0x00,0x80,0x00,0x80,0x00,0x00,0xFF,0xFE,0x00,0x00,0x00,0x00,

123　0x04,0x40,0x04,0x20,0x08,0x10,0x08,0x08,0x10,0x08,0x20,0x04,0x40,0x04,0x00,0x00,//六

124　0x08,0x80,0x08,0x40,0x08,0x40,0x10,0x00,0x17,0xFC,0x30,0x00,0x30,0x08,0x52,0x08,

125　0x92,0x08,0x11,0x10,0x11,0x10,0x11,0x10,0x11,0x20,0x10,0x20,0x1F,0xFE,0x10,0x00,//位

126　0x00,0x00,0x10,0x00,0x10,0x00,0x10,0x00,0x10,0x00,0x10,0x00,0x10,0x00,0x10,0x00,

127　0x10,0x00,0x10,0x00,0x00,0x00,0x00,0x00,0x10,0x00,0x10,0x00,0x00,0x00,0x00,0x00};//！

128

129　const INT8U strNewSCSuc[]={ //密码设置成功！

130　0x02,0x00,0x01,0x00,0x7F,0xFE,0x40,0x02,0x82,0x24,0x09,0x40,0x28,0x88,0x4B,0x14,

131　0x1C,0x10,0xE7,0xF0,0x01,0x00,0x21,0x08,0x21,0x08,0x21,0x08,0x3F,0xF8,0x00,0x08,//密

132　0x00,0x00,0x01,0xF8,0xFC,0x08,0x10,0x08,0x10,0x88,0x20,0x88,0x3C,0x88,0x64,0xFE,

133　0x64,0x02,0xA4,0x02,0x24,0x02,0x25,0xFA,0x3C,0x02,0x24,0x02,0x20,0x14,0x00,0x08,//码

134　0x00,0x00,0x21,0xF0,0x11,0x10,0x11,0x10,0x01,0x10,0x02,0x0E,0xF4,0x00,0x13,0xF8,

135　0x11,0x08,0x11,0x10,0x10,0x90,0x14,0xA0,0x18,0x40,0x10,0xA0,0x03,0x18,0x0C,0x06,//设

136　0x7F,0xFC,0x44,0x44,0x7F,0xFC,0x01,0x00,0x7F,0xFC,0x01,0x00,0x1F,0xF0,0x10,0x10,

137　0x1F,0xF0,0x10,0x10,0x1F,0xF0,0x10,0x10,0x1F,0xF0,0x10,0x10,0xFF,0xFE,0x00,0x00,//置

138　0x00,0x50,0x00,0x48,0x00,0x40,0x3F,0xFE,0x20,0x40,0x20,0x40,0x20,0x44,0x3E,0x44,

139　0x22,0x44,0x22,0x28,0x22,0x28,0x22,0x12,0x2A,0x32,0x44,0x4A,0x40,0x86,0x81,0x02,//成

140　　0x00,0x40,0x00,0x40,0x00,0x40,0xFE,0x40,0x11,0xFC,0x10,0x44,0x10,0x44,0x10,0x44,

141　　0x10,0x44,0x10,0x84,0x10,0x84,0x1E,0x84,0xF1,0x04,0x41,0x04,0x02,0x28,0x04,0x10,//功

142　　0x00,0x00,0x10,0x00,0x10,0x00,0x10,0x00,0x10,0x00,0x10,0x00,0x10,0x00,0x10,0x00,

143　　0x10,0x00,0x10,0x00,0x00,0x00,0x00,0x00,0x10,0x00,0x10,0x00,0x00,0x00,0x00,0x00};//!

144

145　　const INT8U strStar[]={ //★

146　　0x01,0x00,0x01,0x00,0x03,0x80,0x03,0x80,0x03,0x80,0x07,0xC0,0xFF,0xFE,0x7F,0xFC,

147　　0x3F,0xF8,0x0F,0xE0,0x0F,0xE0,0x1F,0xF0,0x1E,0xF0,0x18,0x30,0x20,0x08,0x00,0x00};//★

148

　　第5～147 行为各个汉字字串的点阵数组，使用软件 PCtoLCD2002 生成，生成方式为逐行式，高位在前。例如生成汉字字串"请输入密码："的点阵数组，使用如图 10‑4 和图10‑5 所示的方法。

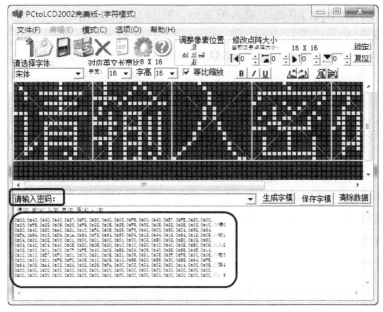

图 10‑4　PCtoLCD2002 生成汉字点阵

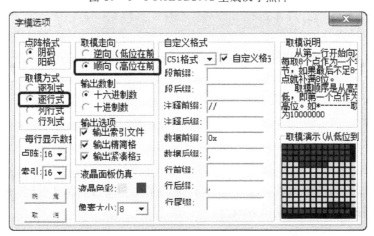

图 10‑5　PCtoLCD2002 工作选项配置

先如图 10-5 所示配置好 PCtoLCD2002 软件的工作选项，然后在图 10-4 中输入需要生成点阵数组的汉字字串"请输入密码："，点击"生成字模"按钮，即可得到该汉字字串的点阵字模数组。

```
149    INT8U    SecretSpace[6]={1, 2, 3, 4, 5, 6};
150    INT8U    SecretKey[6];
151    INT8U    SecretOrg[6];
152    INT8U    SecretNew1[6];
153    INT8U    SecretNew2[6];
154    INT8U    idx=0;
155    INT8U    newidx=0;
156
```

第 149 行定义的数组变量 SecretSpace 用于保存门锁的密码。第 150 行定义的数组变量 SecretKey 用于保存关门状态下输入的密码。第 151 行定义的数组 SecretOrg 保存开门状态下重设密码时输入的原始密码。第 152 行定义的数组 SecretNew1 用于保存重设密码时第一次输入的新密码。第 153 行定义的数组 SecretNew2 用于保存重设密码时第二次输入的密码。第 154 行的变量 idx 用于重设密码时记录输入的密码个数。第 155 行的变量 newidx 当重设密码的第一次输入 6 个新密码时置为 1，其余时刻赋为 0。

```
157    enum DoorState{OPEN, OPENKEYORG01, OPENKEYNEW01, OPENKEYNEW02,
158    CLOSEW0, CLOSEW1, CLOSEW2, CLOSEW3, CLOSEW4, CLOSEW5, CLOSEW6}doorState;
159
```

第 157～158 行的枚举型变量 doorState 可取 11 种值，表示 11 种门的状态，依次为：开门状态、开门状态下重设密码并要求输入原始密码、开门状态下重设密码并要求输入新密码、开门状态下重设密码并要求再次输入新密码、关门状态、关门状态下输入了一个密码、关门状态下输入了两个密码、关门状态下输入了三个密码、关门状态下输入了四个密码、关门状态下输入了五个密码和关门状态下输入了六个密码。

```
160    void   DoorClrScr(void)   //Clear Screen
161    {
162        INT8U x, y;
163        for(y=1;y<63;y++)
164        {
165            for(x=1;x<127;x++)
166            {
167                LCDSMDrawPixel(x, y, 0);
168            }
169        }
170    }
171
```

第 160～170 行为清屏函数，这里将 LCD 屏的第 1～62 行和第 1～126 列的区域清屏，即清除边框以内的全部 LCD 显示区域。

```
172    void SegDoorOff(void)
173    {
```

```
174     ZLG7289SEG(0,0xF,0);  //Close Display
175     ZLG7289SEG(1,0xF,0);
176     ZLG7289SEG(2,0xF,0);
177     ZLG7289SEG(3,0xF,0);
178   }
179
```

第 172～178 行的函数 SegDoorOff 用于关闭四合一七段数码管显示。

```
180   void SegDoorErr(void)
181   {
182     ZLG7289SEG(0,0xB,0);   //Display 'E'
183     ZLG7289SEG(1,0xB,0);
184     ZLG7289SEG(2,0xB,0);
185     ZLG7289SEG(3,0xB,0);
186   }
187
```

第 180～186 行的函数 SegDoorErr 用于在四合一七段数码管上显示"EEEE"，警告密码输入错误。

```
188   void SegDoorOn(void)
189   {
190     ZLG7289SEG(0,0,0);   //Display 'O'
191     ZLG7289SEG(1,0,0);
192     ZLG7289SEG(2,0,0);
193     ZLG7289SEG(3,0,0);
194   }
195
```

第 188～194 行的函数 SegDoorOn 用于在四合一七段数码管上显示"OOOO"，表示当前处于开门状态下。

```
196   void   DoorLock(void)   //Pressed S16
197   {
198     INT8U i;
199     for(i=0;i<6;i++)     //Clear Secret Key
200       SecretKey[i]=0u;
201     SegDoorOff();        //Close Seg
202
203     DoorClrScr();
204     LCDSMDrawHZ16X16(2,2,strInSC,6);//"请输入密码："
205     doorState=CLOSEW0;
206   }
207
```

按下按键 S16 后，将执行第 196～206 行的 DoorLock 函数进入关门状态，此时，首先将保存输入密码的数组 SecretKey 清零（第 199～200 行），关闭数码管显示（第 201 行），第 203 行清 LCD 显示屏，第 204 行显示"请输入密码："，第 205 行设置枚举变量 doorState 为关门状态。

　　下面第 208～318 行为按键 S15 被按下时的函数，S15 为确认键，在下列四种情况下会被按下，即关门状态下输入了密码后、开门状态下要重设密码且输入了原始密码后、开门状态下要重设密码且输入了新密码以及开门状态下输入了第二遍新密码。

```
208    void   DoorKeyS15(void)
209    {
210      INT8U i，cnt；
211      //————————————————————————
212      if(doorState==CLOSEW6)    //Closed Door With 6 Numbers
213      {
214          cnt=0；
215          for(i=0；i<6；i++)
216          {
217              if(SecretKey[i]==SecretSpace[i])
218                  cnt++；
219          }
220          if(cnt==6) //Key Right
221          {
222              SegDoorOn()；
223              doorState=OPEN；
224              DoorClrScr()；
225              LCDSMDrawHZ16X16(24，20，strWelHome，5)；  //"欢迎回家！"
226          }
227          else        //Key Wrong
228          {
229              DoorClrScr()；
230              LCDSMDrawHZ16X16(24，20，strSCErr，5)；//"密码错误！"
231              SegDoorErr()；     //Disp error
232              StartTmrErr()；      //Close Seg Disp，if Running，Restart
233          }
234      }
```

　　第 212～234 行为关门状态下输入了 6 个密码数字后（第 212 行为真），首先判断输入的 6 个数字是否正确（第 215～220 行），如果正确，则 cnt=6，于是第 222～225 行将被执行，即数码管显示"OOOO"表示门被打开（模拟开门状态，第 222 行），将 doorState 置为开门状态 OPEN（第 223 行），LCD 清屏（第 224 行），输出"欢迎回家！"（第 225 行）。如果密码错误，则第 229～232 行被执行，首先清屏（第 229 行），输出显示"密码错误！"（第 230 行），数码管显示"EEEE"（第 231 行），最后打开定时器 TmrErr，定时 5 秒后关闭报警信息（第 232 行）。

```
235      //————————————————————————
236      else if(doorState==OPENKEYORG01) //Opened Door With Original Key
237      {
```

```
238          cnt＝0；
239          for(i＝0；i＜6；i＋＋)
240          {
241              if(SecretOrg[i]＝＝SecretSpace[i])
242                  cnt＋＋；
243          }
244          if(cnt＝＝6)
245          {
246              doorState＝OPENKEYNEW01；
247              DoorClrScr()；
248              LCDSMDrawHZ16X16(2,2,strInNewSC,6)；　//"输入新密码："
249          }
250          else
251          {
252              idx＝0；
253              DoorClrScr()；
254              LCDSMDrawHZ16X16(24,20,strSCOrgErr,6)；//"原密码错误！"
255              OSTimeDlyHMSM(0,0,3,0)；
256              SegDoorOn()；
257              doorState＝OPEN；
258              DoorClrScr()；
259              LCDSMDrawHZ16X16(24,20,strWelHome,5)；　//"欢迎回家！"
260          }
261      }
```

第 236～261 行为开门状态下重设密码且输入了原始密码后的情况，输入的密码保存在 SecretOrg 中，如果输入的原始密码正确（第 244 行为真），则提示"请输入新密码："，否则，提示"原密码错误！"，等待 3 秒后回到开门状态。

```
262      else if(doorState＝＝OPENKEYNEW01) //Opened Door With New Key
263      {
264          if(newidx＝＝1)
265          {
266              newidx＝0；
267              doorState＝OPENKEYNEW02；
268              DoorClrScr()；
269              LCDSMDrawHZ16X16(2,2,strInNewTw,7)；　//"再次输入密码："
270          }
271          else
272          {
273              idx＝0；
274              DoorClrScr()；
275              LCDSMDrawHZ16X16(24,20,strNewSix,6)；//"新密码六位！"
276              OSTimeDlyHMSM(0,0,3,0)；
```

```
277            SegDoorOn();
278            doorState=OPEN;
279            DoorClrScr();
280            LCDSMDrawHZ16X16(24, 20, strWelHome, 5); //"欢迎回家！"
281        }
282    }
```

第 262~282 行为开门状态下重设密码且输入了新密码后的情况，如果输入的新密码为 6 位，则提示"再次输入密码："；否则，提示"新密码六位！"，等待 3 秒后回到开门状态。

```
283    else if(doorState==OPENKEYNEW02)//Opened Door With New Key 2nd Time
284    {
285        cnt=0;
286        for(i=0;i<6;i++)
287        {
288            if(SecretNew2[i]==SecretNew1[i])
289                cnt++;
290        }
291        if(cnt==6)
292        {
293            DoorClrScr();
294            LCDSMDrawHZ16X16(2, 20, strNewSCSuc, 7); //"密码设置成功！"
295            for(i=0;i<6;i++)
296            {
297                SecretSpace[i]=SecretNew2[i];
298            }
299            OSTimeDlyHMSM(0, 0, 3, 0);
300            SegDoorOn();
301            doorState=OPEN;
302            DoorClrScr();
303            LCDSMDrawHZ16X16(24, 20, strWelHome, 5); //"欢迎回家！"
304        }
305        else
306        {
307            idx=0;
308            DoorClrScr();
309            LCDSMDrawHZ16X16(24, 20, strNewErr, 6); //"新密码错误！"
310            OSTimeDlyHMSM(0, 0, 3, 0);
311            SegDoorOn();
312            doorState=OPEN;
313            DoorClrScr();
314            LCDSMDrawHZ16X16(24, 20, strWelHome, 5); //"欢迎回家！"
315        }
316    }
```

```
317        else{}
318     }
319
```

第 283～318 行为开门状态下重设密码且输入第二遍新密码后的情况，此时首先判断
两次输入的新密码是否一致，如果一致，则提示"密码设置成功！"，3 秒后回开门状态；否
则，提示"新密码错误！"，3 秒后回开门状态。

下面第 320～408 行为按下按键 S1～S11 的函数。S10 被视作编号为 0 的按键，S1～S9
键用作数字 1～9 的输入键。S11 键用作开门状态下启动重设密码的按键。参数 keyS 传递
了按键的编号。

```
320     void  DoorKeyS1_11(INT8U keyS)    //S1-1,S2-2,...,S9-9,S10-0,S11-11
321     {
322        INT8U i;
323        //-------------------- Closed ----------------
324        if(keyS<10)
325        {
326          if(doorState==CLOSEW0)
327          {
328              doorState=CLOSEW1;
329              SecretKey[0]=keyS;
330              LCDSMDrawHZ16X16(16, 20, strStar, 1);
331          }
332          else if(doorState==CLOSEW1)
333          {
334              doorState=CLOSEW2;
335              SecretKey[1]=keyS;
336              LCDSMDrawHZ16X16(32, 20, strStar, 1);
337          }
338          else if(doorState==CLOSEW2)
339          {
340              doorState=CLOSEW3;
341              SecretKey[2]=keyS;
342              LCDSMDrawHZ16X16(48, 20, strStar, 1);
343          }
344          else if(doorState==CLOSEW3)
345          {
346              doorState=CLOSEW4;
347              SecretKey[3]=keyS;
348              LCDSMDrawHZ16X16(64, 20, strStar, 1);
349          }
350          else if(doorState==CLOSEW4)
351          {
352              doorState=CLOSEW5;
```

```
353                    SecretKey[4]＝keyS；
354                    LCDSMDrawHZ16X16(80，20，strStar，1)；
355                }
356            else if(doorState＝＝CLOSEW5)
357            {
358                    doorState＝CLOSEW6；
359                    SecretKey[5]＝keyS；
360                    LCDSMDrawHZ16X16(96，20，strStar，1)；
361            }
```

第 324～361 行为关门状态下输入密码的情况，第 326～331 行为输入第一个密码的情况，输入的按键值赋给变量 SecretKey[0]，同时 LCD 屏上显示一个"★"号；第 332～337 行为输入第二个密码的情况，输入的按键值赋给 SecretKey[1]，同时 LCD 屏上再显示一个"★"号；第 338～343 行、第 344～349 行、第 350～355 行和第 356～361 行分别为输入第三、四、五和六个密码的情况，输入完成后，LCD 屏上显示六个"★"号。

```
362            //--------------- Opened ---------------------------------------
363            else if(doorState＝＝OPENKEYORG01)
364            {
365                    SecretOrg[idx]＝keyS；
366                    LCDSMDrawHZ16X16(16＋idx＊16，20，strStar，1)；
367                    idx＋＋；
368                    if(idx＞＝6)
369                        idx＝0；
370            }
```

第 363～370 行为开门状态下重设密码输入原始密码的情况，依次输入 6 个原始密码，同时，在 LCD 屏上显示 6 个"★"号。

```
371            else if(doorState＝＝OPENKEYNEW01)
372            {
373                    SecretNew1[idx]＝keyS；
374                    LCDSMDrawHZ16X16(16＋idx＊16，20，strStar，1)；
375                    idx＋＋；
376                    if(idx＞＝6)
377                    {
378                        idx＝0；
379                        newidx＝1；
380                    }
381            }
```

第 371～381 行为开门状态下重设密码输入新密码的情况，依次输入 6 个数字，并在 LCD 屏上显示 6 个"★"号。

```
382            else if(doorState＝＝OPENKEYNEW02)
383            {
384                    SecretNew2[idx]＝keyS；
385                    LCDSMDrawHZ16X16(16＋idx＊16，20，strStar，1)；
```

```
386                idx++;
387                if(idx>=6)
388                    idx=0;
389            }
390        else{}
391        }
```

第 382～389 行为开门状态下重设密码且输入第二遍新密码的情况，依次输入 6 个数字，在 LCD 屏上显示 6 个"★"号。

```
392        //————————————————————————————
393        if(keyS==11)
394        {
395            if(doorState==OPEN)
396            {
397                for(i=0;i<8;i++)   //Clear Secret Key Array
398                {
399                    SecretOrg[i]=0;
400                    SecretNew1[i]=0;
401                    SecretNew2[i]=0;
402                }
403                DoorClrScr();
404                LCDSMDrawHZ16X16(2,2,strInOrgSC,6);   //"输入原密码："
405                doorState=OPENKEYORG01;
406            }
407        }
408    }
```

第 393 行～407 行为按下 S11 键时的操作，只有处于开门状态下时，S11 才起作用(第395 行为真)，第 397～402 行清空存放原密码、新密码和第二次输入的新密码的数组，第403 行清屏，第 404 行输出"输入原密码："，第 405 行将系统状态设为开门状态且要求输入原密码。

程序段 10 - 8　文件 doorlock. h

```
1     //Filename:doorlock. h
2
3     #include "datatype. h"
4
5     #ifndef _DOORLOCK_H
6     #define _DOORLOCK_H
7
8     void   SegDoorErr(void);
9     void   SegDoorOff(void);
10    void   SegDoorOn(void);
11    void   DoorLock(void);
12    void   DoorKeyS15(void);
```

13　void　DoorKeyS1_11(Int08U)；

14

15　#endif

文件 doorlock.h 中声明了文件 doorlock.c 中定义的函数 SegDoorErr、SegDoorOff、SegDoorOn、DoorLock、DoorKeyS15 和 DoorKeyS1_11。

回到图10-3，编译链接并运行项目ZLX22，LPC824学习板的显示结果如图10-6所示。

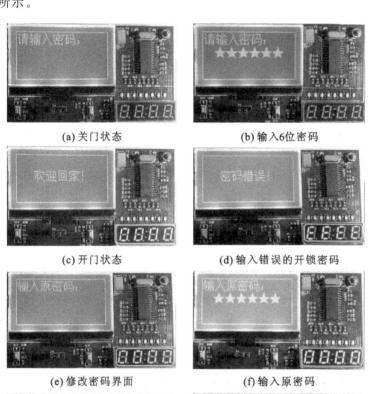

(a) 关门状态　　　　　　　　　(b) 输入6位密码

(c) 开门状态　　　　　　　　　(d) 输入错误的开锁密码

(e) 修改密码界面　　　　　　　(f) 输入原密码

(g) 输入新密码　　　　(h) 再次输入新密码　　　(i) 新密码设置成功

图 10-6　工程 ZLX22 执行结果

在图10-6中，LPC824 开机状态为关门状态，如图10-6(a)所示。输入六位数字后如图10-6(b)所示，此时按下 S15 按键，如果输入的密码正确，则进入图10-6(c)所示的开门状态，LCD屏显示"欢迎回家！"，四合一七段数码管显示"OOOO"；如果输入的密码错误，则进入图10-6(d)所示界面，LCD屏显示"密码错误！"，四合一七段数码管显示"EEEE"。在图10-6(c)所示开门状态下，按下按键 S11，则进入图10-6(e)所示界面，要求"输入原密码："，此时输入 6 位原始密码，如图10-6(f)所示，然后按下按键 S15，进入图10-6(g)所示界面。在图10-6(g)中输入 6 位数新密码，按下按键 S15，进入图10-6(h)

所示界面，在其中再次输入 6 位数新密码，并按下 S15 键，则进入图 10 - 6(i)所示界面，显示"密码设置成功！"。在图 10 - 6(c)所示界面中，按下 S16 键，则由开门状态切换为关门状态，即进入图 10 - 6(a)所示界面。

本 章 小 结

　　本章基于 LPC824 学习板介绍了智能门密码锁的程序设计实例，综合应用了学习板上按键、四合一七段数码管和 128×64 点阵 LCD 屏等资源，其中，按键用作密码输入，数码管用于报警和模拟门被打开，LCD 屏用于显示门的状态信息。本章实例综合运用了 μC/OS - Ⅱ 的用户任务、周期型和单拍型定时器、信号量和消息邮箱的用法，能体现基于 μC/OS - Ⅱ 嵌入式实时操作系统的面向任务应用程序设计的特点。建议读者根据 10.1 节的功能描述，自行编写该项目，然后再与 10.2 节的项目 ZLX22 对比分析，以增强学习的效果。此外，LPC824 内部 RAM 空间为 8192 字节，本章工程使用了 6848 字节的 RAM 空间(见图 10 - 3，RW - data＋ZI - data)；LPC824 片上 Flash 空间为 32 768 字节，本章工程使用了 14184 字节(见图 10 - 3，Code＋RO - data)。可见，Flash 空间有较大余量，仍可编写大量的代码。

第十一章 智能温度检测报警系统

本章介绍了智能温度检测报警系统实例，该实例综合应用了温度传感器 DS18B20、点阵 LCD 显示屏、ZLG7289B 芯片驱动的按键以及蜂鸣器等硬件，通过该实例进一步加深对 LPC824 微控制器程序设计方法的理解。本章首先介绍 DS18B20 温度传感器的工作原理，然后，介绍智能温度检测报警系统的功能，最后，介绍基于 LPC824 学习板的温度检测报警系统实例。本章的实例要求在 LPC824 学习板上（参考图 3-4），将 P2 的第 2、3 脚相连，P3 的第 1、2 脚相连，即使得 PIO0_4 驱动蜂鸣器。

11.1 DS18B20 工作原理

美信公司的 DS18B20 芯片是最常用的温度传感器，工作在单一总线模式下，称作"一线"芯片，只占用 LPC824 的一个通用 I/O 口，测温精度为 ±0.5 ℃，表示测量结果的最高精度为 0.0625 ℃，主要用于测温精度要求不高的环境温度测量。本节介绍了 DS18B20 芯片的单总线访问工作原理，11.3 小节介绍了温度实时测量与显示的程序设计方法。

本节内容参考自 DS18B20 芯片手册。

DS18B20 是一款常用的温度传感器，只有 3 个管脚，即电源 V_{DD}、地 GND 和双向数据口 DQ。根据第三章图 3-7 可知，在 LPC824 学习板上，将 P1 的第 2、3 脚用跳线短接后，DS18B20 的 DQ 与 LPC824 的 PIO0_12 相连接。DS18B20 的测温精度为 ±0.5 ℃（-10～85 ℃间），可用 9～12 位表示测量结果，默认情况下，用 12 位表示测量结果，数值精度为 0.0625 ℃。

DS18B20 内部集成的快速 RAM 结构如图 11-1 所示。

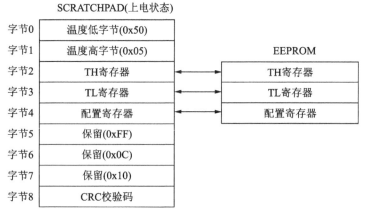

图 11-1 DS18B20 存储配置

在图 11-1 中 8 位的配置寄存器只有第 6 位 R1 和第 5 位 R0 有意义（第 7 位必须为 0，

第 0~4 位必须为 1），如果 R1:R0＝11b 时，用 12 位表示采样的温度值，数据格式如图 11-2 所示。

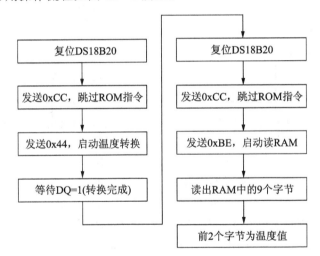

图 11-2 温度值数据格式

图 11-2 中，S 表示符号位和符号扩展位，1 表示负，0 表示正；其余位标注了各位上的权值。例如，0000 0001 1001 0001b 表示 25.0625。

在图 11-1 中字节 0 和字节 1 用于保存温度值，字节 2 和字节 3 分别对应着 TH 寄存器和 TL 寄存器，用于表示高温报警门限和低温报警门限，如果不使用温度报警命令，这两个字节可用作用户存储空间。字节 8 为 CRC 检验码，用于检验读出的 RAM 数据的正确性。DS18B20 CRC 校检使用的生成函数为 $x^8 + x^5 + x^4 + 1$。例如，读出 RAM 的 9 个字节的值依次为：0xDD、0x01、0x4B、0x46、0x7F、0xFF、0x03、0x10 和 0x1E，其中 0x1E 为 CRC 检验码，当前温度值为 0x01DD，即 29.8125 ℃。

DS18B20 的常用操作流程如图 11-3 所示。

```
复位DS18B20              复位DS18B20
    ↓                        ↓
发送0xCC，跳过ROM指令     发送0xCC，跳过ROM指令
    ↓                        ↓
发送0x44，启动温度转换    发送0xBE，启动读RAM
    ↓                        ↓
等待DQ=1(转换完成)        读出RAM中的9个字节
                             ↓
                        前2个字节为温度值
```

图 11-3 DS18B20 的常用操作流程

在图 11-3 中，DS18B20 的复位时序如图 11-4 所示。

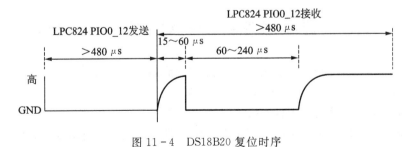

图 11-4 DS18B20 复位时序

在图 11-4 中，将 LPC824 的 PIO0_12 口设为输出口，输出宽度为 480 μs 的低电平，然后，将 PIO0_12 口配置为输入模式，等待约 60 μs 后，可以读到低电平，再等待 420 μs 后，DS18B20 复位完成。在图 11-3 中当 DS18B20 复位完成后，LPC824 向 DS18B20 发送 0xCC，该指令跳过 ROM 指令，再发送 0x44，启动温度转换。在 12 位的数据模式下，DS18B20 将花费较多的时间完成转换（最长为 750 ms），在转换过程中，DQ 被 DS18B20 锁住为 0，当转换完成后，DQ 被释放为 1。LPC824 的 PIO0_12 口读取 DQ 的值，直到读到 1 后，才进行下一步的操作。然后，再一次复位 DS18B20，发送 0xCC 指令给 DS18B20。最后，发送 0xBE 指令，启动读 RAM 的 9 个数据，接着读出 RAM 中的 9 个字节，其中前 2 个字节为温度值。

DS18B20 位的读写时序如图 11-5 所示。

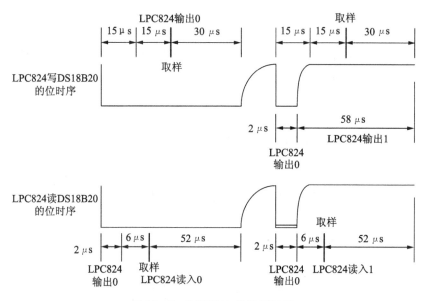

图 11-5　DS18B20 位读写时序

图 11-5 给出了 LPC824 读写 DS18B20 的位访问时序，对于写而言：令 LPC824 的 PIO0_12 为输出口，先输出 15 μs 宽的低电平，然后输出所要求输出的电平（0 或 1），等待 15 μs 后 DS18B20 将识别 LPC824 芯片 PIO0_12 输出的位的值，再等待 30 μs 后才能进行下一个位操作。对于读时序：当 LPC824 读 DS18B20 时，首先令 PIO0_12 为输出口，输出 2 μs 宽的低电平，然后，将 PIO0_12 配置为输入模式，等待 6 μs 后读出值，此时读到的值即为 DS18B20 的 DQ 输出值，然后，再等待 52 μs 后，才能进行下一个位操作。

11.2　智能温度检测报警系统功能设计

拟基于 LPC824 学习板设计具有以下功能的智能温度检测报警器：

(1) 在 LCD 屏上实时显示温度值，精确度为 0.5 ℃。

(2) 可设定温度报警的上限值，报警温度精确度为 1 ℃。

(3) 当温度实时值超过设定的上限值时，蜂鸣器响以报警；当温度值低于设定的上限值时，蜂鸣器将自动关闭。

11.3　智能温度检测报警系统程序设计

在项目 ZLX16 的基础上新建项目 ZLX23，保存在目录 D:\ZLXLPC824\ZLX23 下，此时的项目 ZLX23 与项目 ZLX16 相同。下面按表 11-1 所示修改项目 ZLX23。

表 11-1　项目 ZLX23 在 ZLX16 的基础上的改动

序号	文件	改动内容	含义
1	includes. h	添加以下语句： #include "task02. h"　　#include "task03. h" #include "task04. h"　　#include "ds18b20. h" #include "buzz. h"	包括头文件 task02. h、task03. h、task04. h、ds18b20. h 和 buzz. h
2	zlg7289b. c	将中断服务函数 PIN_INT2_IRQHandler 中的语句： OSMboxPost(Mbox01,(void *)&keyCode[0]); 修改为： OSMboxPostOpt(Mbox01,(void *)&keyCode[0], OS_POST_OPT_BROADCAST);	将消息邮箱 Mbox01 中的消息广播给所有请求 Mbox01 的用户任务
3	bsp. c	将 BSPInit 函数的内容改为以下语句： BUZZInit(); DS18B20Init(); ZLG7289Init(); LCD12864Init();	初始化蜂鸣器、DS18B20 温度传感器、ZLG7289B 控制芯片和 LCD 屏
4	task01. c	在文件头部添加以下语句： OS_STK Task02Stk[Task02StkSize]; OS_STK Task03Stk[Task03StkSize]; OS_STK Task04Stk[Task04StkSize];	定义用户任务 Task02、Task03 和 Task04 的堆栈
5	task01. c	注释掉函数 Task01 中的下述代码： Int16U ver; OS_STK_DATA　StkData; INT8U i, u, h; INT32U j, v; ver=OSVersion(); SendString((Int08U *)"µC/OS_Ⅱ Version:"); SendChar('0'+ver/100); SendChar('.'); SendChar('0'+(ver / 10) % 10); SendChar('0'+ver % 10); SendChar("\n');	注释掉串口相关的操作语句
6	task01. c	函数 Task01 中的 while(1) 循环中，只保留以下语句： OSTimeDlyHMSM(0, 0, 3, 0); 其余语句全部注释掉	注释掉串口相关的操作语句

序号	文件	改动内容	含　义
7	task01.c	在 UserTasksCreate 函数中添加以下语句： OSTaskCreateExt(Task02, 　　　　(void ＊)0, 　　　　&Task02Stk[Task02StkSize-1], 　　　　Task02Prio, 　　　　Task02ID, 　　　　&Task02Stk[0], 　　　　Task02StkSize, 　　　　(void ＊)0, 　　　　OS_TASK_OPT_STK_CHK OS_TASK_OPT_STK_CLR)； OSTaskCreateExt(Task03, 　　　　(void ＊)0, 　　　　&Task03Stk[Task03StkSize-1], 　　　　Task03Prio, 　　　　Task03ID, 　　　　&Task03Stk[0], 　　　　Task03StkSize, 　　　　(void ＊)0, 　　　　OS_TASK_OPT_STK_CHK OS_TASK_OPT_STK_CLR)； OSTaskCreateExt(Task04, 　　　　(void ＊)0, 　　　　&Task04Stk[Task04StkSize-1], 　　　　Task04Prio, 　　　　Task04ID, 　　　　&Task04Stk[0], 　　　　Task04StkSize, 　　　　(void ＊)0, 　　　　OS_TASK_OPT_STK_CHK OS_TASK_OPT_STK_CLR)；	创建用户任务 Task02、Task03 和 Task04
8	buzz.c buzz.h	新添加到项目 ZLX23 中的文件，如程序段 11-1 和程序段 11-2 所示，保存在 D:\ZLXLPC824\ZLX23\BSP 目录中	蜂鸣器驱动文件和头文件，将 buzz.c 文件添加到工程 BSP 分组下
9	ds18b20.c ds18b20.h	新添加到项目 ZLX23 中的文件，如程序段 11-3 和程序段 11-4 所示，保存在 D:\ZLXLPC824\ZLX23\BSP 目录中	温度传感器驱动文件和头文件，将 ds18b20.c 文件添加到工程 BSP 分组下

续表

序号	文件	改动内容	含　义
10	task02. c task02. h task03. c task03. h task04. c task04. h	新添加到项目 ZLX23 中的文件，如程序段 11-5 至程序段 11-10 所示，保存在 D:\ZLXLPC824\ZLX23\User 目录中	新添加的用户任务文件和头文件，将 task02. c、task03. c 和 task04. c 文件添加到工程 USER 分组下

项目 ZLX23 中用户任务 Task02、Task03 和 Task04 的工作流程如图 11-6 所示。

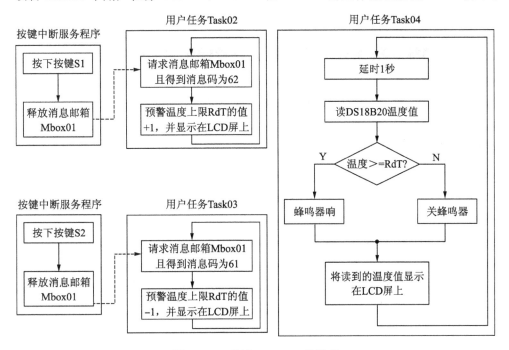

图 11-6　项目 ZLX23 工作流程

在图 11-6 中，当按键 S1 或 S2 被按下时，将按键码作为消息释放到消息邮箱 Mbox01 中，释放消息的方式为广播方式，此时，请求该消息邮箱的用户任务 Task02 和 Task03 均可以接收到该消息。当任务 Task02 接收到消息 62 时，使预警温度的上限 RdT 的值自增 1；当任务 Task03 接收到消息 61 时，使预警温度的上限 RdT 的值自减 1。用户任务 Task04 每 1 秒执行一次，每次执行将读取 DS18B20 温度传感器的当前温度值，如果读取的温度值大于或等于 RdT 时，则蜂鸣器将发出报警音；如果读取的温度小于 RdT 时，则关闭蜂鸣器。然后将读出的温度显示在 LCD 屏上。

项目 ZLX23 的执行结果如图 11-7 所示。

图 11-7 中，显示了开机时的当前环境温度为 22.50 ℃，上限温度报警值为 30 ℃。然后，通过按键 S1 将上限温度报警值调节为 33 ℃。最后，又通过按键 S2 将上限温度报警值调节为 21 ℃，此时蜂鸣器将发出报警音。当温度上限调到 22 ℃ 以上时，蜂鸣器自动关闭。

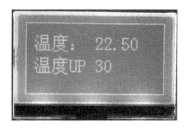

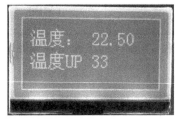

图 11-7　项目 ZLX23 的执行情况

下面介绍表 11-1 中新添加到项目 ZLX23 中的文件,如程序段 11-1 至程序段 11-10 所示。

程序段 11-1　文件 buzz.c

```
1      //Filename: buzz.c
2
3      # include "includes.h"
4
5      void   BUZZInit(void)
6      {
7        LPC_IOCON->PIO0_4 = (2uL<<3) | (1uL<<7);      //PIO0_4 As GPIO
8        LPC_GPIO_PORT->DIRSET0 = (1uL<<4);            //PIO0_4 As Output
9        BUZZOff();
10     }
11
```

第 5~10 行的 BUZZInit 函数用于将 PIO0_4 口配置为数字输出口(第 7~8 行),用于驱动蜂鸣器,第 9 行调用 BUZZOff 函数关闭蜂鸣器。

```
12     void   BUZZOn(void)
13     {
14     LPC_GPIO_PORT->B4=0;
15     }
16
```

第 12~15 行的 BUZZOn 函数用于配置 PIO0_4 为低电平,使蜂鸣器发声。

```
17     void   BUZZOff(void)
18     {
19       LPC_GPIO_PORT->B4=1;
20     }
```

第 17~20 行的 BUZZOff 函数用于配置 PIO0_4 为高电平,关闭蜂鸣器。

程序段 11 - 2　文件 buzz. h

```
1     //Filename：buzz. h
2
3     #ifndef _BUZZ_H
4     #define _BUZZ_H
5
6     void   BUZZInit(void)；
7     void   BUZZOn(void)；
8     void   BUZZOff(void)；
9
10     #endif
```

文件 buzz. h 中声明了 buzz. c 中定义的蜂鸣器相关的函数原型。

程序段 11 - 3　文件 ds18b20. c

```
1     //Filename：ds18b20. c
2     #include "includes. h"
3
4     INT8U   WarningT；
```

第 4 行定义的 WarningT 为保存上限报警温度值的全局变量。

```
5     //CRC8(Little-endian)
6     const INT8U CRCTable[256] = {
7         0x00，0x5E，0xBC，0xE2，0x61，0x3F，0xDD，0x83，0xC2，0x9C，0x7E，0x20，0xA3，
          0xFD，0x1F，0x41，
8         0x9D，0xC3，0x21，0x7F，0xFC，0xA2，0x40，0x1E，0x5F，0x01，0xE3，0xBD，0x3E，
          0x60，0x82，0xDC，
9         0x23，0x7D，0x9F，0xC1，0x42，0x1C，0xFE，0xA0，0xE1，0xBF，0x5D，0x03，0x80，
          0xDE，0x3C，0x62，
10        0xBE，0xE0，0x02，0x5C，0xDF，0x81，0x63，0x3D，0x7C，0x22，0xC0，0x9E，0x1D，
          0x43，0xA1，0xFF，
11        0x46，0x18，0xFA，0xA4，0x27，0x79，0x9B，0xC5，0x84，0xDA，0x38，0x66，0xE5，
          0xBB，0x59，0x07，
12        0xDB，0x85，0x67，0x39，0xBA，0xE4，0x06，0x58，0x19，0x47，0xA5，0xFB，0x78，
          0x26，0xC4，0x9A，
13        0x65，0x3B，0xD9，0x87，0x04，0x5A，0xB8，0xE6，0xA7，0xF9，0x1B，0x45，0xC6，
          0x98，0x7A，0x24，
14        0xF8，0xA6，0x44，0x1A，0x99，0xC7，0x25，0x7B，0x3A，0x64，0x86，0xD8，0x5B，
          0x05，0xE7，0xB9，
15        0x8C，0xD2，0x30，0x6E，0xED，0xB3，0x51，0x0F，0x4E，0x10，0xF2，0xAC，0x2F，
          0x71，0x93，0xCD，
16        0x11，0x4F，0xAD，0xF3，0x70，0x2E，0xCC，0x92，0xD3，0x8D，0x6F，0x31，0xB2，
          0xEC，0x0E，0x50，
17        0xAF，0xF1，0x13，0x4D，0xCE，0x90，0x72，0x2C，0x6D，0x33，0xD1，0x8F，0x0C，
          0x52，0xB0，0xEE，
```

```
18      0x32，0x6C，0x8E，0xD0，0x53，0x0D，0xEF，0xB1，0xF0，0xAE，0x4C，0x12，0x91，
        0xCF，0x2D，0x73，

19      0xCA，0x94，0x76，0x28，0xAB，0xF5，0x17，0x49，0x08，0x56，0xB4，0xEA，0x69，
        0x37，0xD5，0x8B，

20      0x57，0x09，0xEB，0xB5，0x36，0x68，0x8A，0xD4，0x95，0xCB，0x29，0x77，0xF4，
        0xAA，0x48，0x16，

21      0xE9，0xB7，0x55，0x0B，0x88，0xD6，0x34，0x6A，0x2B，0x75，0x97，0xC9，0x4A，
        0x14，0xF6，0xA8，

22      0x74，0x2A，0xC8，0x96，0x15，0x4B，0xA9，0xF7，0xB6，0xE8，0x0A，0x54，0xD7，
        0x89，0x6B，0x35

23      };

24
```

第 6～23 行的数组 CRCTable 为 CRC 检验码速查表。

```
25      void   DS18B20Init(void)
26      {
27          LPC_IOCON->PIO0_12 = (2uL<<3) | (1uL<<7);   //Pull-up
28          LPC_GPIO_PORT->DIRSET0 = (1uL<<12);          //Output
29      }
30
```

第 25～29 行为 DS18B20 芯片初始化函数 DS18B20Init，用于配置 PIO0_12 为数字输出口且内部上拉电阻有效。根据图 3-7 可知，当 P1 的第 2-3 脚相连接时，PIO0_12 为 DS18B20 的控制管脚。

```
31      void   DS18B20Delay(INT32U t)            //Wait t/5 us
32      {
33          while((-- t)>0);
34      }
35
```

第 31～34 行的 DS18B20Delay 函数为 ds18b20.c 内部使用的延时函数，大约延时 t/5 μs。

```
36      INT8U DS18B20Reset(void)
37      {
38          INT8U flag=1u;
39          LPC_GPIO_PORT->DIRSET0 = (1uL<<12);       //Output
40          LPC_GPIO_PORT->B12 =1uL;                   //DQ = 1
41
42          LPC_GPIO_PORT->B12 =0uL;                   //DQ=0;
43          DS18B20Delay(480 * 5);                      //Delay 480us
44
45          LPC_GPIO_PORT->DIRCLR0 = (1u<<12);        //Input
46          DS18B20Delay(60 * 5);                       //Delay 60us
47
48          flag=((LPC_GPIO_PORT->B12) & 0x01);
49
```

```
50          DS18B20Delay(420 * 5);                    //Delay 420us
51          return (flag);
52      }
53
```

结合图 11 - 4 可知，DS18B20 复位函数 DS18B20Reset 的工作过程为：PIO0_12 设为输出口（第 39 行），然后，输出高电平（第 40 行），紧接着输出低电平（第 42 行），等待480 μs（第 43 行），将 PIO0_12 设为输入口（第 45 行），等待 60 μs（第 46 行），读 PIO0_12的值保存在 flag 变量中（第 48 行），再延时 420 μs（第 50 行），至此完成 DS18B20 的复位，与图 11 - 4 的时序完全吻合，如果复位成功，则 flag 返回 0。

```
54      void   DS18B20WrChar(INT8U dat)
55      {
56          INT8U i;
57          LPC_GPIO_PORT->DIRSET0 = (1uL<<12);        //Output
58          for(i=0;i<8;i++)
59          {
60              LPC_GPIO_PORT->B12 =1uL;               //DQ=1
61
62              LPC_GPIO_PORT->B12 =0uL;               //DQ=0
63              DS18B20Delay(2 * 5);                   //Delay 2us
64              if((dat & 0x01)==0x01)
65              {
66                  LPC_GPIO_PORT->B12 =1uL;           //DQ=1
67              }
68              else
69              {
70                  LPC_GPIO_PORT->B12 =0uL;           //DQ=0
71              }
72              DS18B20Delay(58 * 5);                  //Delay 58us
73
74              LPC_GPIO_PORT->B12 =1uL;               //DQ=1
75              dat=dat>>1;
76          }
77      }
78
```

第 54～77 行的函数 DS18B20WrChar 为向 DS18B20 写入一个字节的数据，该函数首先将 PIO0_12 设置为输出口（第 57 行），然后，循环 8 次执行第 58～76 行，每次循环输出最低位，同时次低位右移一位变成最低位（第 75 行）。循环体内输出一位数据的方式参考图 11 - 5，这里首先将 PIO0_12 设为高（第 60 行）；紧接着将 PIO0_12 设为低（第 62 行）；然后，等待 2 μs（第 63 行）；之后，根据 dat 数据的最后一位的情况，将 PIO0_12 设置为 1或 0（第 64～71 行）；等待 58 μs（第 72 行），等待过程中，PIO0_12 的数据被写入到DS18B20 中；将 PIO0_12 置为高，结束本次位写入操作。整个位写入过程与图 11 - 5 中的

"LPC824 写 DS18B20 的位时序"完全吻合。

```
79      INT8U DS18B20RdChar(void)
80      {
81          INT8U i；
82          INT8U dat＝0；
83          for (i＝0;i＜8;i＋＋)
84          {
85              LPC_GPIO_PORT->DIRSET0 ＝ (1uL＜＜12)；        //Output
86              LPC_GPIO_PORT->B12 ＝1uL；                     //DQ＝1
87
88              LPC_GPIO_PORT->B12 ＝0uL；                     //DQ＝0
89              dat＞＞＝1；
90              DS18B20Delay(2 ∗ 5)；                          //Delay 2us
91
92              LPC_GPIO_PORT->DIRCLR0 ＝ (1u＜＜12)；          //Input
93              DS18B20Delay(6 ∗ 5)；                          //Delay 6us
94              if((LPC_GPIO_PORT->B12 & 0x01)＝＝0x01)
95              {
96                  dat ｜＝ 0x80；
97              }
98              else
99              {
100                 dat ｜＝ 0x00；
101             }
102             DS18B20Delay(52 ∗ 5)；                         //Delay 52us
103         }
104     return (dat)；
105     }
106
```

第 79～105 行为从 DS18B20 中读出一个字节数据的函数，该函数循环执行第 85～102 行 8 次，每次循环读出 1 位，共读出 8 位。在循环体中从 DS18B20 读 1 位数据的时序如图 11－5 中"LPC824 读 DS18B20 的位时序"，首先将 PIO0_12 设为输出口（第 85 行）；设置 PIO0_12 输出高（第 86 行）；紧接着 PIO0_12 输出低（第 88 行）；先读出最低位，保存在 dat 数据的最高位，所以每读一次，dat 右移一位（第 89 行）；等待 2 μs（第 90 行），即输出 2 μs 长的低电平；将 PIO0_12 设为输入口（第 92 行）；等待 6 μs，这时 DS18B20 将输出位数据；读取 PIO0_12 得到 DS18B20 输出的位数据，如果读到 1，则 dat 最高位赋为 1（第 94 行），否则 dat 最高位为 0（第 100 行）；等待 52 μs 后读取下一位数据。

```
107     void  DS18B20Ready(void)
108     {
109         DS18B20Reset()；
110         DS18B20WrChar(0xCC)；
111         DS18B20WrChar(0x44)；
```

```
112
113     LPC_GPIO_PORT->DIRCLR0 = (1u<<12);          //Input
114     //Wait Until Conversion End
115     while((LPC_GPIO_PORT->B12 & 0x01)==0);
116
117     DS18B20Reset();
118     DS18B20WrChar(0xCC);
119     DS18B20WrChar(0xBE);
120   }
121
```

参考图 11 - 3 可知使 DS18B20 就绪的函数 DS18B20Ready 的工作过程为：复位 DS18B20(第 109 行)；向 DS18B20 写入 0xCC(第 110 行)；向 DS18B20 写入 0x44(第 111 行)，启动 DS18B20 进行温度转换；将 PIO0_12 设为输入管脚(第 113 行)；读 PIO0_12 的 值，直到读到 1，说明 DS18B20 温度转换完成(第 115 行)；再次复位 DS18B20(第 117 行)；向 DS18B20 写入 0xCC(第 118 行)；向 DS18B20 写入 0xBE，启动读 RAM 指令(第 119 行)，下一步将从 DS18B20 中读出温度值。

```
122     INT8U GetCRC(INT8U * crcBuff, INT8U crcLen)
123     {
124       INT8U i;
125       INT8U crc = 0x00;
126       for(i = 0; i < crcLen; i ++)
127       {
128         crc = CRCTable[crc ∧ crcBuff[i]];
129       }
130       return crc;
131     }
132
```

第 122～131 行为根据输入数据 crcBuff 和输入数据的长度 crcLen 计算其校验码的函 数，返回计算得到的校验码。

```
133     INT16U DS18B20RdT(void)
134     {
135       INT8U i;       //循环变量
136       INT16U val;    //保存返回值
137       INT16U TL, TH, TN, TD; //TN integer part, TD digital part
138       INT8U  DS18B20Pad[9];
139       INT8U crc;     //保存计算得到的 CRC 校验码值
140
```

第 137 行定义的局部变量 TL、TH、TN 和 TD 分别用于保存读出的温度值低 8 位、高 8 位、整数部分和小数部分；第 138 行定义的 DS18B20Pad 数组保存从 DS18B20 读出的 9 个数据。

其中，第 0 个和第 1 个数据为温度值，第 8 个数据为 CRC 校验码。

```
141        DS18B20Ready();   //使 DS18B20 就绪,可以从其中读取温度了
142        for(i=0;i<=8;i++)
143        {
144            DS18B20Pad[i]=DS18B20RdChar();
145        }
146        crc = GetCRC((INT8U *)DS18B20Pad, sizeof(DS18B20Pad) - 1);
```

第 142～145 行依次读出 DS18B20 RAM 中的 9 个字节,第 146 行根据读出的前 8 个字节调用 GetCRC 函数得到 CRC 码,并赋给变量 crc。

```
147        if(crc==DS18B20Pad[8])   //If CRC OK
148        {
149            TL=DS18B20Pad[0];
150            TH=DS18B20Pad[1];
151            TN=TH * 16+TL/16;
152            TD=(TL % 16) * 100/16;
153            val=(TN<<8) | TD;
154        }
155        else                         //CRC Error
156            val=0;
157        return val;
158    }
159
```

第 147 行说明如果计算得到的 crc 与读 DS18B20 得到的 CRC 码相同,则温度值读出正确,第 149～153 行将温度值的整数部分赋给变量 TN,小数部分赋给变量 TD;否则,将 val 设为 0(第 156)。第 157 行返回温度值 val。

```
160    void  IncWarnT(void)
161    {
162      if(WarningT<99)
163      {
164          WarningT++;   //Waining Temperature
165      }
166    }
167
```

第 160～166 行为 IncWarnT 函数,当上限预警温度 WarningT 的值小于 99 时,则调用一次 IncWarnT 使得 WarningT 的值自增 1。

```
168    void  DecWarnT(void)
169    {
170      if(WarningT>1)
171      {
172          WarningT --;   //Waining Temperature
173      }
174    }
175
```

第 168～174 行为 DecWarnT 函数,当上限预警温度 WarningT 的值大于 1 时,则调用一次 DecWarnT 使得 WarningT 的值自减 1。

```
176    INT8U GetWarnT(void)
177    {
178       return WarningT;
179    }
180
```

第 176～179 行的函数 GetWarnT 用于返回上限预警温度 WarningT 的值。

```
181    void SetWarnT(INT8U t)
182    {
183       WarningT=t;
184    }
```

第 181～184 行的函数 SetWarnT 用于设置上限预警温度 WarningT 的值。

程序段 11－4 文件 ds18b20.h

```
1     //Filename:ds18b20.h
2
3     # include "datatype.h"
4
5     # ifndef _DS18B20_H
6     # define _DS18B20_H
7
8     void   DS18B20Init(void);
9     Int16U DS18B20RdT(void);
10    void   IncWarnT(void);
11    void   DecWarnT(void);
12    Int08U GetWarnT(void);
13    void   SetWarnT(Int08U);
14
15    # endif
```

第 8～13 行声明了定义在文件 ds18b20.c 中的函数,各个函数的作用为:第 8 行的 DS18B20Init 用于初始化控制 DS18B20 的 PIO0＿12 口为通用 I/O 口;第 9 行的 DS18B20RdT 用于从 DS18B20 读取温度值,返回 16 位无符号整型数据,高 8 位为温度值的整数部分,低 8 位为温度值小数部分;第 10 行的 IncWarnT 为使 WarningT 自增 1 的函数;第 11 行的 DecWarnT 为使 WarningT 自减 1 的函数;第 12 行的函数 GetWarnT 用于返回 WarningT 的值;第 13 行的函数 SetWarnT 用于设置 WarningT 的值。

程序段 11－5 文件 task02.c

```
1     //Filename:task02.c
2
3     # include "includes.h"
4
5     extern OS_EVENT * Mbox01;
```

```
6        extern const INT8U Dig16X8[];
7        extern const Int08U HZ16X16[];
8        extern const Int08U Letter16X8[];
9
```

第 5 行声明外部定义的消息邮箱 Mbox01，第 6～8 行声明外部定义的常量数组 Dig16X8、HZ16X16 和 Letter16X8。

```
10       void Task02(void * data)
11       {
12         INT8U err;
13         INT8U * keyCd;    //指向接收到的消息(即按键码)
14         INT8U warnUpT;    //保存上限预警温度值
15         INT8U dig10, dig01;//保存上限预警温度值的十位和个位上的数字
16
17         data=data;
18
19         SetWarnT(30u);    //Initial Temperature
20         warnUpT=GetWarnT();
21         dig10=warnUpT / 10;
22         dig01=warnUpT % 10;
23         LCDSMDrawChar16X8(8+48+8, 30, &Dig16X8[dig10 * 16], 1);
24         LCDSMDrawChar16X8(8+48+8 * 2, 30, &Dig16X8[dig01 * 16], 1);
25
```

第 19 行设置 WarningT 的值为 30。第 20 行读取 WarningT 的值，并赋给变量 warnUpT。第 21～22 行获得 warnUpT 的十位和个位上的数字，第 23～24 行在 LCD 屏上输出 warnUpT。

```
26         LCDSMDrawHZ16X16(8, 10, &HZ16X16[0], 3);    //"温度："
27         LCDSMDrawHZ16X16(8, 30, &HZ16X16[0], 2);    //"温度"
28         LCDSMDrawChar16X8(8+16 * 2, 30, &Letter16X8[20 * 16], 1);     //U
29         LCDSMDrawChar16X8(8+16 * 2+8, 30, &Letter16X8[15 * 16], 1);  //P
30
```

第 26 行在坐标(8, 10)处输出"温度："，第 27～29 行在(8, 30)处输出"温度 UP"，后者表示温度预警上限值。

```
31         while(1)
32         {
33           keyCd=OSMboxPend(Mbox01, 0, &err);
34           if(keyCd[0]==62)
35           {
36           IncWarnT();
37           warnUpT=GetWarnT();
38           dig10=warnUpT / 10;
39           dig01=warnUpT % 10;
40           LCDSMDrawChar16X8(8+48+8, 30, &Dig16X8[dig10 * 16], 1);
41           LCDSMDrawChar16X8(8+48+8 * 2, 30, &Dig16X8[dig01 * 16], 1);
```

```
42              }
43          }
44      }
```

第 33 行将请求到的消息赋给 keyCd，第 34 行判断 keyCd[0] 的值是否为 62，即判断按键是否为 S1(因为 S1 的按键码为 62)。如果第 34 行为真，表示按下了按键 S1，则第 36～41 行被执行，第 36 行使 WarningT 的值自增 1；第 37 行获得新的 WarningT 的值，并赋给变量 warnUpT；第 38～39 行得到 warnUpT 的十位和个位上的数字；第 40～41 行在(64，30)坐标处输出 warnUpT 的值。

程序段 11-6　文件 task02. h

```
1      //Filename:task02. h
2
3      # ifndef _TASK02_H
4      # define _TASK02_H
5
6      # define Task02StkSize   70
7      # define Task02ID         2
8      # define Task02Prio      (Task02ID+3)
9
10     void Task02(void * );
11
12     # endif
```

文件 task02. h 宏定义了任务 Task02 的堆栈大小为 70 字、任务 ID 号为 2 以及优先级号为 5。第 10 行声明任务 Task02 的函数原型。

程序段 11-7　文件 task03. c

```
1      //Filename:task03. c
2
3      # include "includes. h"
4
5      extern OS_EVENT  * Mbox01;
6      extern const INT8U Dig16X8[];
7
8      void Task03(void * data)
9      {
10        INT8U err;
11        INT8U * keyCd;        //指向接收到的消息(即按键码)
12        INT8U warnUpT;        //保存上限预警温度值
13        INT8U dig10, dig01;   //保存上限预警温度值的十位和个位上的数字
14
15        data=data;
16
17        while(1)
18        {
```

```
19              keyCd＝OSMboxPend(Mbox01，0，&err);
20              if(keyCd[0]＝＝61)
21              {
22                  DecWarnT();
23                  warnUpT＝GetWarnT();
24                  dig10＝warnUpT / 10;
25                  dig01＝warnUpT ％ 10;
26                  LCDSMDrawChar16X8(8＋48＋8，30，&Dig16X8[dig10＊16]，1);
27                  LCDSMDrawChar16X8(8＋48＋8＊2，30，&Dig16X8[dig01＊16]，1);
28              }
29          }
30      }
```

第 19 行将请求到的消息赋给 keyCd，第 20 行判断 keyCd[0]的值是否为 61，即判断按
键是否为 S2(因为 S2 的按键码为 61)。如果第 20 行为真，表示按下了按键 S2，则第 22～
27 行被执行，第 22 行使 WarningT 的值自减 1；第 23 行获得新的 WarningT 的值，并赋给
变量 warnUpT；第 24～25 行得到 warnUpT 的十位和个位上的数字；第 26～27 行在(64,
30)坐标处输出 warnUpT 的值。

程序段 11－8　文件 task03. h

```
//Filename:task03. h

# ifndef _TASK03_H
# define _TASK03_H

# define Task03StkSize    70
# define Task03ID         3
# define Task03Prio       (Task03ID＋3)

void Task03(void ＊);

# endif
```

文件 task03. h 宏定义了任务 Task03 的堆栈大小为 70 字、任务 ID 号为 3 以及优先级
号为 6。第 10 行声明任务 Task03 的函数原型。

程序段 11－9　文件 task04. c

```
1    //Filename:task04. c
2
3    # include "includes. h"
4
5    extern const Int08U Dig16X8[];
6
7    void Task04(void ＊data)
8    {
9        INT16U curT;    //保存当前的环境温度值
```

```
10        INT8U warnT；    //保存上限报警温度值
11        INT8U dig10，dig01，digP1，digP2；  //用于保存当前温度的十位、个位、十分位
12                                           //和百分位上的数字
13        data＝data；
14
15        while(1)
16        {
17            OSTimeDlyHMSM(0，0，1，0)；
18            curT＝DS18B20RdT()；
19            warnT＝GetWarnT()；
20            dig10＝(curT＞＞8) / 10；
21            dig01＝(curT＞＞8) % 10；
22            digP1＝(curT & 0xFF) / 10；
23            digP2＝(curT & 0xFF) % 10；
```

用户任务 Task04 每 1 秒执行一次(第 17 行)，第 18 行读温度传感器 DS18B20，将读到的温度值赋给 curT，第 19 行获取 WarningT 的值，赋给变量 warnT。第 20～23 行由当前温度值 curT 得到其十位、个位、十分位和百分位上的数字。

```
24            if ((curT＞＞8)＞＝ warnT)
25            {
26                BUZZOn()；
27            }
28            else
29            {
30                BUZZOff()；
31            }
```

第 24～31 行表明，如果当前温度 curT 的整数部分大于或等于上限报警温度值 warnT，则蜂鸣器发出报警(第 26 行)，否则，关闭蜂鸣器。

```
32            if(dig10＝＝0)
33            {
34                LCDSMDrawChar16X8(8＋16 * 3＋8，10，&Dig16X8[11 * 16]，1)；  // Spacebar
35            }
36            else
37            {
38                LCDSMDrawChar16X8(8＋16 * 3＋8，10，&Dig16X8[dig10 * 16]，1)；
39            }
40            LCDSMDrawChar16X8(8＋48＋8 * 2，10，&Dig16X8[dig01 * 16]，1)；
41            LCDSMDrawChar16X8(8＋48＋8 * 3，10，&Dig16X8[10 * 16]，1)；  // Point
42            LCDSMDrawChar16X8(8＋48＋8 * 4，10，&Dig16X8[digP1 * 16]，1)；
43            LCDSMDrawChar16X8(8＋48＋8 * 5，10，&Dig16X8[digP2 * 16]，1)；
44        }
45    }
```

第 32～43 行为输出当前温度值的操作语句。第 32～39 行表明，如果十位数字为 0，则

输出空格(即不显示),否则打印十位上的数字。第 40～43 行依次打印个位上的数字、小数点、十分位上的数字和百分位上的数字。

程序段 11－10　　文件 task04.h

```
1     //Filename:task04.h
2
3     # ifndef _TASK04_H
4     # define _TASK04_H
5
6     # define Task04StkSize    70
7     # define Task04ID         4
8     # define Task04Prio       (Task04ID＋3)
9
10    void Task04(void ＊);
11
12    # endif
```

文件 task04.h 宏定义了任务 Task04 的堆栈大小为 70 字、任务 ID 号为 4 以及优先级号为 7。第 10 行声明任务 Task04 的函数原型。

本 章 小 结

本章综合应用了 128×64 点阵 LCD 屏、蜂鸣器、DS18B20、按键和 LPC824 微控制器等器件,实现了温度上限预警功能,温度预警值保存在全局变量 WarningT 中,第一次运行系统时,初始值为 30 ℃,系统启动后,可以设定新的预警值。建议读者在项目 ZLX23 的基础上,进一步改进功能,实现具有上、下限温度预警的功能。

第十二章　数字电压表实例

　　本章介绍了 LPC824 片内 ADC 模块的工作原理，在此基础上，综合运用 LPC824 学习板上的滑动变阻器、LCD 显示屏和 LPC824 微控制器的 ADC 模块设计一个数字电压表，可以动态地显示电压变化曲线。

12.1　ADC 工作原理

　　LPC824 内置了 12 - bit 的 ADC 模块，最高采样频率为 1.2 MHz，可支持两个序列同时转换。在 LPC824 学习板上，用 10 kΩ 滑动变阻器输出 0～3.3 V 模拟电压送给 LPC824 的 ADC0 通道 3 输入端，如第三章图 3 - 2 和图 3 - 6 所示。ADC0 通道 3 管脚 ADC_3 复用了管脚 PIO0_23，需要将 PIO0_23 配置为 ADC_3 功能（见第二章表 2 - 5 第 16 位）；配置 SYSAHBCLKCTRL 寄存器（参考表 2 - 18）第 24 位为 1，打开 ADC 模块时钟；配置 PDRUNCFG 寄存器（见表 2 - 13）的第 4 位为 0，打开 ADC 模块的电源，该位默认为 1。ADC 模块相关的寄存器列于表 12 - 1 中。

表 12 - 1　ADC 模块相关的寄存器（偏移地址：0x4001 C000）

寄存器名	属性	偏移地址	含　义
CTRL	RW	0x00	ADC 控制寄存器
SEQA_CTRL	RW	0x08	ADC 转换序列 A 控制寄存器
SEQB_CTRL	RW	0x0C	ADC 转换序列 B 控制寄存器
SEQA_GDAT	RW	0x10	ADC 转换序列 A 全局数据寄存器
SEQB_GDAT	RW	0x14	ADC 转换序列 B 全局数据寄存器
DAT0	RO	0x20	ADC 通道 0 数据寄存器
DAT1	RO	0x24	ADC 通道 1 数据寄存器
DAT2	RO	0x28	ADC 通道 2 数据寄存器
DAT3	RO	0x2C	ADC 通道 3 数据寄存器
DAT4	RO	0x30	ADC 通道 4 数据寄存器
DAT5	RO	0x34	ADC 通道 5 数据寄存器
DAT6	RO	0x38	ADC 通道 6 数据寄存器
DAT7	RO	0x3C	ADC 通道 7 数据寄存器
DAT8	RO	0x40	ADC 通道 8 数据寄存器
DAT9	RO	0x44	ADC 通道 9 数据寄存器
DAT10	RO	0x48	ADC 通道 10 数据寄存器

续表

寄存器名	属性	偏移地址	含　义
DAT11	RO	0x4C	ADC 通道 11 数据寄存器
THR0_LOW	RW	0x50	ADC 低比较门限寄存器 0
THR1_LOW	RW	0x54	ADC 低比较门限寄存器 1
THR0_HIGH	RW	0x58	ADC 高比较门限寄存器 0
THR1_HIGH	RW	0x5C	ADC 高比较门限寄存器 1
CHAN_THRSEL	RW	0x60	ADC 通道门限选择寄存器
INTEN	RW	0x64	ADC 中断开放寄存器
FLAGS	RW	0x68	ADC 标志寄存器
TRM	RW	0x6C	ADC 调节寄存器，指定参考电压为 2.7~3.6 V，保留

下面依次介绍表 12 - 1 中各个寄存器的含义。

ADC 控制寄存器 CTRL 的各位含义如表 12 - 2 所示。

表 12 - 2　CTRL 寄存器的各位含义

寄存器位	符号	含　义
7:0	CLKDIV	系统时钟/(CLKDIV ＋ 1)得到 ADC 模块的采样时钟，最大为 30 MHz
9:8	—	保留，只能写入 0
10	LPWRDOME	为 0 时，表示 ADC 正常工作；为 1 时，表示 ADC 工作在低功耗模式
29:11	—	保留，只能写入 0
30	CALMODE	写入 1 启动自校验，校验完成后硬件自动清 0
31		保留

除了第 29 位和第 31 位外，ADC 转换序列 A 控制寄存器 SEQA_CTRL 和转换序列 B 控制寄存器的结构相同，如表 12 - 3 所示。

表 12 - 3　ADC 转换序列控制寄存器

寄存器位	符号	含　义
11:0	CHANNELS	选择 ADC 的通道，第 n 位对应着通道 n，n＝0，1，…，11。第 n 位为 1 表示通道 n 有效，否则该通道无效
14:12	TRIGGER	选择硬件触发源，共有 6 种，编号为 0~5，依次为软件触发、ADC 外部管脚触发 0、ADC 外部管脚触发 1、SCT 输出 3 口、模拟比较器输出和 ARM 内核的 TXEV 事件
17:15	—	保留
18	TRIGPOL	选接触发信号极性，0 表示下降沿，1 表示上升沿
19	SYNCBYPASS	为 0 时，工作在同步模式下；为 1 时，同步触发被旁路
25:20	—	保留，只能写入 0
26	START	写入 1，软件启动转换

寄存器位	符号	含　义
27	BURST	写入 1，启动连续转换
28	SINGLESTEP	当该位为 1 时，向 START 写入 1 将启动一次转换，或者硬件触发而启动一次转换
29	LOWPRIO	SEQA_CTRL 中该位为 0，表示序列 A 的转换为高优先级，当序列 A 正在转换时，序列 B 被忽略；该位为 1，表示序列 A 的转换为低优先级，序列 B 可以中断序列 A 的转换，等序列 B 转换完后，序列 A 再继续转换。SEQB_CTRL 中该位保留
30	MODE	为 0，每次转换完成后，转换结果保存在 SEQA_GDAT(对于序列 A)或 SEQB_GDAT(对于序列 B)中；为 1，序列转换完成后，转换结果保存在每个通道的数据寄存器中
31	SEQA_ENA (SEQB_ENA)	为 0 表示序列 A 关闭(对于 SEQA_CTRL)或序列 B 关闭(对于 SEQB_CTRL)；为 1 序列 A 开放(对于 SEQA_CTRL)或序列 B 开放(对于 SEQB_CTRL)

ADC 转换序列 A 全局数据寄存器(SEQA_GDAT)和转换序列 B 全局数据寄存器(SEQB_GDAT)结构相同，如表 12-4 所示。

表 12-4　转换序列全局数据寄存器

寄存器位	符号	含　义
3：0	—	保留，只能写入 0
15：4	RESULT	保存 12 位的 ADC 转换结果
17：16	THCMPRANGE	标识序列最后的转换结果是高于、低于或位于门限电压范围内；为 0 表示在范围内；为 1 时表示低于；为 2 表示高于；为 3 保留
19：18	THCMPCROSS	标识序列最后的转换结果是否穿越低门限电压，以及穿越的方向；为 0 表示无穿越；为 1 时保留；为 2 表示向下穿越；为 3 表示向上穿越
25：20	—	保留，只能写入 0
29：26	CHN	转换通道，0000b 对应着通道 0，0001b 对应着通道 1，依次类推，1011b 对应着通道 11
30	OVERRUN	当旧的转换结果没有读出，且新的转换结果覆盖旧的转换结果时，该位置 1
31	DATAVALID	新的转换结果保存在 RESULT 中时，该位置 1；读该寄存器时，该位清 0

ADC 通道 0～11 的数据寄存器 DAT0～DAT11 的结构相同，且与表 12-4 所示的转换序列全局数据寄存器的结构相同。对于 TSSOP20 封装的 LPC824(见图 3-2)，只有通道 ADC_2、ADC_3、ADC_9、ADC_10 和 ADC_11，相应的只有 DAT2、DAT3、DAT9、DAT10 和 DAT11 寄存器有效，其余寄存器保留。

ADC 低比较门限寄存器 THR0_LOW 和低比较门限寄存器 THR1_LOW 的结构相同，只有第[15：4]位域有效，用符号 THRLOW 表示，设置与 ADC 转换结果相比较的低电压值。ADC 高比较门限寄存器 THR0_HIGH 和高比较门限寄存器 THR1_HIGH 的结构相同,只有第[15:4]位域有效,设置与 ADC 转换结果相比较的高电压值。

ADC 通道门限选择寄存器 CHAN_THRSEL 如表 12-5 所示。

表 12-5　ADC 通道门限选择寄存器 CHAN_THRSEL

寄存器位	符号	含　义
0	CH0_THRSEL	为 0 表示通道 0 的转换结果与 THR0_LOW 和 THR0_HIGH 相比较;为 1 表示通道 0 的转换结果与 THR1_LOW 和 THR1_HIGH 相比较
1	CH1_THRSEL	为 0 表示通道 1 的转换结果与 THR0_LOW 和 THR0_HIGH 相比较;为 1 表示通道 1 的转换结果与 THR1_LOW 和 THR1_HIGH 相比较
2	CH2_THRSEL	为 0 表示通道 2 的转换结果与 THR0_LOW 和 THR0_HIGH 相比较;为 1 表示通道 2 的转换结果与 THR1_LOW 和 THR1_HIGH 相比较
3	CH3_THRSEL	为 0 表示通道 3 的转换结果与 THR0_LOW 和 THR0_HIGH 相比较;为 1 表示通道 3 的转换结果与 THR1_LOW 和 THR1_HIGH 相比较
4	CH4_THRSEL	为 0 表示通道 4 的转换结果与 THR0_LOW 和 THR0_HIGH 相比较;为 1 表示通道 4 的转换结果与 THR1_LOW 和 THR1_HIGH 相比较
5	CH5_THRSEL	为 0 表示通道 5 的转换结果与 THR0_LOW 和 THR0_HIGH 相比较;为 1 表示通道 5 的转换结果与 THR1_LOW 和 THR1_HIGH 相比较
6	CH6_THRSEL	为 0 表示通道 6 的转换结果与 THR0_LOW 和 THR0_HIGH 相比较;为 1 表示通道 6 的转换结果与 THR1_LOW 和 THR1_HIGH 相比较
7	CH7_THRSEL	为 0 表示通道 7 的转换结果与 THR0_LOW 和 THR0_HIGH 相比较;为 1 表示通道 7 的转换结果与 THR1_LOW 和 THR1_HIGH 相比较
8	CH8_THRSEL	为 0 表示通道 8 的转换结果与 THR0_LOW 和 THR0_HIGH 相比较;为 1 表示通道 8 的转换结果与 THR1_LOW 和 THR1_HIGH 相比较
9	CH9_THRSEL	为 0 表示通道 9 的转换结果与 THR0_LOW 和 THR0_HIGH 相比较;为 1 表示通道 9 的转换结果与 THR1_LOW 和 THR1_HIGH 相比较
10	CH10_THRSEL	为 0 表示通道 10 的转换结果与 THR0_LOW 和 THR0_HIGH 相比较;为 1 表示通道 10 的转换结果与 THR1_LOW 和 THR1_HIGH 相比较
11	CH11_THRSEL	为 0 表示通道 11 的转换结果与 THR0_LOW 和 THR0_HIGH 相比较;为 1 表示通道 11 的转换结果与 THR1_LOW 和 THR1_HIGH 相比较
31:12	—	保留,只能写入 0

ADC 中断开放寄存器 INTEN 的结构如表 12 - 6 所示。

表 12 - 6　ADC 中断开放寄存器 INTEN

寄存器位	符号	含　义
0	SEQA_INTEN	为 0 关闭序列 A 转换中断；为 1 开放序列 A 转换中断
1	SEQB_INTEN	为 0 关闭序列 B 转换中断；为 1 开放序列 B 转换中断
2	OVR_INTEN	为 0 关闭转换结果覆盖中断；为 1 开放转换结果覆盖中断
4:3	ADCMPINTEN0	为 0 关闭门限比较中断；为 1 表示高于或低于门限值时产生中断；为 2 表示穿越门限值时产生中断；为 3 保留（针对通道 0）
6:5	ADCMPINTEN1	含义同第[4:3]位域（针对通道 1）
8:7	ADCMPINTEN2	含义同第[4:3]位域（针对通道 2）
10:9	ADCMPINTEN3	含义同第[4:3]位域（针对通道 3）
12:11	ADCMPINTEN4	含义同第[4:3]位域（针对通道 4）
14:13	ADCMPINTEN5	含义同第[4:3]位域（针对通道 5）
16:15	ADCMPINTEN6	含义同第[4:3]位域（针对通道 6）
18:17	ADCMPINTEN7	含义同第[4:3]位域（针对通道 7）
20:19	ADCMPINTEN8	含义同第[4:3]位域（针对通道 8）
22:21	ADCMPINTEN9	含义同第[4:3]位域（针对通道 9）
24:23	ADCMPINTEN10	含义同第[4:3]位域（针对通道 10）
26:25	ADCMPINTEN11	含义同第[4:3]位域（针对通道 11）
31:27	—	保留，只能写入 0

ADC 标志寄存器 FLAGS 如表 12 - 7 所示。

表 12 - 7　ADC 标志寄存器 FLAGS

寄存器位	符号	含　义
0	THCMP0	门限比较事件标志位，当 ADC 转换结果高于或低于门限值，或者穿越门限值，则该位置 1；写 1 清 0（针对通道 0）
1	THCMP1	含义同第 0 位（针对通道 1）
2	THCMP2	含义同第 0 位（针对通道 2）
3	THCMP3	含义同第 0 位（针对通道 3）
4	THCMP4	含义同第 0 位（针对通道 4）
5	THCMP5	含义同第 0 位（针对通道 5）
6	THCMP6	含义同第 0 位（针对通道 6）
7	THCMP7	含义同第 0 位（针对通道 7）
8	THCMP8	含义同第 0 位（针对通道 8）
9	THCMP9	含义同第 0 位（针对通道 9）
10	THCMP10	含义同第 0 位（针对通道 10）
11	THCMP11	含义同第 0 位（针对通道 11）

续表

寄存器位	符号	含义
12	OVERRUN0	DAT0 寄存器中的 OVERRUN 镜像位
13	OVERRUN1	DAT1 寄存器中的 OVERRUN 镜像位
14	OVERRUN2	DAT2 寄存器中的 OVERRUN 镜像位
15	OVERRUN3	DAT3 寄存器中的 OVERRUN 镜像位
16	OVERRUN4	DAT4 寄存器中的 OVERRUN 镜像位
17	OVERRUN5	DAT5 寄存器中的 OVERRUN 镜像位
18	OVERRUN6	DAT6 寄存器中的 OVERRUN 镜像位
19	OVERRUN7	DAT7 寄存器中的 OVERRUN 镜像位
20	OVERRUN8	DAT8 寄存器中的 OVERRUN 镜像位
21	OVERRUN9	DAT9 寄存器中的 OVERRUN 镜像位
22	OVERRUN10	DAT10 寄存器中的 OVERRUN 镜像位
23	OVERRUN11	DAT11 寄存器中的 OVERRUN 镜像位
24	SEQA_OVR	SEQA_GDAT 寄存器中的 OVERRUN 镜像位
25	SEQB_OVR	SEQB_GDAT 寄存器中的 OVERRUN 镜像位
27:26	—	保留，只能写入 0
28	SEQA_INT	序列 A 中断(或 DMA)标志位，写 1 清零
29	SEQB_INT	序列 B 中断(或 DMA)标志位，写 1 清零
30	THCMP_INT	门限比较中断(或 DMA)标志位，第[11:0]位域中任一位置 1，都将使该位置位。将第[11:0]位域全部清 0 才能使该位清 0
31	OVR_INT	覆盖中断标志位，第[23:12]位域中的任一位置 1 将使该位置位。将第[23:12]位域全部清 0 才能使该位清 0

12.2　数字电压表功能设计

拟基于 LPC824 学习板设计具有以下功能的数字电压表：

(1) 在 LCD 显示屏上实时显示电压值，保留 2 位小数。

(2) 动态演示电压测量值的变化曲线。

(3) 对电压测量值进行 FIR 滤波，在 LCD 屏上显示平滑滤波后的电压值。

12.3　数字电压表程序设计

将 LPC824 学习板上的 P2 的第 1-2 脚相连(见图 3-4)，恢复与计算机间串口通信的功能。在项目 ZLX16 的基础上，新建项目 ZLX24，保存在目录 D:\ZLXLPC824\ZLX24 下，此时的项目 ZLX24 与 ZLX16 相同，然后，按表 12-8 所示修改项目 ZLX24。

表 12-8 项目 ZLX24 在 ZLX16 的基础上的改动部分

序号	文件	改动内容	含义
1	includes. h	添加以下语句: # include "adc. h" # include "task02. h"	包括头文件 adc. h 和 task02. h
2	bsp. c	在 BSPInit 函数中添加以下语句: ADCInit();	调用 ADCInit 函数初始化 ADC 模块
3	task01. c	在文件头部添加以下语句: OS_EVENT * Mbox02; OS_STK Task02Stk[Task02StkSize];	定义消息邮箱 Mbox02,定义任务 Task02 的堆栈
4	task01. c	在 UserEventsCreate 函数中添加以下语句: Mbox02＝OSMboxCreate(0);	创建消息邮箱 Mbox02
5	task01. c	在 UserTasksCreate 函数中添加以下语句: OSTaskCreateExt(Task02, 　　(void ＊)0, 　　&Task02Stk[Task02StkSize-1], 　　Task02Prio, 　　Task02ID, 　　&Task02Stk[0], 　　Task02StkSize, 　　(void ＊)0, 　　OS_TASK_OPT_STK_CHK ｜ OS_TASK_ OPT_STK_CLR);	创建用户任务 Task02
6	task02. c task02. h	新添加到项目 ZLX24 中的文件,如程序段12-1和程序段 12-2 所示,保存在目录 D:\ZLX-LPC824\ZLX24\User 中	用户任务 Task02 相关的文件,将 task02. c 添加到工程的 USER 分组下
7	adc. c adc. h	新添加到项目 ZLX24 中的文件,如程序段 12-3 和程序段 12-4 所示,保存在目录 D:\ZLX-LPC824\ZLX24\BSP 中	ADC 模块相关的文件,将 adc. c 文件添加到工程的 BSP 分组下

下面介绍表 12-8 中添加到项目 ZLX24 中的文件。

程序段 12-1　文件 task02. c

```
1    //Filename:task02. c
2
3    # include "includes. h"
4
5    extern OS_EVENT * Mbox02;
6
```

第 5 行声明外部定义的消息邮箱 Mbox02。

```
7    void Task02(void * data)
8    {
9      INT8U err;
10     INT32U * ADCMsg;
```

11

第 10 行定义 32 位无符号整型指针 ADCMsg，用于指向来自邮箱 Mbox02 的消息。

12　　　　data＝data；

13

14　　　　DrawADCFrame()；

15

第 14 行调用 DrawADCFrame 函数在 LCD 屏上画如图 12-1 所示的框架。

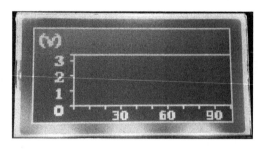

图 12-1　LCD 屏显示的框架

16　　　　while(1)

17　　　　{

18　　　　　　OSTimeDlyHMSM(0，0，0，500)；

19　　　　　　ADCStart()；

20　　　　　　ADCMsg＝OSMboxPend(Mbox02，0，&err)；

21　　　　　　DispADCValue(ADCMsg[0])；

22　　　　}

23　　}

用户任务 Task02 每 0.5 秒执行一次(第 18 行)，每次执行时，首先调用 ADCStart 函数启动 ADC 转换(第 19 行)；然后第 20 行请求消息邮箱 Mbox02，当 ADC 模块通道 3 转换完成后，将转换后的结果作为消息发送到消息邮箱 Mbox02 中；当请求消息邮箱 Mbox02 成功后，第 21 行调用 DispADCValue 函数在 LCD 屏上输出当前的 ADC 采样值、滤波后的 ADC 采样值和 ADC 采样值的变化曲线。

程序段 12-2　文件 task02. h

1　　//Filename:task02. h

2

3　　# ifndef _TASK02_H

4　　# define _TASK02_H

5

6　　# define Task02StkSize　　70

7　　# define Task02ID　　　　　2

8　　# define Task02Prio　　　(Task02ID＋3)

9

10　　void Task02(void ＊)；

11

12　　# endif

文件 task02. h 中宏定义了用户任务 Task02 的堆栈大小为 70 字、任务 ID 号为 2 和优先级号为 5，第 10 行声明了任务函数 Task02 的原型。

程序段 12 - 3　文件 adc. c

```
1    //Filename:adc. c

3    # include "includes. h"

5    INT32U ADCVal[1];      //保存 ADC 的转换结果
6    INT8U   ADCPic[100];   //保存最近的 100 个 ADC 转换结果,用于图形显示
7    INT8U   ADCCur=0;      //保存 ADC 转换结果图形显示的水平位置
8    extern OS_EVENT * Mbox02;   //声明外部定义的消息邮箱 Mbox02
9    Float32 coef[4]={0.0175, 0.0766, 0.1673, 0.2386};   //7 阶低通 FIR 滤波器系数
10   Float32 adcFlt[8];         //保存最近的 8 个 ADC 转换结果,用于 FIR 滤波

12   extern const Int08U Dig16X8[];  //声明外部定义的常量数组 Dig16X8
13   const INT8U Frame[]={ //Frame. bmp
14   0xFF,0xFF,0xFF,0xFF,0xFF,0xFF,0xFF,0xFF,0xFF,0xFF,0xFF,0xFF,0xFF,0xFF,0xFF,0xFF,
15   0x80,0x00,0x00,0x00,0x00,0x00,0x00,0x00,0x00,0x00,0x00,0x00,0x00,0x00,0x00,0x01,
16   0x80,0x00,0x00,0x00,0x00,0x00,0x00,0x00,0x00,0x00,0x00,0x00,0x00,0x00,0x00,0x01,
17   0x80,0x00,0x00,0x00,0x00,0x00,0x00,0x00,0x00,0x00,0x00,0x00,0x00,0x00,0x00,0x01,
18   0x83,0x03,0x00,0x00,0x00,0x00,0x00,0x00,0x00,0x00,0x00,0x00,0x00,0x00,0x00,0x01,
19   0x86,0x01,0x80,0x00,0x00,0x00,0x00,0x00,0x00,0x00,0x00,0x00,0x00,0x00,0x00,0x01,
20   0x8F,0xC7,0xC0,0x00,0x00,0x00,0x00,0x00,0x00,0x00,0x00,0x00,0x00,0x00,0x00,0x01,
21   0x8C,0xCC,0xC0,0x00,0x00,0x00,0x00,0x00,0x00,0x00,0x00,0x00,0x00,0x00,0x00,0x01,
22   0x8C,0x6C,0xC0,0x00,0x00,0x00,0x00,0x00,0x00,0x00,0x00,0x00,0x00,0x00,0x00,0x01,
23   0x8C,0x78,0xC0,0x00,0x00,0x00,0x00,0x00,0x00,0x00,0x00,0x00,0x00,0x00,0x00,0x01,
24   0x8C,0x78,0xC0,0x00,0x00,0x00,0x00,0x00,0x00,0x00,0x00,0x00,0x00,0x00,0x00,0x01,
25   0x8E,0x39,0xC0,0x00,0x00,0x00,0x00,0x00,0x00,0x00,0x00,0x00,0x00,0x00,0x00,0x01,
26   0x86,0x31,0x80,0x00,0x00,0x00,0x00,0x00,0x00,0x00,0x00,0x00,0x00,0x00,0x00,0x01,
27   0x83,0x03,0x00,0x00,0x00,0x00,0x00,0x00,0x00,0x00,0x00,0x00,0x00,0x00,0x00,0x01,
28   0x80,0x00,0x00,0x00,0x00,0x00,0x00,0x00,0x00,0x00,0x00,0x00,0x00,0x00,0x00,0x01,
29   0x80,0x00,0x00,0x00,0x00,0x00,0x00,0x00,0x00,0x00,0x00,0x00,0x00,0x00,0x00,0x01,
30   0x80,0x00,0x00,0x00,0x00,0x00,0x00,0x00,0x00,0x00,0x00,0x00,0x00,0x00,0x00,0x01,
31   0x80,0x00,0x00,0x00,0x00,0x00,0x00,0x00,0x00,0x00,0x00,0x00,0x00,0x00,0x00,0x01,
32   0x80,0x00,0x00,0xFF,0xFF,0xFF,0xFF,0xFF,0xFF,0xFF,0xFF,0xFF,0xFF,0xFF,0xFF,0xFF,
33   0x80,0x01,0xE0,0x20,0x00,0x00,0x00,0x00,0x00,0x00,0x00,0x00,0x00,0x00,0x00,0x01,
34   0x80,0x03,0x70,0x20,0x00,0x00,0x00,0x00,0x00,0x00,0x00,0x00,0x00,0x00,0x00,0x01,
35   0x80,0x00,0x60,0x20,0x00,0x00,0x00,0x00,0x00,0x00,0x00,0x00,0x00,0x00,0x00,0x01,
36   0x80,0x00,0xE0,0xE0,0x00,0x00,0x00,0x00,0x00,0x00,0x00,0x00,0x00,0x00,0x00,0x01,
37   0x80,0x00,0x70,0x20,0x00,0x00,0x00,0x00,0x00,0x00,0x00,0x00,0x00,0x00,0x00,0x01,
38   0x80,0x03,0x30,0x20,0x00,0x00,0x00,0x00,0x00,0x00,0x00,0x00,0x00,0x00,0x00,0x01,
```

```
39      0x80,0x03,0xE0,0x20,0x00,0x00,0x00,0x00,0x00,0x00,0x00,0x00,0x00,0x00,0x00,0x01,
40      0x80,0x00,0x00,0x20,0x00,0x00,0x00,0x00,0x00,0x00,0x00,0x00,0x00,0x00,0x00,0x01,
41      0x80,0x00,0x00,0x20,0x00,0x00,0x00,0x00,0x00,0x00,0x00,0x00,0x00,0x00,0x00,0x01,
42      0x80,0x00,0x00,0x20,0x00,0x00,0x00,0x00,0x00,0x00,0x00,0x00,0x00,0x00,0x00,0x01,
43      0x80,0x00,0x00,0x20,0x00,0x00,0x00,0x00,0x00,0x00,0x00,0x00,0x00,0x00,0x00,0x01,
44      0x80,0x01,0xE0,0x20,0x00,0x00,0x00,0x00,0x00,0x00,0x00,0x00,0x00,0x00,0x00,0x01,
45      0x80,0x03,0x30,0x20,0x00,0x00,0x00,0x00,0x00,0x00,0x00,0x00,0x00,0x00,0x00,0x01,
46      0x80,0x01,0x30,0xE0,0x00,0x00,0x00,0x00,0x00,0x00,0x00,0x00,0x00,0x00,0x00,0x01,
47      0x80,0x00,0x60,0x20,0x00,0x00,0x00,0x00,0x00,0x00,0x00,0x00,0x00,0x00,0x00,0x01,
48      0x80,0x00,0xC0,0x20,0x00,0x00,0x00,0x00,0x00,0x00,0x00,0x00,0x00,0x00,0x00,0x01,
49      0x80,0x03,0x90,0x20,0x00,0x00,0x00,0x00,0x00,0x00,0x00,0x00,0x00,0x00,0x00,0x01,
50      0x80,0x03,0xF0,0x20,0x00,0x00,0x00,0x00,0x00,0x00,0x00,0x00,0x00,0x00,0x00,0x01,
51      0x80,0x00,0x00,0x20,0x00,0x00,0x00,0x00,0x00,0x00,0x00,0x00,0x00,0x00,0x00,0x01,
52      0x80,0x00,0x00,0x20,0x00,0x00,0x00,0x00,0x00,0x00,0x00,0x00,0x00,0x00,0x00,0x01,
53      0x80,0x00,0x00,0x20,0x00,0x00,0x00,0x00,0x00,0x00,0x00,0x00,0x00,0x00,0x00,0x01,
54      0x80,0x00,0x00,0x20,0x00,0x00,0x00,0x00,0x00,0x00,0x00,0x00,0x00,0x00,0x00,0x01,
55      0x80,0x00,0xC0,0x20,0x00,0x00,0x00,0x00,0x00,0x00,0x00,0x00,0x00,0x00,0x00,0x01,
56      0x80,0x01,0xC0,0xE0,0x00,0x00,0x00,0x00,0x00,0x00,0x00,0x00,0x00,0x00,0x00,0x01,
57      0x80,0x00,0xC0,0x20,0x00,0x00,0x00,0x00,0x00,0x00,0x00,0x00,0x00,0x00,0x00,0x01,
58      0x80,0x00,0xC0,0x20,0x00,0x00,0x00,0x00,0x00,0x00,0x00,0x00,0x00,0x00,0x00,0x01,
59      0x80,0x00,0xC0,0x20,0x00,0x00,0x00,0x00,0x00,0x00,0x00,0x00,0x00,0x00,0x00,0x01,
60      0x80,0x00,0xC0,0x20,0x00,0x00,0x00,0x00,0x00,0x00,0x00,0x00,0x00,0x00,0x00,0x01,
61      0x80,0x01,0xE0,0x20,0x00,0x00,0x00,0x00,0x00,0x00,0x00,0x00,0x00,0x00,0x00,0x01,
62      0x80,0x00,0x00,0x20,0x00,0x00,0x00,0x00,0x00,0x00,0x00,0x00,0x00,0x00,0x00,0x01,
63      0x80,0x00,0x00,0x20,0x00,0x00,0x00,0x00,0x00,0x00,0x00,0x00,0x00,0x00,0x00,0x01,
64      0x80,0x00,0x00,0x20,0x00,0x00,0x00,0x00,0x00,0x00,0x00,0x00,0x00,0x00,0x00,0x01,
65      0x80,0x00,0x00,0x20,0x00,0x00,0x00,0x00,0x00,0x00,0x00,0x00,0x00,0x00,0x00,0x01,
66      0x80,0x01,0xE0,0xFF,0xFF,0xFF,0xFF,0xFF,0xFF,0xFF,0xFF,0xFF,0xFF,0xFF,0xFF,0xFF,
67      0x80,0x03,0xF0,0x20,0x08,0x02,0x00,0x80,0x20,0x08,0x02,0x00,0x80,0x20,0x08,0x03,
68      0x80,0x03,0x30,0x20,0x08,0x02,0x00,0x80,0x20,0x08,0x02,0x00,0x80,0x20,0x08,0x03,
69      0x80,0x03,0x30,0x20,0x00,0x00,0x00,0x00,0x00,0x00,0x00,0x00,0x00,0x00,0x00,0x01,
70      0x80,0x03,0x30,0x00,0x00,0x00,0x1E,0x70,0x00,0x00,0x39,0xC0,0x00,0x01,0xE7,0x01,
71      0x80,0x03,0xF0,0x00,0x00,0x00,0x02,0xD8,0x00,0x00,0x63,0x60,0x00,0x01,0x2D,0x81,
72      0x80,0x01,0xE0,0x00,0x00,0x00,0x0E,0xD8,0x00,0x00,0x7B,0x60,0x00,0x01,0x2D,0x81,
73      0x80,0x00,0x00,0x00,0x00,0x00,0x02,0xD8,0x00,0x00,0x6B,0x60,0x00,0x01,0xED,0x81,
74      0x80,0x00,0x00,0x00,0x00,0x00,0x02,0xD8,0x00,0x00,0x6B,0x60,0x00,0x00,0x2D,0x81,
75      0x80,0x00,0x00,0x00,0x00,0x00,0x1E,0x70,0x00,0x00,0x79,0xC0,0x00,0x01,0xE7,0x01,
76      0x80,0x00,0x00,0x00,0x00,0x00,0x00,0x00,0x00,0x00,0x00,0x00,0x00,0x00,0x00,0x01,
77      0xFF,0xFF,0xFF,0xFF,0xFF,0xFF,0xFF,0xFF,0xFF,0xFF,0xFF,0xFF,0xFF,0xFF,0xFF,0xFF};
78
```

第13～77行为图12-2所示位图图像的点阵数组，大小为128×64点阵。

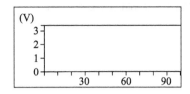

图 12 - 2　BMP 格式的框架图像

```
79    void ADCInit(void)
80    {
81      LPC_IOCON->PIO0_23=(1uL<<7);
82      LPC_SWM->PINENABLE0 &= ~(1uL<<16);        //PIO0_23 As ADC0_Ch3
83      LPC_SYSCON->SYSAHBCLKCTRL |= (1u<<24);   //Enable Clock for ADC
84      LPC_SYSCON->PDRUNCFG &= ~(1u<<4);        //ADC Powered
85      //Channel 3-th, Software-Controlled, 12bit, CLK=30 MHz/2=15 MHz.
86      LPC_ADC->CTRL = (1u<<0);
87      LPC_ADC->SEQA_CTRL &= ~(1uL<<31);
88      LPC_ADC->SEQA_CTRL = (1uL<<3) | (1uL<<28);
89      LPC_ADC->SEQA_CTRL |=(1uL<<31);
90
91      LPC_ADC->INTEN=(1u<<0);                  //Enable SEQA
92      NVIC_EnableIRQ(ADC_SEQA_IRQn);
93    }
```

第 79～93 行为 ADC 模块初始化函数 ADCInit。第 81～82 行将管脚 PIO0_23 设为 ADC 模块通道 3 功能管脚 ADC_3。第 83 行启动 ADC 模块的工作时钟；第 84 行给 ADC 模块上电；第 86～89 行配置 ADC 模块的序列 A 转换工作模式为 12 位、工作时钟为 15 MHz 且软件启动转换。第 91 行开放 ADC 模块的序列 A 转换中断，第 92 行开放 ADC 序列 A 转换的 NVIC 中断。

```
94    void ADCStart(void)           //Start ADC0
95    {
96      LPC_ADC->SEQA_CTRL |=(1u<<26);
97    }
```

第 94～97 行的函数 ADCStart 为启动 ADC 模块序列 A 开始转换的函数。LPC824 内部的 ADC 模块支持两个序列同时转换，这里仅使用了序列 A，结合 ADCInit 函数可知，序列 A 的转换由软件触发，每调用一次 ADCStart 函数，启动转换一次，转换完成后自动停止。

```
98    void ADC_SEQA_IRQHandler(void)    //ADC Interrupt
99    {
100     OSIntEnter();
101     if((LPC_ADC->FLAGS & (1u<<28)) ==(1u<<28))   //Ch3 Done, Interrupt
102     {
103         ADCVal[0]=LPC_ADC->SEQA_GDAT;
```

104　　　　　　　OSMboxPost(Mbox02, (void *)ADCVal);

105　　　}

106　　OSIntExit();

107　}

108

当 ADC 模块序列 A 转换完成后，将触发 ADC_SEQA_IRQ 中断，在其中断服务函数 ADC_SEQA_IRQHandler 中，第 101 行判断是否是通道 3 转换完成，如果第 101 行为真，则读 SEQA_GDAT 寄存器获得转换结果，赋给变量 ADCVal[0]，然后，将 ADCVal 作为消息释放到消息邮箱 Mbox02 中（第 104 行）。

109　　void DrawADCFrame(void) //x:27 - 126，y:19 - 51 在 LCD 屏上绘制图像框架

110　　{

111　　　　INT8U i, j;

112　　　　for(j=0;j<64;j++)

113　　　　{

114　　　　　　for(i=0;i<128;i++)

115　　　　　　{

116　　　　　　　　LCDSMDrawPixel(i, j, (Frame[j * 16+i/8]>>(7 -(i % 8))) & 0x01);

117　　　　　　}

118　　　　}

119　　}

120

第 109～119 行的函数 DrawADCFrame 用于绘制图 12 - 1 所示的图形框架。

121　　void DispADCValue(Int32U v)

122　　{

123　　　　Int08U dig01, digP01, digP02, digP03;

第 123 行的变量 dig01、digP01、digP02 和 digP03 依次保存电压值的个位、十分位、百分位和千分位上的数字。

124　　　　INT32U t;

125　　　　v=(v>>4) & 0x0FFF;

126　　　　t=3300 * v/4095;

127　　　　dig01=t / 1000;

128　　　　digP01= (t / 100) % 10;

129　　　　digP02= (t / 10) % 10;

130　　　　digP03= t % 10;

第 125～130 行由参数 v 计算 v 的个位、十分位、百分位和千分位上的数字。

131　　　　if(digP03>=5)

132　　　　　　digP02=digP02+1;

133　　　　if(digP02>=10)

134　　　　{

135　　　　　　digP02=0;

```
136        digP01＝digP01＋1；
137    }
138    if(digP01＞＝10)
139    {
140        digP01＝0；
141        dig01＝dig01＋1；
142    }
```

第131～142行对得到的"dig01.digP01 digP02 digP03"四舍五入为仅有二位小数，即"dig01.digP01 digP02"。例如，最开始得到的是"1.995"，四舍五入后为"2.00"。

```
143    LCDSMDrawChar16X8(37，1，&Dig16X8[dig01 * 16]，1)；
144    LCDSMDrawChar16X8(37＋8，1，&Dig16X8[10 * 16]，1)；   //输出小数点
145    LCDSMDrawChar16X8(37＋8 * 2，1，&Dig16X8[digP01 * 16]，1)；
146    LCDSMDrawChar16X8(37＋8 * 3，1，&Dig16X8[digP02 * 16]，1)；
147
```

第143～146行在LCD屏上依次输出dig01、小数点、digP01和digP02的值，即输出ADC转换后得到的电压值。

```
148    DrawADCValue(dig01 * 10＋digP01)；
149    DispADCFltVal(v)；
150 }
151
```

第148行调用DrawADCValue函数，将表示电压值的点绘制到LCD屏上。第149行调用DispADCFltVal函数，对传入的参数v进行FIR滤波后，再显示到LCD屏上。

下面的函数DrawADCValue用于将电压值动态显示在LCD屏上，具有一个参数v，传入ADC转换后的电压值。

```
152    void DrawADCValue(Int08U v) //X＝x＋26，Y＝52－y
153    {
154    Int08U X，Y，x，y；//(X，Y)为图像坐标，(x，y)为用户坐标
155    ADCCur＋＋；         //在LCD屏上显示横坐标从1至ADCCur之间的电压数据
156    if(ADCCur＞100)
157    {
158        ClearADCPic()；
159        ADCCur＝1；
160    }
```

第156～160行说明，如果ADCCur大于100，则清除LCD屏中已显示的电压数据(第158行)，然后赋ADCCur为1。

```
161    x＝ADCCur；
162    y＝v；
163    if(y＞0)
164    {
165        X＝x＋26；
```

```
166            Y=52-y;
167            LCDSMDrawPixel(X, Y, 1u);
168        }
169    }
170
```

第 161 行将 ADCCur 赋给变量 x，第 162 行将 v 赋给变量 y，如果 y 大于 0，则第 165
～166 行将(x，y)转换为绘图坐标(X，Y)，第 167 行在(X，Y)处绘出代表电压值的像
素点。

```
171    void ClearADCPic(void)
172    {
173        INT8U i, j;
174        for(i=0; i<100; i++)
175        {
176            for(j=0; j<33; j++)
177            {
178                LCDSMDrawPixel(i+27, 51-j, 0u);
179            }
180        }
181    }
182
```

第 171～181 行的函数 ClearADCPic 为清除 LCD 屏矩形显示区域(27，19，126，51)，
该区域用于显示 100 个 ADC 转换后的电压值。

下面的函数 DispADCFltVal 用于输出滤波后的电压值，具有一个形式参数 v，传入
ADC 转换后的电压值。

```
183    void DispADCFltVal(Int32U v) //7-order
184    {
185        INT8U i;
186        INT8U dig01, digP01, digP02, digP03;
187        Float32 t1, res;    //保存电压值和其滤波后的结果
188        t1=v*3.3/4095;
189        for(i=0;i<7;i++)
190        {
191            adcFlt[i]=adcFlt[i+1];
192        }
193        adcFlt[7]=t1;
```

第 189～192 行将 adcFlt 数组中的元素依次左移一个位置，第 193 行将新获得的电压
值 t1 保存在 adcFlt[7]中。

```
194        res=0;
195        for(i=0;i<4;i++)
196        {
```

```
197        res＝res＋coef[i] * (adcFlt[i]＋adcFlt[7－i]);
198    }
```

第 194～198 行借助于 FIR 滤波器的系数数组 coef 对数组 adcFlt 进行滤波，结果保存在 res 变量中。

```
199    dig01＝(INT8U)res;
200    digP01＝((INT8U)(res * 10)) % 10;
201    digP02＝((INT8U)(res * 100)) % 10;
202    digP03＝((INT8U)(res * 1000)) % 10;
203    if(digP03＞＝5)
204        digP02＝digP02＋1;
205    if(digP02＞＝10)
206    {
207        digP02＝0;
208        digP01＝digP01＋1;
209    }
210    if(digP01＞＝10)
211    {
212        digP01＝0;
213        dig01＝dig01＋1;
214    }
```

第 199～214 行计算 res 的个位、十分位、百分位和千分位上的数字，然后，四舍五入保留 dig01、digP01 和 digP02。

```
215    LCDSMDrawChar16X8(84,1,&Dig16X8[dig01 * 16],1);
216    LCDSMDrawChar16X8(84＋8,1,&Dig16X8[10 * 16],1);
217    LCDSMDrawChar16X8(84＋8 * 2,1,&Dig16X8[digP01 * 16],1);
218    LCDSMDrawChar16X8(84＋8 * 3,1,&Dig16X8[digP02 * 16],1);
219 }
```

第 215～218 行输出滤波后的电压值，即依次输出个位、小数点、十分位和百分位上的数字。

程序段 12－4　文件 adc. h

```
1    //Filename:adc. h
2
3    # include "datatype. h"
4
5    # ifndef _ADC_H
6    # define _ADC_H
7
8    void ADCInit(void);
9    void ADCStart(void);
10   void DrawADCFrame(void);
11   void DispADCValue(Int32U);
```

12　　void DrawADCValue(Int08U)；

13　　void ClearADCPic(void)；

14　　void DispADCFltVal(Int32U)；

15

16　　♯endif

文件 adc.h 中声明了文件 adc.c 中定义的函数原型，如第 8～14 行所示，这些函数依次为 ADC 模块初始化、启动 ADC 转换、绘制图像框架、打印 ADC 转换的当前电压值、动态绘制 ADC 转换的电压值、清除 LCD 屏上的电压图像、打印 FIR 滤波后的电压值。

根据上述程序段 12－1 至程序段 12－4 的描述，可知任务 Task02 相关的工作流程如图 12－3 所示。

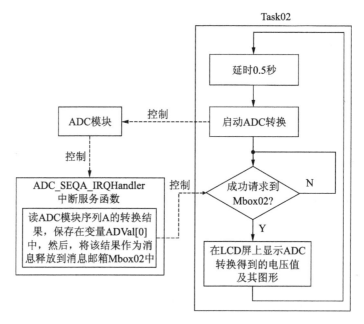

图 12－3　任务 Task02 的工作流程

在图 12－3 中，用户任务 Task02 每 0.5 秒执行一次，每次执行时启动 ADC 转换，控制 LPC824 片上的 ADC 模块开始工作，当 ADC 模块转换完成后（这里使用了序列 A），触发 ADC_SEQA_IRQHandler 中断服务函数，在该中断服务函数中读取 ADC 转换的结果（这里为电压值），将结果保存在 ADCVal[0]中，然后，将转换结果作为消息释放到消息邮箱 Mbox02 中。任务 Task02 启动 ADC 转换后，则请求消息邮箱 Mbox02，如果请求不成功，则循环等待直到请求成功。如果请求成功，则从接收的消息中提取 ADC 转换的结果（即 ADC_3 管脚上的电压值），将电压值及其图形动态显示在 LCD 屏上，如图 12－4 所示。

 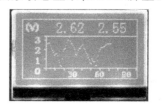

图 12－4　项目 ZLX24 执行时的 LCD 屏显示结果示例

用手滑动 LPC824 学习板上的滑动变阻器的转盘，则显示的电压值（图 12 - 4 左上方）和滤波后的电压值（图 12 - 4 右上方）以及电压图形随之变化，最大电压值为 3.3 V，最小电压值为 0 V。

本 章 小 结

本章首先介绍了 LPC824 片内 ADC 模块的工作原理，然后基于 ADC 模块、滑动变阻器和 LCD 屏详细阐述了一个具体的数字电压表项目，在项目中综合运用了 ADC 中断、消息邮箱、LCD 屏输出图像等程序设计方法。建议读者在项目 ZLX24 的基础上，添加电压上下限报警的功能，熟练掌握基于 μC/OS-II 系统的程序设计技巧。

第十三章　开源硬件 LPCXpresso824 - MAX

　　学习基于 ARM Cortex-M0＋内核 LPC824 微处理器的嵌入式系统设计，最快捷的方法是借助于 LPCXpresso824 - MAX 和 LPC824x Touch Board，这两个电路板是 NXP 公司设计的开源硬件电路板，其中，LPCXpresso824 - MAX 带有与 Arduino 平台的连接器。本书获得了 NXP 公司关于引用 LPCXpresso824 - MAX 相关资料的授权。本章将介绍这两个开源硬件电路板的部分原理图，并将基于这两个电路板介绍两个项目实例。

13.1　LPCXpresso824 - MAX 学习板

　　LPCXpresso824 - MAX 电路板集成了一片 LPC824M201JHI33（HVQFN33 封装，具有 29 个 GPIO 口）和一片 LPC11U35FHI33（用作 USB 调试器），如图 13 - 1 所示，其布局如图 13 - 2 所示。

(a) LPCXpresso824-MAX电路板正面

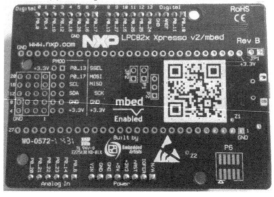

(b) LPCXpresso824-MAX电路板反面

图 13 - 1　LPCXpresso824 - MAX 电路板

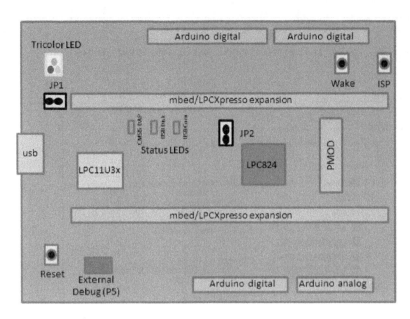

图 13 - 2　LPCXpresso824 - MAX 布局图

在图 13 - 2 的左上角有一个三色 LED 灯，其与 LPC824 微控制器的连接如图 13 - 3 所示，管脚 P0_27 与三色 LED 灯的蓝色控制端相连接，P0_16 与三色 LED 灯的绿色控制端相连接，P0_12 与三色 LED 灯的红色控制端相连接。当这些控制端为低电平时，相应的 LED 灯点亮，当为高电平时，相应的 LED 熄灭。

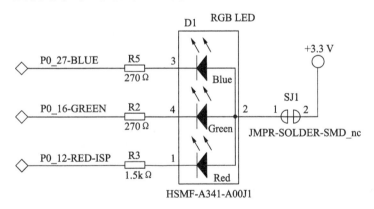

图 13 - 3　LPC824Xpresso824 - MAX 板上三色 LED 灯连接电路

在图 13 - 2 中，将 USB 线的一端与 LPCXpresso824 - MAX 的"usb"（图 13 - 2 中最左端）相连，另一端与计算机的 USB 口相连接，在计算机上安装软件"mbed Windows serial port driver"（mbed 视窗串行口驱动器）。然后，在项目 ZLX06 基础上新建项目 ZLX25，并将其保存在 D:\ZLXLPC824\ZLX25 目录下，此时的项目 ZLX25 与 ZLX06 相同。启动 Keil MDK 集成开发环境，打开项目 ZLX25 的工程 LPC824PRJ，按图 13 - 4 至图 13 - 6 修改工程选项。

由于 LPCXpresso824 - MAX 学习板上使用了 LPC824M201JHI33 芯片，所以在图 13 - 4 中选择 LPC824M201JHI33。

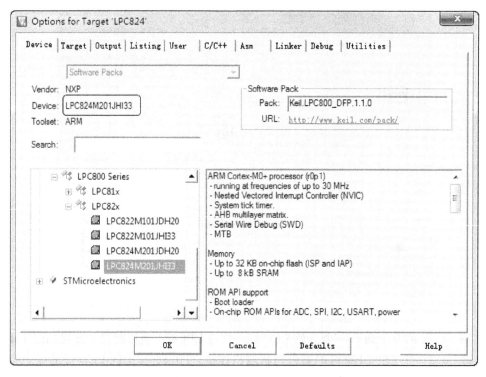

图 13 - 4　工程选项"Device"选项卡中配置 LPC824 芯片

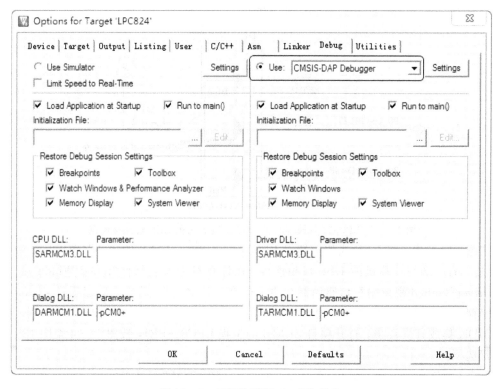

图 13 - 5　工程选项"Debug"选项卡

在图 13 - 5 中，调试器选择"CMSIS - DAP Debugger"，然后点击"Settings"进入图 13 - 6 所示界面。

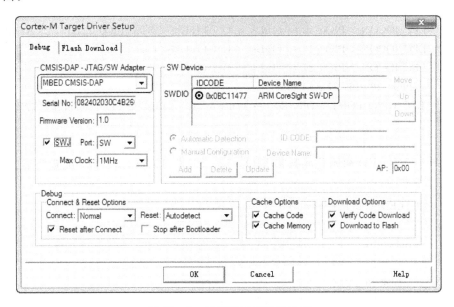

图 13 - 6 目标调试器配置界面

在图 13 - 6 中，可见调试器为 MBED CMSIS - DAP。

按表 13 - 1 所示修改项目 ZLX25。

表 13 - 1 项目 ZLX25 在 ZLX06 基础上的改动

序号	文件	改动内容	含 义

1	led. h	将 led. h 文件修改为如下内容：
		# include "datatype. h"
		# ifndef _LED_H
		# define _LED_H
		void LEDInit(void);
		void LEDBlink(Int08U);
		# endif
			声明文件 led. c 中定义的两个函数 LEDInit 和 LEDBlink

2	led. c	如程序段 13 - 1 所示	
3	task01. c	while(1)循环体改为以下语句： OSTimeDlyHMSM(0, 0, 1, 0); LEDBlink(1u); OSTimeDlyHMSM(0, 0, 1, 0); LEDBlink(2u); OSTimeDlyHMSM(0, 0, 1, 0); LEDBlink(3u);	循环体内的操作为：延时 1 秒，使红色 LED 灯亮；再延时 1 秒，使绿色 LED 灯亮；再延时 1 秒，使蓝色 LED 灯亮

程序段 13 - 1 文件 led. c

1   //Filename：led. c

2

3   # include "includes. h"

```
4
5      void    LEDInit(void)
6      {
7          LPC_IOCON->PIO0_12 = (1uL<<3) | (1uL<<7); //PIO0_12，16，27 As GPIO
8          LPC_IOCON->PIO0_16 = (1uL<<3) | (1uL<<7);
9          LPC_IOCON->PIO0_27 = (1uL<<3) | (1uL<<7);
10         //PIO0_12，16，27 As Output
11         LPC_GPIO_PORT->DIRSET0 = (1uL<<12) | (1uL<<16) | (1uL<<27);
12     }
13
```

第 5～12 行的 LED 初始化函数将 PIO0_12、PIO0_16 和 PIO0_27 配置为通用数字输出口。

```
14     void    LEDBlink(Int08U rgb)
15     {
16        switch(rgb)
17        {
18            case 1u：
19                LPC_GPIO_PORT->B12 = 0u；//Red
20                LPC_GPIO_PORT->B16 = 1u；//Green
21                LPC_GPIO_PORT->B27 = 1u；//Blue
22                break；
23            case 2u：
24                LPC_GPIO_PORT->B12 = 1u；
25                LPC_GPIO_PORT->B16 = 0u；
26                LPC_GPIO_PORT->B27 = 1u；
27                break；
28            case 3u：
29                LPC_GPIO_PORT->B12 = 1u；
30                LPC_GPIO_PORT->B16 = 1u；
31                LPC_GPIO_PORT->B27 = 0u；
32                break；
33        }
34     }
```

结合图 13-3 可知，第 19～21 行使得红色 LED 灯亮；第 24～26 行使得绿色 LED 灯亮；第 29～31 行使得蓝色 LED 灯亮。因此，当函数 LEDBlink 的参数为 1 时，红灯亮；参数为 2 时绿灯亮；参数为 3 时蓝灯亮。

完成后的工程如图 13-7 所示。

在图 13-7 中，编译链接并运行项目 ZLX25，可观察到 LPCXpresso824-MAX 学习板左上角的三色 LED 灯（见图 13-2 左上角）呈现"红—绿—蓝"三色循环闪烁。

关于硬件开源的 LPCXpresso824-MAX 学习板完整的硬件原理图可参考文档 "UM10830：OM13071 LPCXpresso824-MAX Development board User manual" 和 "LPC824 Xpresso V2 Schematic Rev B"，可登录到网站 www.lpcware.com 上下载。

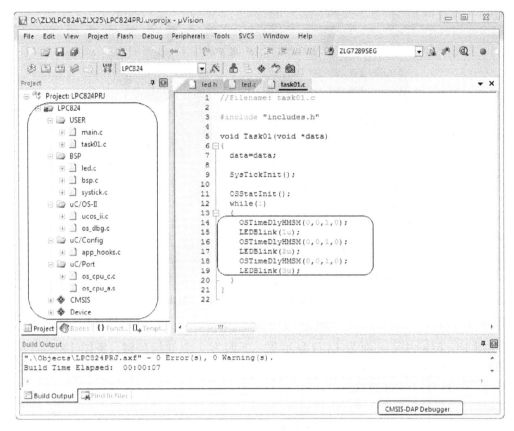

图 13 - 7　项目 ZLX25 工作界面

13.2　LPC82x Touch Board 触摸板

　　LPC82x Touch Board 触摸板（下文简称 LPC82x 触摸板）与 LPCXpresso824 - MAX 学习板搭配在一起使用，LPC82x 触摸板提供了触摸按键的解决方案，如图 13 - 8 所示，其原理图如图 13 - 9 至图 13 - 11 所示。

(a) LPC82x触摸板正面

(b) LPC82x触摸板反面

(c) LPCXpresso824-MAX组合LPC82x触摸板

图 13-8　LPC82x 触摸板

在图 13-8(a)中，上面为 LCD 显示屏，下面为 9 个触摸按键。将图 13-8 所示的
LPC82x 触摸板插在图 13-1 所示 LPCXpresso824-MAX 学习板上，它们之间的接口关系
如图 13-10 和图 13-11 所示。

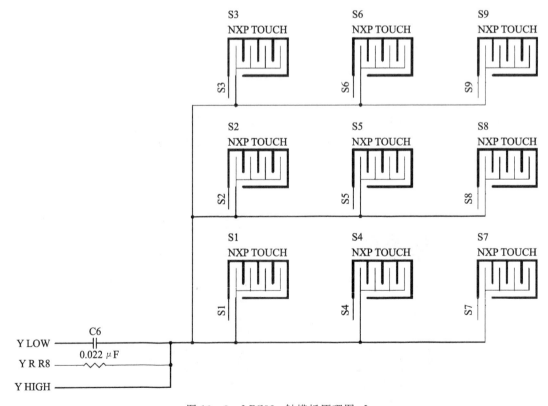

图 13-9　LPC82x 触摸板原理图-Ⅰ

由图 13 - 9 可知,触摸按键是通过改变电容的值来识别各个按键键码的。

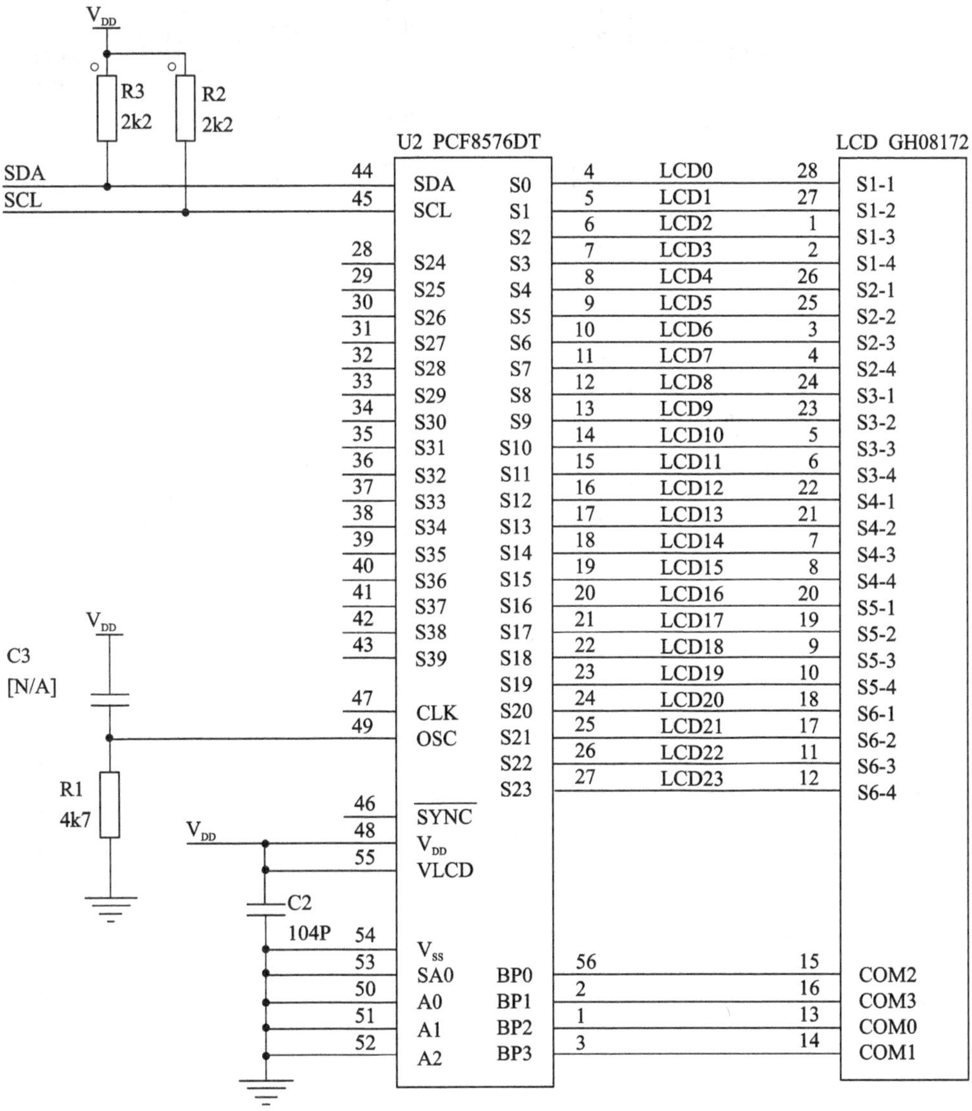

图 13 - 10 LPC82x 触摸板原理图-II

由图 13 - 10 可知,LPC82x 触摸板上的 LCD 屏借助于 LPC824 的 I²C 总线驱动。

结合图 13 - 9 和图 13 - 11 可知,九个按键的网络标号 S1~S9 依次与管脚 P0_21、P0_20、P0_28、P0_22、P0_19、P0_17、P0_26、P0_15 和 P0_13 相连接。

NXP 提供了完整的测试 LPC82x 触摸板的项目 ZLX26,保存在目录 D:\ZLXLPC824\ZLX26 下,其工作界面如图 13 - 12 所示。

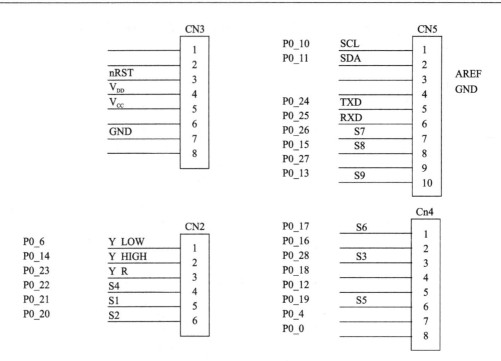

图 13-11　LPC82x 触摸板原理图-Ⅲ

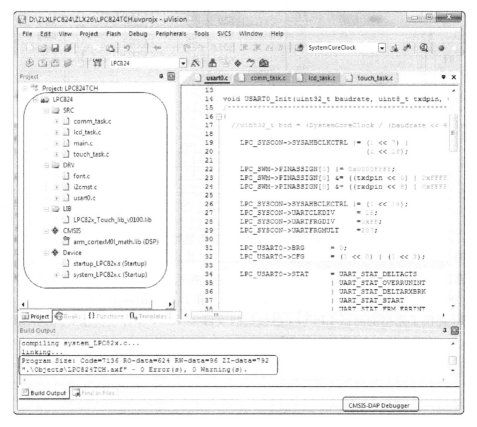

图 13-12　项目 ZLX26 工作界面

在图 13 – 12 中，编译连接并运行工程，此时触摸按键 S1～S9 中的任一键，将在 LCD 屏上显示按键的 X 和 Y 坐标。同时，NXP 提供了一个图形测试界面，如图 13 – 13 所示。

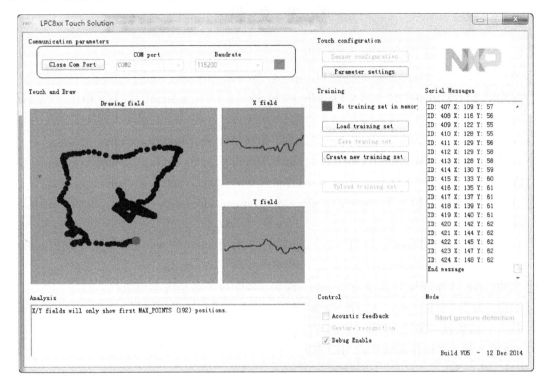

图 13 – 13　LPC82x 触摸板测试界面

在图 13 – 13 中，选择波特率为 115.2 kb/s，点击"Open Com Port"连接串口后显示 "Close Com Port"按钮，表示 LPCXpresso824 – MAX 和 LPC82x 触摸板与计算机连接正常，这时用手在触摸屏上划动，可以在"Drawing field"区域看到手移动的轨迹，在"Serial Messages"区域显示串口发送的信息。

本 章 小 结

本章介绍了 NXP 公司设计的开源硬件学习板 LPCXpresso824 – MAX 和 LPC82x Touch Board 触摸板，并介绍了基于这两个硬件学习板的两个项目实例，其中，项目 ZLX26 的源代码来源于 www.lpcware.com 网站。本章重点介绍了 LPCXpresso824 – MAX 学习板的三色 LED 灯的控制，而该学习板的最大特色在于提供了大量规范的扩展功能接口，可以嵌入到一些嵌入式应用现场进行开发调试。最后，建议读者在学习项目 ZLX26 的基础上，在工程中添加嵌入式实时操作系统 μC/OS – II，实现一些更复杂的按键处理和 LCD 显示操作。

参 考 文 献

［1］NXP. LPC82x User Manual. 2014. http：//www. lpcware. com.

［2］NXP. LPCXpresso824-MAX Development Board User manual. 2014. http：//www. lpcware. com.

［3］NXP. LPC82x Product data sheet. 2014. http：//www. lpcware. com.

［4］ARM. ARMv6-M Architecture Reference Manual. 2010. http：//www. arm. com.

［5］ARM. Cortex-M0＋Devices Generic User Guide. 2012. http：//www. arm. com.

［6］ARM. Cortex-M0＋Technical Reference Manual（Revision：r0p1）. 2012. http：//www. arm. com.

［7］Labrosse J J. MicroC/OS-Ⅱ the real-time kernel second edition［M］. CMPBooks，2002. http：//www. micrium. com.

［8］张勇. ARM 原理与 C 程序设计［M］. 西安：西安电子科技大学出版社，2009.

［9］张勇，方勤，蔡鹏，等. μC/OS－Ⅱ原理与 ARM 应用程序设计［M］. 西安：西安电子科技大学出版社，2010.

［10］张勇. 嵌入式操作系统原理与面向任务程序设计［M］. 西安：西安电子科技大学出版社，2010.

［11］张勇，夏家莉，陈滨，等. 嵌入式实时操作系统 μC/OS－ⅡI 应用技术［M］. 北京：北京航空航天大学出版社，2013.